人工智能算法

在博弈理论和实践中的应用

邓小铁　李文新　孔雨晴　著

清华大学出版社

北京

内 容 简 介

本书详细探讨非完美非完全信息博弈动力学理论、方法与实践。主要内容包括智能体在非完全信息条件下的认知差异和博弈行为、多智能体博弈动力学、智能决策和人机博弈等多个领域。书中通过理论分析与实证数据相结合，深入分析了非完全信息环境下的动态博弈特性，并提出相应的优化工具与解决方案。

本书主要特点在于提出了适用于智能体博弈环境的完整理论框架，特别是针对信息扩散与非对称博弈行为优化的深入探讨。书中既包含了丰富的理论模型，又结合实际案例进行了详细分析，为实际应用提供了指导。

本书适合从事人工智能、博弈论及其应用研究的学者和工程师学习参考，也可作为高等学校相关专业研究生的参考书。

图书在版编目（CIP）数据

人工智能算法在博弈理论和实践中的应用 / 邓小铁，李文新，孔雨晴著.

北京：清华大学出版社，2025.9. -- ISBN 978-7-302-69716-9

Ⅰ. TP183；O225

中国国家版本馆 CIP 数据核字第 2025NX6246 号

责任编辑：张瑞庆　常建丽
封面设计：刘　键
责任校对：韩天竹
责任印制：刘　菲

出版发行：清华大学出版社
　　　　　网　　　址：https://www.tup.com.cn，https://www.wqxuetang.com
　　　　　地　　　址：北京清华大学学研大厦 A 座　　　邮　　编：100084
　　　　　社 总 机：010-83470000　　　　　　　　　　邮　　购：010-62786544
　　　　　投稿与读者服务：010-62776969，c-service@tup.tsinghua.edu.cn
　　　　　质量反馈：010-62772015，zhiliang@tup.tsinghua.edu.cn
　　　　　课件下载：https://www.tup.com.cn，010-83470236
印 装 者：三河市铭诚印务有限公司
经　　销：全国新华书店
开　　本：170mm×240mm　　　印　张：13.25　　　字　数：253 千字
版　　次：2025 年 9 月第 1 版　　　　　　　印　次：2025 年 9 月第 1 次印刷
定　　价：59.80 元

产品编号：105778-01

前　　言

　　在智能科技革命的浪潮下，互联网和人工智能的飞速发展极大地推动了人类与智能体之间的交互博弈，塑造了一种全新的社会经济活动模式。这一变革对传统博弈理论及其实践中常用的静态共识和完全信息假设构成了革命性的挑战。在这样一个非完全信息的环境中，智能体通过持续学习不断改变信息状态，使得博弈分析的动态性变得尤为复杂。因此，构建适应这种智能体动态博弈环境的理论、刻画与分析方法成为科研工作者面临的重要课题。

　　本书正是基于科技部 2030 "新一代人工智能" 项目，旨在建立一套适用于智能体博弈环境的动态博弈理论，并作为我们的核心科学问题展开深入探讨。研究内容广泛，涵盖多智能体博弈动力学、智能决策和人机博弈等多个领域，尤其聚焦于非完全信息环境下的动态博弈特性。研究的核心涉及智能体的策略选择、反应模式，以及动态博弈解的概念。

　　本书从三个主要研究方向展开论述。首先，致力于构建非完全信息智能博弈动力学理论，通过建立一套完整的理论框架，探讨智能体在非完全信息条件下的认知差异和博弈行为，并为互联网经济活动提供定制化的解决方案，推动非完全信息智能博弈动力学理论在实际应用中普及。其次，关注信息扩散与非对称博弈行为优化，通过探索博弈动力学理论与信息论的交叉应用，分析博弈过程中的信息扩散机制，并开发相应的优化工具来改进非对称博弈参与者的行为。最后，注重理论与实践的结合，通过实证数据和理论分析的融合，建立智能算法和人类的混合博弈试验场，深入研究智能体策略选择、反应模式和博弈结果的动态演变，验证理论模型和博弈策略的实际效果。

　　本书共 9 章，系统探讨博弈智能和策略决策的关键领域，包括从近似纳什均衡算法到游戏中的智能决策算法框架等内容，每章都深入分析了非完全信息智能博弈动力学理论策略设计和均衡分析的不同方面，并结合实际案例提供了详细分析，致力于为未来的研究提供丰富的动态案例和解决方法。

　　本书探讨了纳什均衡（Nash equilibrium）的计算及其在博弈论、经济学和机器学习中的应用。纳什均衡描述了多智能体系统中每个智能体在给定其他智能体策略下的最优策略组合，即达到自我利益最大化且无法通过单方面改变策略获得更多收益的状态。随着网络经济和数字经济的兴起，纳什均衡的计算成为一个重要的计算问题。

　　第 1 章中引入混合策略的概念，使得策略空间成为连续紧致空间，并证明了混合策略纳什均衡的存在性。然而，在实际问题中，寻找纳什均衡的精确解往往是困难的，因此研究者转向寻找近似纳什均衡解。第 1 章重点研究多项式时间常数近似算法在寻找二人博弈的近似纳什均衡解方面的进展。从早期算法到最新算法，近似界不断被改进，目前最好的近似界为 1/3+。本章详细分析了 Tsaknakis 和 Spirakis（TS）算法的紧性，证明了其近似界 0.3393+ 是紧的，并通过实验揭示了理论与实际性能之间的差异。此外，本章还提出一个生成紧实例的线性规划算法，并探讨了紧实例对其他近似纳什均衡算法性能的影响。本章最后提出对未来研究方向的建议，强调了紧实例生成器在算法测试中的重要性。

第 2 章深入探讨随机博弈（SGs）作为研究动态非合作多人博弈的框架，其核心概念为马尔可夫精炼均衡（MPE）。尽管随机博弈在多个领域广泛应用，但求解 MPE 的复杂性一直是一个挑战。首先，本章证明了在随机博弈中计算近似 MPE 是 PPAD-完全的，这一发现将 MPE 的计算与单状态博弈中的纳什均衡计算等同起来，为开发多智能体强化学习（MARL）算法提供了理论基础。其次，本章回顾了随机博弈均衡解计算复杂性的相关研究，并讨论了 MARL 在求解随机博弈 MPE 中的应用和挑战，特别是离线与在线学习设置下的方法及其局限性。最后，本章定义了随机博弈和 MPE 的正式概念，并陈述了主要定理，为后续研究提供了理论框架和参考。特别地，本章强调了随机博弈在扩展多智能体战略互动动态性方面的作用，并指出在一般和随机博弈中开发高效 MARL 算法的开放性问题。

在第 3 章中，区块链技术，特别是比特币，通过去中心化电子支付系统推动经济社会的变革。然而，Eyal 和 Sirer 等的工作揭示了比特币协议存在的自私挖矿攻击问题，表明该协议并非完全激励相容。为应对这一挑战，本章提出远见挖矿策略，该策略允许矿池通过安插卧底矿工来监测自私矿池的行为，并据此作出策略性反应。研究发现，当远见矿池和自私矿池拥有相同算力时，远见矿池能够逆转自私矿池的优势，实现更高的期望收益。进一步，本章探讨了包含多个理性矿池的生态系统中的挖矿博弈，并证明了在特定条件下，诚实挖矿或远见挖矿策略可构成纳什均衡。通过模拟实验，验证了远见挖矿策略的有效性，并探讨了卧底矿工在区块链其他场景中的应用潜力，为区块链系统的稳定性研究提供了新的视角。

第 4 章探讨赞助搜索拍卖（SSA）中广告商可能通过提供虚假数据操纵私有价值分布，从而影响搜索引擎收益的问题。尽管理论上 Myerson 拍卖可以最大化搜索引擎的收益，但广告商的策略性出价行为可能导致搜索引擎采用次优的拍卖机制。作者提出一个两阶段博弈模型，即"私有数据操纵"（PDM）博弈，分析广告商在知道搜索引擎将基于他们提交的价值分布决定拍卖机制时的行为。研究发现，在 PDM 博弈中，Myerson 拍卖的均衡结果等同于广义一价拍卖（GFP），这解释了为什么尽管 Myerson 拍卖在理论上更优，但在实践中搜索引擎更倾向使用广义第二高价（GSP）拍卖。此外，研究还证明了在进一步假设下，Mye、GFP、VCG 和 GSP 在 PDM 模型下是等价的。这些发现强调了数据操纵对基于数据的决策机制的影响，并提醒决策者在基于数据进行决策时需警惕潜在的数据操纵风险。

第 5 章探讨在信息论视角下如何优化赛制设计，以提升观众的观赛体验。通过分析非完全信息博弈中的信息流动特征，本章旨在揭示如何通过精心设计的信息流动增强观众的惊喜感。基于实证和理论研究，我们提出量化观众惊喜与感知质量之间关系的方法，并开发了一种理论框架来优化信息流设计。通过具体案例分析，包括问答游戏、魁地奇类游戏以及流行的 MOBA 游戏《英雄联盟》和《刀塔 2》，我们展示了如何应用该框架指导游戏改变者（如特殊奖励轮次或单位）的设计，从而提升游戏的惊喜度和观众的整体评价。本章不仅丰富了赛制设计的理论基础，也为游戏和节目制作者提供了一套实用的优化工具。

第 6 章研究自 1945 年电子计算机 ENIAC 诞生以来，编写能够自主玩游戏的计算机程序这一项人工智能与博弈算法发展的重要方向。早期工作主要集中在经典棋类游戏，如跳棋和国际象棋，因其规则简单但策略复杂。随着技术的进步，AI 在棋类游戏中取得显著成果，如 IBM 公司的深蓝程序在 1997 年击败国际象棋特级大师 Kasparov，DeepMind 的 AlphaGo 在围棋中战胜世界冠军。近年来，AI 已拓展至更复杂的牌类游戏和视频游戏，如 DeepStack 在《德州扑克》、AlphaStar 在《星际争霸》、OpenAI Five 在《刀塔 2》中的成功。游戏为 AI 提供了不同难度和性质的测试环境，从简单的棋类游戏到复杂的视频游戏，这些环境锻炼了 AI 在规划、记忆、合作等多方面的能力。因此，游戏在博弈算法与 AI 技术发展中扮演了重要角色。

第 7 章深入探讨游戏中的智能决策算法。AI 学者通过研究 AI 参与复杂游戏的能力来模拟人类智能。随着游戏复杂度的增加，不同类型的游戏 AI 算法应运而生，包括进化算法、强化学习、规划算法等。这些算法主要分为三大类：基于先验知识的算法、基于搜索与规划的算法以及学习算法。基于先验知识的算法依赖人类专家编写的规则或预训练信息；基于搜索与规划的算法通过构建博弈树评估未来状态并选择最佳动作；学习算法则通过训练模型来保存先验知识或探索经验，直接用于决策或提供搜索指导。本章将详细介绍这三大类游戏 AI 算法。

第 8 章关注到随着智能决策算法和硬件算力的进步，AI 在复杂人类游戏中屡创佳绩，超越了职业和冠军玩家，成为 AI 发展的重要里程碑。本章通过分析近年来 AI 在围棋、《德州扑克》、《麻将》、《斗地主》、《星际争霸》、《刀塔 2》和

《王者荣耀》等游戏中的突破性工作，揭示了这些系统并非简单应用单一算法，而是结合了多种算法技术，且技术选择与游戏性质密切相关。本章详细总结了这些游戏 AI 系统的训练与推理技术，包括学习算法、模型形式和规划算法，为后续章节的规律探究和对比分析奠定了基础。

第 9 章的研究考虑到成功攻克不同游戏的 AI 系统普遍结合了多种算法，这些结合方式既展现出共性，也存在差异。为了阐明这些 AI 系统在不同游戏中取得成绩的原因，并探究游戏 AI 系统设计的基本规律，对现有的游戏 AI 系统进行基本算法组件的分解和分析显得尤为重要。本章将这一过程细化为对游戏 AI 系统基本算法组件的识别与分类，并总结这些组件与特定游戏性质之间的关联。通过这一分析，本章旨在探讨以下问题：是否存在通用的 AI 框架能适用于多种游戏？何种游戏 AI 框架更有可能应对未来更复杂的游戏挑战？游戏的性质如何影响 AI 算法的具体选择和配置？

通过这次研究项目，我们成功引入了混合策略的概念，并证明了混合策略纳什均衡的存在性。进一步，我们深入探讨了多项式时间常数近似算法在求解二人博弈近似纳什均衡方面的进展，为博弈论的实际应用提供了有效的计算工具。在随机博弈与多智能体强化学习领域，我们分析了随机博弈中 MPE 的计算复杂性，为开发 MARL 算法提供了理论基础。在区块链技术方面，我们针对比特币协议中的自私挖矿问题，提出了远见挖矿策略，并通过模拟实验验证了其有效性，为区块链系统的稳定性提供了新的解决方案。此外，在赞助搜索拍卖的研究中，我们构建了两阶段博弈模型，深入分析了广告商的策略行为，揭示了搜索引擎在选择拍卖机制时需要考虑的数据操纵风险。在赛制设计与观众体验优化方面，我们从信息论的角度出发，探讨了如何通过优化信息流动提升观众的观赛体验，为赛制设计提供了新的理论框架和优化工具。这些跨学科的研究成果不仅扩展了博弈论和人工智能的理论边界，而且为解决复杂问题提供了新的思路和方法，我们期待这些创新能在未来的学术和实践领域中发挥重要作用。

本书第 1 部分（第 1～4 章），由邓小铁完成；第 2 部分（第 5 章），由孔雨晴完成；第 3 部分（第 6～9 章），由李文新完成。

李翰禹、李宁远、李济宸、陈炤桦、陆宇暄、鲁云龙、汪永毅在此书撰写过程中与作者进行了密切的共同研讨，并帮助校阅了部分书稿，在此深表感谢。

作 者
2025 年 5 月

目　　录

第 1 部分

非完全信息博弈动力学

第1章 近似纳什均衡算法进展

1.1 引言

对理性的智能体而言，它的行为目标在于最大化自己的效用。纳什均衡（Nash Equilibrium，NE）描述了多智能体之间的一种稳定状态，每个智能体在这种状态中都实现了自我效用的最大化。在这种状态下，任何智能体都无法通过单方面改变自己的策略获得更多的收益。NE 也可以用每个单智能体收益函数描述：它是多智能体全体最优效益函数向量的不动点。通常，如果只允许确定性的策略，多智能体博弈的 NE 并不一定存在。

一个简单的方法是允许智能体选择随机的（非确定的），即引入智能体纯策略的凸组合，称为混合策略。策略空间成为一个有界连续紧致空间。每个策略的最优反应函数向量成为这样一个空间上的上半连续函数，其不动点必然存在。基于这样的数学原理，纳什证明了这种混合策略均衡的存在性。这一解概念已经成为非合作博弈论和经济学中的基本概念，从此建立了博弈分析的不动点方法论。

随着网络经济和数字经济的兴起，对经济学的博弈论基础——不动点计算——成为一个全新的重要问题。纳什均衡的计算逐渐成为一个重要的计算问题，它在计算复杂性理论、算法博弈论以及机器学习理论中都非常重要。

纳什均衡计算被证明属于 PPAD 复杂度类，这一复杂度类是 Papadimitriou 引入的。对 4NASH（即寻找四玩家博弈的纳什均衡的近似解），Daskalakis、Goldberg 和 Papadimitriou 证明了它的 PPAD-完全性。陈汐和邓小铁对 3NASH（寻找三玩家博弈的纳什均衡的近似解）的 PPAD-完全性率先给出证明，并将 2NADH（即寻找二玩家博弈的纳什均衡的精确/近似解）是否 PPAD-完全性推设为领域的终极挑战。紧接着 Daskalakis 和 Papadimitriou 也证明了 3NASH 的 PPAD-完全性，但仍然期望 2NASH 可以得到多项式解。最终对 2NASH 的 PPAD 证明由陈汐和邓小铁给出。随后，陈汐、邓小铁和滕尚华进一步建立了它的平滑复杂度。人们普遍认为 PPAD-完全的问题几乎不可能有多项式时间算法，因此，这些完全性结果让人们转向研究如何在多项式时间内寻找近似纳什均衡解。其中被最多研究，也最直观的近似概念是ϵ-近似纳什均衡（ϵ-approximate Nash equilibrium），在它所描述的博弈状态中，任何玩家单方面改变策略都只能再额外获得 ϵ 的收益。文献中最关注的是 ϵ 为常数、二人博弈的情形，这也是本节的研究重点。

Kontogiannis 和 Spirakis 的早期工作和 Daskalakis 等的工作分别引入了以 $\epsilon = 3/4$ 和 $\epsilon = 1/2$ 的多项式时间近似算法。随后，Daskalakis 等给出一个 $\epsilon \approx 0.38 + \delta$（$\delta$ 是任意正常数）的多项式时间近似算法。Czumaj 等则是以一种完全不同的方法达到近似界 0.38（不带常数 δ）。Bosse 等基于 Kontogiannis 和 Spirakis 的先前工作提供了另一种近似算法，其近似界约为 0.36。与此同时，Tsaknakis 和 Spirakis 得到当时最好的近似算法（我们称之为 TS 算法），近似界约为 $0.3393 + \delta$。这一纪录保持了 14 年，在 2022 年，被 Deligkas、Fasoulakis 和 Markakis 打破，他们给出一个近似界为 $1/3 + \delta$ 的算法。上述的近似算法结果汇总在表 1.1 中。

表 1.1　纳什均衡的多项式时间常数近似算法计算常数一览，近似界 $x + \delta$ 意味着在给定 $\delta > 0$ 的情况下，可以在博弈规模的多项式时间内计算出一个 $(x + \delta)$-近似纳什均衡

作者首字母缩写	提出年份	证明的近似界
KPS	2006	0.75
DMP	2006	0.5
DMP	2007	$0.38 + \delta$
BBM	2007	0.36
TS	2007	$0.3393 + \delta$
CDFFJS	2015	0.38
DFM	2022	$1/3 + \delta$

从 0.3393 到 1/3 的改进，一个关键的契机来自陈炤桦等人，他们证明了 TS 算法近似界的分析是紧的。Tsaknakis 和 Spirakis 的原始论文证明了 TS 算法的近似界最多是 $0.3393 + \delta$。然而，它并未说明 0.3393 对于该算法是否为紧的。在文献中，该算法的实验性能远远超过 0.3393。文献中 TS 算法最差的表现是测试出的，这一工作给了一个博弈，TS 算法在上面只能找到 0.3385-近似纳什均衡。工作的紧性结果意味着，要改进 0.3393，必须用一种特定的方式修改 TS 算法，而 1/3 的结果确实就是通过这种方式得到的。本章的主要目的是探讨 TS 算法以及它的改进算法近似界的紧性。

本章理论部分的大体思路如下。首先，通过探究 TS 算法中的下降过程，对 TS 算法的最坏情况进行可视化，从而对下界进行精细的分析。这一分析提供了对 TS 算法最坏情况的全面理解。该分析使我们能通过提供一个博弈实例证明 $0.3393 + \delta$ 确实是 TS 算法的紧界。此外，这一分析还能让我们给所有紧实例一个刻画。基于这种刻画，我们可以给一个线性规划算法生成紧实例。最后，我们证明当前最好近似算法（DFM 算法）的近似界 $1/3 + \delta$ 是紧的，这表明这种紧性分析技术是具有一定普适性的。

另一方面，本章也探究了紧实例上的实验性质。尽管 0.3393 对 TS 算法是紧的，但广泛的实验表明，实际情况下，即便通过穷举，也很难达到 0.3393 的界。这些结果意味着实验的近似界与理论的近似界通常不一致。为了弄清楚导致这种差别的原因，我们进一步探讨了生成实例的稳定性。我们的实验研究显示，大多数大规模生成实例是不稳定的。"不稳定"一词意味着在 0.3393 解附近的小扰动将使 TS 算法找到另一个远离解的解，其近似界要好得多。随着博弈规模的增大，找到稳定的紧实例的概率急剧下降，甚至消失。这些结果有助于理解差距：即使遇到一个紧实例，TS 算法通常也会逃脱 0.3393 解并达到一个更好的近似解。基于这些结果，我们在 1.7 节中提出对 TS 算法在实际使用中提高效率的实用建议。我们还使用生成的博弈实例衡量 Czumaj 等算法、在线学习中的遗憾匹配算法和虚拟博弈算法的性能。遗憾匹配算法和虚拟博弈算法在这些实例上表现良好。有趣的是，Czumaj 等的算法在生成的博弈实例上始终达到 0.3393 的近似界，表明对 TS 算法的紧实例生成器也使完全不同的算法表现不佳。这些结果表明，在近似纳什均衡算法的设计和分析中，我们的紧实例生成器可以作为一个测试基准。

本章的结构如下。在 1.2 节中，介绍本章中使用的基本定义和符号。在 1.3 节中，重新阐述 TS 算法并提出另外两种辅助方法，以用于分析原始算法。在 1.4 节中，深入分析最坏情况，然后通过一个博弈实例证明 0.3393 确实是 TS 算法的紧界。此外，对所有紧实例进行了刻画，并在 1.5 节中给出一个生成器，该生成器输出紧实例。在 1.6 节，通过类似的技术，证明了 DFM 算法的 1/3 近似界是紧的。在 1.7 节，进行一系列的实验，揭示稳定点的性质，并将下降方法与其他近似纳什均衡算法进行比较。最后，在 1.8 节中提出若干未解决的问题。

1.2　定义和符号

我们关注二人正则形式博弈（normal-form games）中近似纳什均衡计算的问题。我们使用 $R_{m×n}$ 和 $C_{m×n}$ 表示行玩家和列玩家的收益矩阵（payoff matrix），其中行玩家和列玩家分别有 m 和 n 个策略（strategy）。此外，我们假设 R 和 C 都被归一化，使得它们的所有项都属于 $[0,1]$。实际上，如果只关注纳什均衡，通过适当的平移和放缩，任何一个博弈都等价于某个归一化博弈。

对于具有相同长度的两个向量 u 和 v，如果 u 的每个元素都大于或等于 v 的对应元素，那么记为 $u \geqslant v$。我们用 e_k 表示一个所有元素都等于 1 的 k 维向量。我们使用一个概率向量定义玩家的策略，它描述了玩家选择一个纯策略的概

率。具体来说，行玩家的策略和列玩家的策略分别属于 Δ_m 和 Δ_n，其中

$$\Delta_m = \{\boldsymbol{x} \in \mathbb{R}^m : \boldsymbol{x} \geqslant 0, \boldsymbol{x}^{\mathrm{T}} \boldsymbol{e}_m = 1\}$$

$$\Delta_n = \{\boldsymbol{y} \in \mathbb{R}^n : \boldsymbol{y} \geqslant 0, \boldsymbol{y}^{\mathrm{T}} \boldsymbol{e}_n = 1\}$$

对于一个策略对 $(\boldsymbol{x},\boldsymbol{y}) \in \Delta_m \times \Delta_n$，如果对于任何 $\boldsymbol{x}' \in \Delta_m$，$\boldsymbol{y}' \in \Delta_n$，以下不等式成立，则我们称之为 ϵ-近似纳什均衡：

$$(\boldsymbol{x}')^{\mathrm{T}} \boldsymbol{R}\boldsymbol{y} \leqslant \boldsymbol{x}^{\mathrm{T}} \boldsymbol{R}\boldsymbol{y} + \epsilon$$

$$\boldsymbol{x}^{\mathrm{T}} \boldsymbol{C}\boldsymbol{y}' \leqslant \boldsymbol{x}^{\mathrm{T}} \boldsymbol{C}\boldsymbol{y} + \epsilon$$

因此，纳什均衡是一个 ϵ-近似纳什均衡，其中 $\epsilon = 0$。

为了简化我们的进一步讨论，对于任何概率向量 $\boldsymbol{u}$，我们使用

$$\mathrm{supp}(\boldsymbol{u}) = \{i : \boldsymbol{u}_i > 0\}$$

表示 $\boldsymbol{u}$ 的支集，并且

$$\mathrm{suppmax}(\boldsymbol{u}) = \{i : \forall j,\ \boldsymbol{u}_i \geqslant \boldsymbol{u}_j\}$$

$$\mathrm{suppmin}(\boldsymbol{u}) = \{i : \forall j,\ \boldsymbol{u}_i \leqslant \boldsymbol{u}_j\}$$

表示向量 $\boldsymbol{u}$ 的最大/最小元素的索引集。

最后，我们使用 $\max(\boldsymbol{u})$ 表示向量 $\boldsymbol{u}$ 的最大元素的值，使用 $\max_S(\boldsymbol{u})$ 表示向量 $\boldsymbol{u}$ 在索引集 S 中最大元素的值。

1.3 算法

在本节中，我们首先重新陈述 TS 算法，然后提出两种辅助调整方法，以帮助分析 TS 算法的界。

TS 算法将近似纳什均衡问题转换为一个优化问题。具体而言，我们定义以下函数：

$$f_{\boldsymbol{R}}(\boldsymbol{x},\boldsymbol{y}) := \max(\boldsymbol{R}\boldsymbol{y}) - \boldsymbol{x}^{\mathrm{T}} \boldsymbol{R}\boldsymbol{y}$$

$$f_{\boldsymbol{C}}(\boldsymbol{x},\boldsymbol{y}) := \max(\boldsymbol{C}^{\mathrm{T}}\boldsymbol{x}) - \boldsymbol{x}^{\mathrm{T}} \boldsymbol{C}\boldsymbol{y}$$

$$f(\boldsymbol{x},\boldsymbol{y}) := \max\{f_{\boldsymbol{R}}(\boldsymbol{x},\boldsymbol{y}), f_{\boldsymbol{C}}(\boldsymbol{x},\boldsymbol{y})\}$$

目标是在 $\Delta_m \times \Delta_n$ 上最小化 $f(\boldsymbol{x},\boldsymbol{y})$。

上述函数 f 与近似纳什均衡的关系如下。给定策略对 $(\boldsymbol{x},\boldsymbol{y}) \in \Delta_m \times \Delta_n$，$f_{\boldsymbol{R}}(\boldsymbol{x},\boldsymbol{y})$ 和 $f_{\boldsymbol{C}}(\boldsymbol{x},\boldsymbol{y})$ 分别是行玩家和列玩家的最大偏差。根据定义，$(\boldsymbol{x},\boldsymbol{y})$ 是一

个 ϵ-近似纳什均衡当且仅当 $f(\boldsymbol{x}, \boldsymbol{y}) \leqslant \epsilon$。换句话说，只要获得一个 f 值不大于 ϵ 的点，就达到一个 ϵ-近似纳什均衡。

TS 算法通过下降过程找到目标函数 f 的一个稳定点（定义 1.2），然后从稳定点进行进一步的调整[①]。为了给出稳定点的形式化定义，我们需要定义 f 的 Dini 方向导数：

定义 1.1　给定 $(\boldsymbol{x}, \boldsymbol{y}), (\boldsymbol{x}', \boldsymbol{y}') \in \Delta_m \times \Delta_n$，在方向 $(\boldsymbol{x}' - \boldsymbol{x}, \boldsymbol{y}' - \boldsymbol{y})$ 上的 Dini 方向导数为

$$Df(\boldsymbol{x}, \boldsymbol{y}, \boldsymbol{x}', \boldsymbol{y}') := \lim_{\theta \to 0+} \frac{1}{\theta} \left(f(\boldsymbol{x} + \theta(\boldsymbol{x}' - \boldsymbol{x}), \boldsymbol{y} + \theta(\boldsymbol{y}' - \boldsymbol{y})) - f(\boldsymbol{x}, \boldsymbol{y}) \right)$$

记号 $Df_R(\boldsymbol{x}, \boldsymbol{y}, \boldsymbol{x}', \boldsymbol{y}')$ 和 $Df_C(\boldsymbol{x}, \boldsymbol{y}, \boldsymbol{x}', \boldsymbol{y}')$ 可以类似定义。

注 1.1　注意，定义 1.1 中的 $Df(\boldsymbol{x}, \boldsymbol{y}, \boldsymbol{x}', \boldsymbol{y}')$ 的概念与我们通常考虑的方向导数不同。后者应该定义为

$$\lim_{\theta \to 0+} \frac{1}{\theta} \left(f(\boldsymbol{x} + \theta \frac{\boldsymbol{x}' - \boldsymbol{x}}{\|\boldsymbol{x}' - \boldsymbol{x}\|}, \boldsymbol{y} + \theta \frac{\boldsymbol{y}' - \boldsymbol{y}}{\|\boldsymbol{y} - \boldsymbol{y}'\|}) - f(\boldsymbol{x}, \boldsymbol{y}) \right)$$

我们举例说明区别。设 $(\boldsymbol{x}'', \boldsymbol{y}'') = (\boldsymbol{x}, \boldsymbol{y}) + 1/2(\boldsymbol{x}' - \boldsymbol{x}, \boldsymbol{y}' - \boldsymbol{y})$。显然，$(\boldsymbol{x}'' - \boldsymbol{x}, \boldsymbol{y}'' - \boldsymbol{y})$ 表示与 $(\boldsymbol{x}' - \boldsymbol{x}, \boldsymbol{y}' - \boldsymbol{y})$ 相同的方向。然而，

$$
\begin{aligned}
Df(\boldsymbol{x}, \boldsymbol{y}, \boldsymbol{x}'', \boldsymbol{y}'') &= \lim_{\theta \to 0+} \frac{1}{\theta} \left(f(\boldsymbol{x} + \theta(\boldsymbol{x}'' - \boldsymbol{x}), \boldsymbol{y} + \theta(\boldsymbol{y}'' - \boldsymbol{y})) - f(\boldsymbol{x}, \boldsymbol{y}) \right) \\
&= \frac{1}{2} \lim_{\theta \to 0+} \frac{1}{\theta/2} \left(f(\boldsymbol{x} + \theta/2(\boldsymbol{x}' - \boldsymbol{x}), \boldsymbol{y} + \theta/2(\boldsymbol{y}' - \boldsymbol{y})) - f(\boldsymbol{x}, \boldsymbol{y}) \right) \\
&= \frac{1}{2} Df(\boldsymbol{x}, \boldsymbol{y}, \boldsymbol{x}', \boldsymbol{y}')
\end{aligned}
$$

因此，即使在相同的方向上考虑点时，它们的 Df 值也会相差某个倍数。为什么我们不归一化方向向量而继续使用 Dini 导数？我们很快就会看到这个定义具有良好的性质：它易于分析和计算最陡的方向。

现在给出稳定点的定义。

定义 1.2　$(\boldsymbol{x}, \boldsymbol{y}) \in \Delta_m \times \Delta_n$ 是一个稳定点，当且仅当对于任意 $(\boldsymbol{x}', \boldsymbol{y}') \in \Delta_m \times \Delta_n$，

$$Df(\boldsymbol{x}, \boldsymbol{y}, \boldsymbol{x}', \boldsymbol{y}') \geqslant 0$$

我们使用下降过程找到一个稳定点。由于运行时间和精度的限制，我们不能期望下降过程总是找到一个精确的稳定点。相反，我们寻找一个 δ-稳定点：

---

① 我们将在注 1.2 中看到，仅找到一个稳定点不足以达到良好的近似界；因此调整步骤是必要的。

定义 1.3　给定 $\delta \geqslant 0$, $(\boldsymbol{x}, \boldsymbol{y}) \in \Delta_m \times \Delta_n$ 是一个 δ-稳定点, 当且仅当

$$f_R(\boldsymbol{x}, \boldsymbol{y}) = f_C(\boldsymbol{x}, \boldsymbol{y})$$

且对于任意 $(\boldsymbol{x}', \boldsymbol{y}') \in \Delta_m \times \Delta_n$,

$$Df(\boldsymbol{x}, \boldsymbol{y}, \boldsymbol{x}', \boldsymbol{y}') \geqslant -\delta$$

可以证明, 该过程在多项式时间内结束, 并且能找到 δ-稳定点。

为了更好地处理 $Df(\boldsymbol{x}, \boldsymbol{y}, \boldsymbol{x}', \boldsymbol{y}')$, 我们给出了 Df 的显式形式。在 TS 原始论文中, 他们提供了 Df 的另一种刻画。下面提供了一个类似的推导, 但强调了它的极小-极大结构, 这一结构在后续的一系列证明中很有用。现在我们只关心当 $f_R(\boldsymbol{x}, \boldsymbol{y}) = f_C(\boldsymbol{x}, \boldsymbol{y})$ 时的情况（在命题 1.3 中我们会证明这是稳定点的必要条件）。令 $S_C(\boldsymbol{x}) := \operatorname{suppmax}(\boldsymbol{C}^{\mathrm{T}} \boldsymbol{x})$, $S_R(\boldsymbol{y}) := \operatorname{suppmax}(\boldsymbol{R} \boldsymbol{y})$, 有

$$Df(\boldsymbol{x}, \boldsymbol{y}, \boldsymbol{x}', \boldsymbol{y}') = \max\{Df_R(\boldsymbol{x}, \boldsymbol{y}, \boldsymbol{x}', \boldsymbol{y}'), Df_C(\boldsymbol{x}, \boldsymbol{y}, \boldsymbol{x}', \boldsymbol{y}')\}$$

$$= \max\{T_1(\boldsymbol{x}, \boldsymbol{y}, \boldsymbol{x}', \boldsymbol{y}'), T_2(\boldsymbol{x}, \boldsymbol{y}, \boldsymbol{x}', \boldsymbol{y}')\} - f(\boldsymbol{x}, \boldsymbol{y})$$

其中

$$T_1(\boldsymbol{x}, \boldsymbol{y}, \boldsymbol{x}', \boldsymbol{y}') = \max_{S_R(\boldsymbol{y})}(\boldsymbol{R}\boldsymbol{y}') - (\boldsymbol{x}')^{\mathrm{T}}\boldsymbol{R}\boldsymbol{y} - \boldsymbol{x}^{\mathrm{T}}\boldsymbol{R}\boldsymbol{y}' + \boldsymbol{x}^{\mathrm{T}}\boldsymbol{R}\boldsymbol{y}$$

$$T_2(\boldsymbol{x}, \boldsymbol{y}, \boldsymbol{x}', \boldsymbol{y}') = \max_{S_C(\boldsymbol{x})}(\boldsymbol{C}^{\mathrm{T}}\boldsymbol{x}') - (\boldsymbol{x}')^{\mathrm{T}}\boldsymbol{C}\boldsymbol{y} - \boldsymbol{x}^{\mathrm{T}}\boldsymbol{C}\boldsymbol{y}' + \boldsymbol{x}^{\mathrm{T}}\boldsymbol{C}\boldsymbol{y}$$

Df 的一个关键组成部分是 $\max\{T_1, T_2\}$, 应用了若干最大值算子。为了平滑这些最大值算子, 我们引入 $\rho, \boldsymbol{w}$ 和 $\boldsymbol{z}$ 做凸组合:

$$T(\boldsymbol{x}, \boldsymbol{y}, \boldsymbol{x}', \boldsymbol{y}', \rho, \boldsymbol{w}, \boldsymbol{z}) := \rho(\boldsymbol{w}^{\mathrm{T}}\boldsymbol{R}\boldsymbol{y}' - \boldsymbol{x}^{\mathrm{T}}\boldsymbol{R}\boldsymbol{y}' - (\boldsymbol{x}')^{\mathrm{T}}\boldsymbol{R}\boldsymbol{y} + \boldsymbol{x}^{\mathrm{T}}\boldsymbol{R}\boldsymbol{y})$$

$$+ (1 - \rho)((\boldsymbol{x}')^{\mathrm{T}}\boldsymbol{C}\boldsymbol{z} - \boldsymbol{x}^{\mathrm{T}}\boldsymbol{C}\boldsymbol{y}' - (\boldsymbol{x}')^{\mathrm{T}}\boldsymbol{C}\boldsymbol{y} + \boldsymbol{x}^{\mathrm{T}}\boldsymbol{C}\boldsymbol{y})$$

其中, $\rho \in [0, 1]$, $\boldsymbol{w} \in \Delta_m$, $\operatorname{supp}(\boldsymbol{w}) \subseteq S_R(\boldsymbol{y})$, $\boldsymbol{z} \in \Delta_n$, $\operatorname{supp}(\boldsymbol{z}) \subseteq S_C(\boldsymbol{x})$。[①]当 $f_R(\boldsymbol{x}, \boldsymbol{y}) = f_C(\boldsymbol{x}, \boldsymbol{y})$ 时, 有以下等式:

$$\max_{\rho, \boldsymbol{w}, \boldsymbol{z}} T(\boldsymbol{x}, \boldsymbol{y}, \boldsymbol{x}', \boldsymbol{y}', \rho, \boldsymbol{w}, \boldsymbol{z})$$

$$= \max_{\rho} \max_{\boldsymbol{w}, \boldsymbol{z}} T(\boldsymbol{x}, \boldsymbol{y}, \boldsymbol{x}', \boldsymbol{y}', \rho, \boldsymbol{w}, \boldsymbol{z})$$

$$= \max_{\rho}(\rho \max_{\boldsymbol{w}}(\boldsymbol{w}^{\mathrm{T}}\boldsymbol{R}\boldsymbol{y}' - \boldsymbol{x}^{\mathrm{T}}\boldsymbol{R}\boldsymbol{y}' - (\boldsymbol{x}')^{\mathrm{T}}\boldsymbol{R}\boldsymbol{y} + \boldsymbol{x}^{\mathrm{T}}\boldsymbol{R}\boldsymbol{y})$$

$$+ (1 - \rho) \max_{\boldsymbol{z}}((\boldsymbol{x}')^{\mathrm{T}}\boldsymbol{C}\boldsymbol{z} - \boldsymbol{x}^{\mathrm{T}}\boldsymbol{C}\boldsymbol{y}' - (\boldsymbol{x}')^{\mathrm{T}}\boldsymbol{C}\boldsymbol{y} + \boldsymbol{x}^{\mathrm{T}}\boldsymbol{C}\boldsymbol{y}))$$

---

① 在整篇论文中, 我们要求 $(\boldsymbol{x}, \boldsymbol{y}), (\boldsymbol{x}', \boldsymbol{y}') \in \Delta_m \times \Delta_n$, 并且 $\rho \in [0, 1]$, $\boldsymbol{w} \in \Delta_m, \operatorname{supp}(\boldsymbol{w}) \subseteq S_R(\boldsymbol{y})$, $\boldsymbol{z} \in \Delta_n$, $\operatorname{supp}(\boldsymbol{z}) \subseteq S_C(\boldsymbol{x})$。为了表达流畅, 这些限制在后文中省略。

$$= \max_{\rho}\left(\rho T_1(\boldsymbol{x}, \boldsymbol{y}, \boldsymbol{x}', \boldsymbol{y}') + (1-\rho)T_2(\boldsymbol{x}, \boldsymbol{y}, \boldsymbol{x}', \boldsymbol{y}')\right)$$

$$= \max\left\{T_1(\boldsymbol{x}, \boldsymbol{y}, \boldsymbol{x}', \boldsymbol{y}'), T_2(\boldsymbol{x}, \boldsymbol{y}, \boldsymbol{x}', \boldsymbol{y}')\right\}$$

因此

$$Df(\boldsymbol{x}, \boldsymbol{y}, \boldsymbol{x}', \boldsymbol{y}') = \max_{\rho, \boldsymbol{w}, \boldsymbol{z}} T(\boldsymbol{x}, \boldsymbol{y}, \boldsymbol{x}', \boldsymbol{y}', \rho, \boldsymbol{w}, \boldsymbol{z}) - f(\boldsymbol{x}, \boldsymbol{y})$$

现在定义

$$V(\boldsymbol{x}, \boldsymbol{y}) := \min_{\boldsymbol{x}', \boldsymbol{y}'} \max_{\rho, \boldsymbol{w}, \boldsymbol{z}} T(\boldsymbol{x}, \boldsymbol{y}, \boldsymbol{x}', \boldsymbol{y}', \rho, \boldsymbol{w}, \boldsymbol{z})$$

根据定义 1.2, $(\boldsymbol{x}, \boldsymbol{y})$ 是一个稳定点当且仅当 $V(\boldsymbol{x}, \boldsymbol{y}) \geqslant f(\boldsymbol{x}, \boldsymbol{y})$。将 $\boldsymbol{x}', \boldsymbol{y}'$ 代入 $\boldsymbol{x}, \boldsymbol{y}$，有 $V(\boldsymbol{x}, \boldsymbol{y}) \leqslant \max_{\rho, \boldsymbol{w}, \boldsymbol{z}} T(\boldsymbol{x}, \boldsymbol{y}, \boldsymbol{x}, \boldsymbol{y}, \rho, \boldsymbol{w}, \boldsymbol{z})$。根据定义，$T_1(\boldsymbol{x}, \boldsymbol{y}, \boldsymbol{x}, \boldsymbol{y}) = f_R(\boldsymbol{x}, \boldsymbol{y})$，$T_2(\boldsymbol{x}, \boldsymbol{y}, \boldsymbol{x}, \boldsymbol{y}) = f_C(\boldsymbol{x}, \boldsymbol{y})$，所以这就是 $f(\boldsymbol{x}, \boldsymbol{y})$。

因此有以下命题。

命题 1.1 $(\boldsymbol{x}, \boldsymbol{y})$ 是一个稳定点当且仅当

$$V(\boldsymbol{x}, \boldsymbol{y}) = f_R(\boldsymbol{x}, \boldsymbol{y}) = f_C(\boldsymbol{x}, \boldsymbol{y}).$$

通过对 T 进行一些变形，可以证明 T 是 $(\rho\boldsymbol{w}, (1-\rho)\boldsymbol{z})$ 和 $(\boldsymbol{x}', \boldsymbol{y}')$ 的双线性形式，即 T 等于

$$(\rho\boldsymbol{w}^{\mathrm{T}}, (1-\rho)\boldsymbol{z}^{\mathrm{T}}) \, \boldsymbol{G}(\boldsymbol{x}, \boldsymbol{y}) \begin{pmatrix} \boldsymbol{y}' \\ \boldsymbol{x}' \end{pmatrix}$$

这里 $\boldsymbol{G}(\boldsymbol{x}, \boldsymbol{y})$ 是一个 $(m+n) \times (m+n)$ 的矩阵。通过应用 von Neumann 的极小-极大定理，有

命题 1.2

$$V(\boldsymbol{x}, \boldsymbol{y}) = \max_{\rho, \boldsymbol{w}, \boldsymbol{z}} \min_{\boldsymbol{x}', \boldsymbol{y}'} T(\boldsymbol{x}, \boldsymbol{y}, \boldsymbol{x}', \boldsymbol{y}', \rho, \boldsymbol{w}, \boldsymbol{z})$$

并且存在 $\rho_0, \boldsymbol{w}_0, \boldsymbol{z}_0$，使得

$$V(\boldsymbol{x}, \boldsymbol{y}) = \min_{\boldsymbol{x}', \boldsymbol{y}'} T(\boldsymbol{x}, \boldsymbol{y}, \boldsymbol{x}', \boldsymbol{y}', \rho_0, \boldsymbol{w}_0, \boldsymbol{z}_0)$$

我们将元组 $(\rho_0, \boldsymbol{w}_0, \boldsymbol{z}_0)$ 称为对偶解，这是因为它可以通过对偶线性规划计算得到。

在下文中，我们固定 $(\boldsymbol{x}^*, \boldsymbol{y}^*)$ 表示一个稳定点，并使用 $(\rho^*, \boldsymbol{w}^*, \boldsymbol{z}^*)$ 表示关于 $\boldsymbol{G}(\boldsymbol{x}^*, \boldsymbol{y}^*)$ 的对应对偶解。

正如我们将在注 1.2 中看到的，一个稳定点在最坏情况下可能仅能达到 1/2 的近似界。为了找到更好的解，我们将稳定点调整到以下正方形内的另一点：

$$\Lambda := \{(\alpha \boldsymbol{w}^* + (1-\alpha)\boldsymbol{x}^*, \beta \boldsymbol{z}^* + (1-\beta)\boldsymbol{y}^*) : \alpha, \beta \in [0,1]\}$$

在 Λ 上的不同调整会导出近似纳什均衡的不同算法。下面介绍其中 3 种方法，第一种是 TS 算法的解，其他两种是为了在 1.4 节中进行分析。为了简化表达，我们定义 Λ 边界的两个子集如下。

$$\Gamma_1 := \{(\alpha \boldsymbol{x}^* + (1-\alpha)\boldsymbol{w}^*, \boldsymbol{y}^*) : \alpha \in [0,1]\} \cup \{(\boldsymbol{x}^*, \beta \boldsymbol{y}^* + (1-\beta)\boldsymbol{z}^*) : \beta \in [0,1]\}$$

$$\Gamma_2 := \{(\alpha \boldsymbol{x}^* + (1-\alpha)\boldsymbol{w}^*, \boldsymbol{z}^*) : \alpha \in [0,1]\} \cup \{(\boldsymbol{w}^*, \beta \boldsymbol{y}^* + (1-\beta)\boldsymbol{z}^*) : \beta \in [0,1]\}$$

方法 1. TS 算法中的原始方法。第一种方法是由 Tsaknakis 和 Spirakis 提出的原始调整方法（在文献中称为 TS 算法）。定义以下量

$$\lambda := \min_{\boldsymbol{y}':\operatorname{supp}(\boldsymbol{y}')\subseteq S_C(\boldsymbol{x}^*)} \{(\boldsymbol{w}^* - \boldsymbol{x}^*)^{\mathrm{T}} \boldsymbol{R} \boldsymbol{y}'\}$$

$$\mu := \min_{\boldsymbol{x}':\operatorname{supp}(\boldsymbol{x}')\subseteq S_R(\boldsymbol{y}^*)} \{(\boldsymbol{x}')^{\mathrm{T}} C(\boldsymbol{z}^* - \boldsymbol{y}^*)\}$$

调整后的策略对是

$$(\boldsymbol{x}_{\mathrm{TS}}, \boldsymbol{y}_{\mathrm{TS}}) := \begin{cases} \left(\dfrac{1}{1+\lambda-\mu}\boldsymbol{w}^* + \dfrac{\lambda-\mu}{1+\lambda-\mu}\boldsymbol{x}^*, \boldsymbol{z}^*\right), & \lambda \geqslant \mu \\ \left(\boldsymbol{w}^*, \dfrac{1}{1+\mu-\lambda}\boldsymbol{z}^* + \dfrac{\mu-\lambda}{1+\mu-\lambda}\boldsymbol{y}^*\right), & \lambda < \mu \end{cases}$$

方法 2. 在 Γ_2 上的最小点。对于第二种方法，定义

$$\alpha^* := \operatorname*{argmin}_{\alpha \in [0,1]} f(\alpha \boldsymbol{w}^* + (1-\alpha)\boldsymbol{x}^*, \boldsymbol{z}^*)$$

$$\beta^* := \operatorname*{argmin}_{\beta \in [0,1]} f(\boldsymbol{w}^*, \beta \boldsymbol{z}^* + (1-\beta)\boldsymbol{y}^*)$$

从几何的角度，我们的目标是找到 f 在 Γ_2 上的最小点。第二种方法给出的策略对是

$$(\boldsymbol{x}_{\mathrm{MB}}, \boldsymbol{y}_{\mathrm{MB}}) := \begin{cases} (\alpha^* \boldsymbol{w}^* + (1-\alpha^*)\boldsymbol{x}^*, \boldsymbol{z}^*), & f_C(\boldsymbol{w}^*, \boldsymbol{z}^*) \geqslant f_R(\boldsymbol{w}^*, \boldsymbol{z}^*) \\ (\boldsymbol{w}^*, \beta^* \boldsymbol{z}^* + (1-\beta^*)\boldsymbol{y}^*), & f_C(\boldsymbol{w}^*, \boldsymbol{z}^*) < f_R(\boldsymbol{w}^*, \boldsymbol{z}^*) \end{cases}$$

当将策略写成这两种不同情况时，不太容易看出 $(\boldsymbol{x}_{\mathrm{MB}}, \boldsymbol{y}_{\mathrm{MB}})$ 实际上是 f 在 Γ_2 上的最小点。我们将在引理 1.3 中证明这一事实。

方法 3. 在 Γ_2 上 f_R 和 f_C 的线性上界的交点。正如我们将在后面看到的，理论上 $(\boldsymbol{x}_{\mathrm{MB}}, \boldsymbol{y}_{\mathrm{MB}})$ 总是不差于 $(\boldsymbol{x}_{\mathrm{TS}}, \boldsymbol{y}_{\mathrm{TS}})$。然而，定量分析 $(\boldsymbol{x}_{\mathrm{MB}}, \boldsymbol{y}_{\mathrm{MB}})$ 的精确

近似界相当困难。因此，我们提出第三种调整方法。从定义可以直接看出，$\boldsymbol{x}$ 或 $\boldsymbol{y}$ 被固定时，$f_R(\boldsymbol{x},\boldsymbol{y})$，$f_C(\boldsymbol{x},\boldsymbol{y})$ 和 $f(\boldsymbol{x},\boldsymbol{y})$ 都是凸的线性分段函数。因此，在 $\varLambda$ 的边界上，它们的上界可以被线性函数给出。具体来说，对于 $0 \leqslant p,q \leqslant 1$，有

$$f_R(p\boldsymbol{w}^* + (1-p)\boldsymbol{x}^*, \boldsymbol{z}^*) = (f_R(\boldsymbol{w}^*, \boldsymbol{z}^*) - f_R(\boldsymbol{x}^*, \boldsymbol{z}^*))p + f_R(\boldsymbol{x}^*, \boldsymbol{z}^*) \tag{1.1}$$

$$f_C(p\boldsymbol{w}^* + (1-p)\boldsymbol{x}^*, \boldsymbol{z}^*) \leqslant f_C(\boldsymbol{w}^*, \boldsymbol{z}^*)p \tag{1.2}$$

$$f_C(\boldsymbol{w}^*, q\boldsymbol{z}^* + (1-q)\boldsymbol{y}^*) = (f_C(\boldsymbol{w}^*, \boldsymbol{x}^*) - f_C(\boldsymbol{w}^*, \boldsymbol{y}^*))q + f_C(\boldsymbol{w}^*, \boldsymbol{y}^*) \tag{1.3}$$

$$f_R(\boldsymbol{w}^*, q\boldsymbol{z}^* + (1-q)\boldsymbol{y}^*) \leqslant f_R(\boldsymbol{w}^*, \boldsymbol{z}^*)q \tag{1.4}$$

取式 (1.1) 右边和式 (1.2) 右边的最小值，再取式 (1.3) 右边和式 (1.4) 右边的最小值，得到：

$$p^* \in \underset{p \in [0,1]}{\arg\min} \min \left\{ (f_R(\boldsymbol{w}^*, \boldsymbol{z}^*) - f_R(\boldsymbol{x}^*, \boldsymbol{z}^*))p + f_R(\boldsymbol{x}^*, \boldsymbol{z}^*), f_C(\boldsymbol{w}^*, \boldsymbol{z}^*)p \right\}$$

$$q^* \in \underset{q \in [0,1]}{\arg\min} \min \left\{ (f_C(\boldsymbol{w}^*, \boldsymbol{x}^*) - f_C(\boldsymbol{w}^*, \boldsymbol{y}^*))q + f_C(\boldsymbol{w}^*, \boldsymbol{y}^*), f_R(\boldsymbol{w}^*, \boldsymbol{z}^*)q \right\}$$

得到以下量[①]

$$p^* := \frac{f_R(\boldsymbol{x}^*, \boldsymbol{z}^*)}{f_R(\boldsymbol{x}^*, \boldsymbol{z}^*) + f_C(\boldsymbol{w}^*, \boldsymbol{z}^*) - f_R(\boldsymbol{w}^*, \boldsymbol{z}^*)}$$

$$q^* := \frac{f_C(\boldsymbol{w}^*, \boldsymbol{y}^*)}{f_C(\boldsymbol{w}^*, \boldsymbol{y}^*) + f_R(\boldsymbol{w}^*, \boldsymbol{z}^*) - f_C(\boldsymbol{w}^*, \boldsymbol{z}^*)}$$

现在，调整后的策略对被定义为

$$(\boldsymbol{x}_{\mathrm{IL}}, \boldsymbol{y}_{\mathrm{IL}}) := \begin{cases} (p^*\boldsymbol{w}^* + (1-p^*)\boldsymbol{x}^*, \boldsymbol{z}^*), & f_C(\boldsymbol{w}^*, \boldsymbol{z}^*) \geqslant f_R(\boldsymbol{w}^*, \boldsymbol{z}^*) \\ (\boldsymbol{w}^*, q^*\boldsymbol{z}^* + (1-q^*)\boldsymbol{y}^*), & f_C(\boldsymbol{w}^*, \boldsymbol{z}^*) < f_R(\boldsymbol{w}^*, \boldsymbol{z}^*) \end{cases}$$

在 1.4 节中，我们将看到，这个策略对是容易进行定量分析的，并且它是 TS 算法最坏情况分析的关键辅助结构。

我们注意到这 3 种方法的结果都可以在 m 和 n 的多项式时间内计算出来。

1.4　3 种方法的紧实例

利用 1.3 节中提出的两种辅助调整方法，现在给出在 1.3 节中介绍的 TS 算法的紧近似界。在 Tsaknakis 和 Spirakis 的原始论文中，已经证明 TS 算法给出的

---

① p^* 或 q^* 的分母可能为零。在这种情况下，我们简单地定义 p^* 或 q^* 为 0。

近似界不大于 $b \approx 0.3393$。在本节中，我们构造一个博弈，TS 算法在该博弈上达到紧界 $b \approx 0.3393$。这个博弈的收益矩阵在式 (1.5) 中给出，其中 $b \approx 0.3393$ 是紧界，$\lambda_0 \approx 0.582523$ 和 $\mu_0 \approx 0.812815$ 是在引理 1.6 中要导出的实数。该博弈在稳定点 $\boldsymbol{x}^* = \boldsymbol{y}^* = (1,0,0)^{\mathrm{T}}$ 处达到了紧界 $b \approx 0.3393$，对应的对偶解是 $\rho^* = \mu_0/(\lambda_0 + \mu_0)$，$\boldsymbol{w}^* = \boldsymbol{z}^* = (0,0,1)^{\mathrm{T}}$。此外，这是一个很强的紧实例，即使我们尝试在整个空间 Λ 上找 f 的最小点，近似界仍然保持为 $b \approx 0.3393$。

$$\boldsymbol{R} = \begin{pmatrix} 0.1 & 0 & 0 \\ 0.1+b & 1 & 1 \\ 0.1+b & \lambda_0 & \lambda_0 \end{pmatrix}, \quad \boldsymbol{C} = \begin{pmatrix} 0.1 & 0.1+b & 0.1+b \\ 0 & 1 & \mu_0 \\ 0 & 1 & \mu_0 \end{pmatrix} \tag{1.5}$$

定理 1.1 (广义 TS 算法的紧性)　存在这样一个博弈，对于某些稳定点 $(\boldsymbol{x}^*, \boldsymbol{y}^*)$ 以及对偶解 $(\rho^*, \boldsymbol{w}^*, \boldsymbol{z}^*)$，

$$b = f(\boldsymbol{x}^*, \boldsymbol{y}^*) = f(\boldsymbol{x}_{\mathrm{IL}}, \boldsymbol{y}_{\mathrm{IL}}) = f(\boldsymbol{x}_{\mathrm{MB}}, \boldsymbol{y}_{\mathrm{MB}}) \leqslant f(\alpha\boldsymbol{w}^* + (1-\alpha)\boldsymbol{x}^*, \beta\boldsymbol{z}^* + (1-\beta)\boldsymbol{y}^*)$$

对于任何 $\alpha, \beta \in [0,1]$ 都成立。

定理 1.1 的证明只需要验证式 (1.5) 确实是紧实例。然而，验证这一事实并不直接。更重要的是，如何得到这一个紧实例也远非显然。下面通过一系列引理和命题展示我们的思路。

我们的准备过程可以概括为 3 个步骤。首先，在命题 1.3 中给出稳定点的等价条件，这使得构造具有给定稳定点及其相应对偶解的收益矩阵变得更容易。其次，在 Λ 上绘制 $f_{\boldsymbol{R}}$ 和 $f_{\boldsymbol{C}}$ 函数的图像，并随后揭示 1.3 节中呈现的 3 种调整策略对之间的关系。最后，对 f 的上界进行一些估计，并展示这些估计何时会变紧。在这些准备过程中（或更确切地说，是尝试中），我们找到了精确的紧实例约束。据此，我们自然而然提出了参数化方法，通过尝试很少的情况找到正确的参数，即可找到紧实例。[①]

我们已经看到稳定点与 von Neumann 的极小 -极大定理密切相关。我们在这里再次更为巧妙地利用它。以下命题展示了如何构造具有给定稳定点 $(\boldsymbol{x}^*, \boldsymbol{y}^*)$ 及其对偶解 $(\rho^*, \boldsymbol{w}^*, \boldsymbol{z}^*)$ 的收益矩阵。

命题 1.3　令

$$\boldsymbol{A}(\rho, \boldsymbol{y}, \boldsymbol{z}) := -\rho\boldsymbol{R}\boldsymbol{y} + (1-\rho)\boldsymbol{C}(\boldsymbol{z} - \boldsymbol{y})$$

$$\boldsymbol{B}(\rho, \boldsymbol{x}, \boldsymbol{w}) := \rho\boldsymbol{R}^{\mathrm{T}}(\boldsymbol{w} - \boldsymbol{x}) - (1-\rho)\boldsymbol{C}^{\mathrm{T}}\boldsymbol{x}$$

---

① 这样的过程可以写成一个算法，将在 1.5 节中展示。

那么 $(\boldsymbol{x}^*, \boldsymbol{y}^*)$ 是一个稳定点当且仅当 $f_{\boldsymbol{R}}(\boldsymbol{x}^*, \boldsymbol{y}^*) = f_{\boldsymbol{C}}(\boldsymbol{x}^*, \boldsymbol{y}^*)$ 并且存在 $\rho^*, \boldsymbol{w}^*, \boldsymbol{z}^*$ 使得

$$\mathrm{supp}(\boldsymbol{x}^*) \subset \mathrm{suppmin}(\boldsymbol{A}(\rho^*, \boldsymbol{y}^*, \boldsymbol{z}^*)) \tag{1.6}$$

$$\mathrm{supp}(\boldsymbol{y}^*) \subset \mathrm{suppmin}(\boldsymbol{B}(\rho^*, \boldsymbol{x}^*, \boldsymbol{w}^*)) \tag{1.7}$$

证明   首先, 我们证明 $f_{\boldsymbol{R}}(\boldsymbol{x}^*, \boldsymbol{y}^*) = f_{\boldsymbol{C}}(\boldsymbol{x}^*, \boldsymbol{y}^*)$ 是 $(\boldsymbol{x}^*, \boldsymbol{y}^*)$ 成为稳定点的必要条件。我们证明其逆否命题。假设 $f_{\boldsymbol{R}}(\boldsymbol{x}^*, \boldsymbol{y}^*) > f_{\boldsymbol{C}}(\boldsymbol{x}^*, \boldsymbol{y}^*)$, 那么我们有 $f_{\boldsymbol{R}}(\boldsymbol{x}^*, \boldsymbol{y}^*) > 0$, 这意味着 $\max(\boldsymbol{R}\boldsymbol{y}^*) > (\boldsymbol{x}^*)^{\mathrm{T}}\boldsymbol{R}\boldsymbol{y}^*$。因此, $\mathrm{supp}(\boldsymbol{x}^*) \nsubseteq \mathrm{suppmax}(\boldsymbol{R}\boldsymbol{y}^*)$。

不失一般性, 假设 $1 \in \mathrm{suppmax}(\boldsymbol{R}\boldsymbol{y}^*)$, $2 \notin \mathrm{suppmax}(\boldsymbol{R}\boldsymbol{y}^*)$ 且 $2 \in \mathrm{supp}(\boldsymbol{x}^*)$。令 $\boldsymbol{E} := (1, -1, 0, \cdots, 0)^{\mathrm{T}} \in \mathbb{R}^m$。对于足够小的 $\theta_0 > 0$, 我们有 $(\boldsymbol{x}^* + \theta_0 \boldsymbol{E}, \boldsymbol{y}^*) \in \Delta_m \times \Delta_n$ 并且 $f_{\boldsymbol{R}}(\boldsymbol{x}^* + \theta_0 \boldsymbol{E}, \boldsymbol{y}^*) > f_{\boldsymbol{C}}(\boldsymbol{x}^* + \theta_0 \boldsymbol{E}, \boldsymbol{y}^*)$。可以验证

$$Df(\boldsymbol{x}^*, \boldsymbol{y}^*, \boldsymbol{x}^* + \theta_0 \boldsymbol{E}, \boldsymbol{y}^*) = Df_{\boldsymbol{R}}(\boldsymbol{x}^*, \boldsymbol{y}^*, \boldsymbol{x}^* + \theta_0 \boldsymbol{E}, \boldsymbol{y}^*)$$
$$= -\theta_0 \boldsymbol{E}^{\mathrm{T}} \boldsymbol{R} \boldsymbol{y}^* < 0$$

因此, $(\boldsymbol{x}^*, \boldsymbol{y}^*)$ 不是一个稳定点。$f_{\boldsymbol{C}}(\boldsymbol{x}^*, \boldsymbol{y}^*) > f_{\boldsymbol{R}}(\boldsymbol{x}^*, \boldsymbol{y}^*)$ 的情况类似。

接下来, 我们证明在 $f_{\boldsymbol{R}}(\boldsymbol{x}^*, \boldsymbol{y}^*) = f_{\boldsymbol{C}}(\boldsymbol{x}^*, \boldsymbol{y}^*)$ 的条件下, $V(\boldsymbol{x}^*, \boldsymbol{y}^*) = f(\boldsymbol{x}^*, \boldsymbol{y}^*)$ 当且仅当式 (1.6) 和式 (1.7) 对于某些 $\rho^*, \boldsymbol{w}^*, \boldsymbol{z}^*$ 成立。

假设 $f(\boldsymbol{x}^*, \boldsymbol{y}^*) = V(\boldsymbol{x}^*, \boldsymbol{y}^*)$, 根据命题 1.2, 存在 $\rho^*, \boldsymbol{w}^*, \boldsymbol{z}^*$ 使得

$$f(\boldsymbol{x}^*, \boldsymbol{y}^*) = \min_{\boldsymbol{x}', \boldsymbol{y}'} T(\boldsymbol{x}^*, \boldsymbol{y}^*, \boldsymbol{x}', \boldsymbol{y}', \rho^*, \boldsymbol{w}^*, \boldsymbol{z}^*)$$

将 T 重写为

$$T(\boldsymbol{x}^*, \boldsymbol{y}^*, \boldsymbol{x}', \boldsymbol{y}', \rho^*, \boldsymbol{w}^*, \boldsymbol{z}^*) = (\boldsymbol{x}')^{\mathrm{T}} \boldsymbol{A}(\rho^*, \boldsymbol{y}^*, \boldsymbol{z}^*) + \boldsymbol{B}(\rho^*, \boldsymbol{x}^*, \boldsymbol{w}^*)^{\mathrm{T}} \boldsymbol{y}'$$
$$+ \rho^* (\boldsymbol{x}^*)^{\mathrm{T}} \boldsymbol{R} \boldsymbol{y}^* + (1 - \rho^*)(\boldsymbol{x}^*)^{\mathrm{T}} \boldsymbol{C} \boldsymbol{y}^*$$

注意到

$$T(\boldsymbol{x}^*, \boldsymbol{y}^*, \boldsymbol{x}^*, \boldsymbol{y}^*, \rho^*, \boldsymbol{w}^*, \boldsymbol{z}^*) = f(\boldsymbol{x}^*, \boldsymbol{y}^*)$$
$$= \min_{\boldsymbol{x}', \boldsymbol{y}'} T(\boldsymbol{x}^*, \boldsymbol{y}^*, \boldsymbol{x}', \boldsymbol{y}', \rho^*, \boldsymbol{w}^*, \boldsymbol{z}^*)$$

因此,

$$\mathrm{supp}(\boldsymbol{x}^*) \subseteq \mathrm{suppmin}\, \boldsymbol{A}(\rho^*, \boldsymbol{y}^*, \boldsymbol{z}^*)$$

$$\mathrm{supp}(\boldsymbol{y}^*) \subseteq \mathrm{suppmin}\, \boldsymbol{B}(\rho^*, \boldsymbol{x}^*, \boldsymbol{w}^*)$$

必须成立。

现在假设式 (1.6) 和式 (1.7) 成立。类似地，有

$$V(\boldsymbol{x}^*, \boldsymbol{y}^*) = \min_{\boldsymbol{x}', \boldsymbol{y}'} T(\boldsymbol{x}^*, \boldsymbol{y}^*, \boldsymbol{x}', \boldsymbol{y}', \rho^*, \boldsymbol{w}^*, \boldsymbol{z}^*)$$

$$= T(\boldsymbol{x}^*, \boldsymbol{y}^*, \boldsymbol{x}^*, \boldsymbol{y}^*, \rho^*, \boldsymbol{w}^*, \boldsymbol{z}^*) = f(\boldsymbol{x}^*, \boldsymbol{y}^*)$$

注意，给定稳定点 $(\boldsymbol{x}^*, \boldsymbol{y}^*)$ 和对偶解 $(\rho^*, \boldsymbol{w}^*, \boldsymbol{z}^*)$，我们可以通过简单的线性约束限制 $\boldsymbol{R}$ 和 $\boldsymbol{C}$：找到 $(\boldsymbol{R}, \boldsymbol{C})$ 变成了解线性方程和线性不等式的问题。

现在转向第二步，即一般情况下在矩形 Λ 上绘制 $f_{\boldsymbol{R}}$ 和 $f_{\boldsymbol{C}}$ 的图像。为了避免烦琐的符号，我们定义

$$F_I(\alpha, \beta) := f_I(\alpha \boldsymbol{w}^* + (1-\alpha)\boldsymbol{x}^*, \beta \boldsymbol{z}^* + (1-\beta)\boldsymbol{y}^*), I \in \{\boldsymbol{R}, \boldsymbol{C}\}, \alpha, \beta \in [0,1]$$

等价地，我们将研究 $F_{\boldsymbol{R}}(\alpha, \beta)$ 和 $F_{\boldsymbol{C}}(\alpha, \beta)$ 的图像。

要理解为什么 $f_{\boldsymbol{R}}$ 和 $f_{\boldsymbol{C}}$ 具有这样的图像，首先定义以下具有几何和代数双重含义的量 λ^* 和 μ^*。令

$$\lambda^* := (\boldsymbol{w}^* - \boldsymbol{x}^*)^{\mathrm{T}} \boldsymbol{R} \boldsymbol{z}^* = f_{\boldsymbol{R}}(\boldsymbol{x}^*, \boldsymbol{z}^*) - f_{\boldsymbol{R}}(\boldsymbol{w}^*, \boldsymbol{z}^*) = F_{\boldsymbol{R}}(0,1) - F_{\boldsymbol{R}}(1,1)$$

$$\mu^* := (\boldsymbol{w}^*)^{\mathrm{T}} \boldsymbol{C} (\boldsymbol{z}^* - \boldsymbol{y}^*) = f_{\boldsymbol{C}}(\boldsymbol{w}^*, \boldsymbol{y}^*) - f_{\boldsymbol{C}}(\boldsymbol{w}^*, \boldsymbol{z}^*) = F_{\boldsymbol{C}}(1,0) - F_{\boldsymbol{C}}(1,1)$$

这些量具有明确的几何含义：它们是高度差。以下引理表明 λ^* 和 μ^* 始终是非负的，因而是一个有效的高度。

引理 1.1 如果 $\rho^* \in (0,1)$，那么 $\lambda^*, \mu^* \in [0,1]$。如果 $\rho^* \in \{0,1\}$，稳定点 (x^*, y^*) 是纳什均衡。

证明 由于 $\boldsymbol{R}$ 和 $\boldsymbol{C}$ 的所有项都属于 $[0,1]$，因此有 $\lambda^*, \mu^* \leqslant 1$。假设 $\rho^* \in (0,1)$，根据命题 1.1，$0 \leqslant f(\boldsymbol{x}^*, \boldsymbol{y}^*) \leqslant T(\boldsymbol{x}^*, \boldsymbol{y}^*, \boldsymbol{x}^*, \boldsymbol{z}^*, \rho^*, \boldsymbol{w}^*, \boldsymbol{z}^*) = \rho^* \lambda^*$，因此 $\lambda^* \geqslant 0$。类似地，$0 \leqslant f(\boldsymbol{x}^*, \boldsymbol{y}^*) \leqslant T(\boldsymbol{x}^*, \boldsymbol{y}^*, \boldsymbol{w}^*, \boldsymbol{y}^*, \rho^*, \boldsymbol{w}^*, \boldsymbol{z}^*) = (1-\rho^*)\mu^*$，因此 $\mu^* \geqslant 0$。

假设 $\rho^* \in \{0,1\}$。根据前述不等式，$0 \leqslant f(\boldsymbol{x}^*, \boldsymbol{y}^*) \leqslant \min\{\rho^* \lambda^*, (1-\rho^*)\mu^*\} = 0$。因此 $(\boldsymbol{x}^*, \boldsymbol{y}^*)$ 是一个纳什均衡。

以下我们始终假设 $\rho^* \in (0,1)$，否则将找到一个纳什均衡 $(\boldsymbol{x}^*, \boldsymbol{y}^*)$，这与我们寻找一个紧实例的目标不符。

引理 1.6 说明了在 α 或 β 固定时 $F_{\boldsymbol{R}}$ 和 $F_{\boldsymbol{C}}$ 的行为。

引理 1.2 以下两个陈述成立。

1. 给定 β，$F_{\boldsymbol{C}}(\alpha, \beta)$ 是 α 的递增、凸和分段线性的函数；$F_{\boldsymbol{R}}(\alpha, \beta)$ 是 α 的递减和线性的函数。

2. 给定 α，$F_{\boldsymbol{R}}(\alpha, \beta)$ 是 β 的递增、凸和分段线性的函数；$F_{\boldsymbol{C}}(\alpha, \beta)$ 是 β 的递减和线性的函数。

证明　这里只证明第一个陈述，第二个陈述是对称的。设 $\boldsymbol{x}_\alpha := \alpha\boldsymbol{w}^* + (1-\alpha)\boldsymbol{x}^*$，$\boldsymbol{y}_\beta := \beta\boldsymbol{z}^* + (1-\beta)\boldsymbol{y}^*$。

注意到

$$F_{\boldsymbol{C}}(\alpha, \beta) = \max(\boldsymbol{C}^{\mathrm{T}}\boldsymbol{x}_\alpha) - (\boldsymbol{x}_\alpha)^{\mathrm{T}}\boldsymbol{C}\boldsymbol{y}_\beta$$

因此，在固定 β 的情况下是凸且分段线性的。对于 $F_{\boldsymbol{R}}(\alpha, \beta)$，类似的论证成立。接下来证明 $F_{\boldsymbol{R}}$ 的增函数性质。事实上，

$$F_{\boldsymbol{R}}(\alpha, \beta) = \max(\boldsymbol{R}\boldsymbol{y}_\beta) - (\boldsymbol{x}_\alpha)^{\mathrm{T}}\boldsymbol{R}\boldsymbol{y}_\beta$$

因此，在固定 β 的情况下是关于 α 线性的。由于 $\mathrm{supp}(\boldsymbol{w}^*) \subseteq S_{\boldsymbol{R}}(\boldsymbol{y}^*)$，根据引理 1.1，有

$$F_{\boldsymbol{R}}(0, \beta) - F_{\boldsymbol{R}}(1, \beta) = (1-\beta)(\boldsymbol{w}^* - \boldsymbol{x}^*)^{\mathrm{T}}\boldsymbol{R}\boldsymbol{y}^* + \beta(\boldsymbol{w}^* - \boldsymbol{x}^*)^{\mathrm{T}}\boldsymbol{R}\boldsymbol{z}^*$$

$$\geqslant \beta\lambda^* \geqslant 0$$

这表明 $F_{\boldsymbol{R}}(\alpha, \beta)$ 在固定 β 的情况下是递减的。

最后，为了证明 $F_{\boldsymbol{C}}(\alpha, \beta)$ 在 α 上是增函数，根据凸性，只需证明 $Df_{\boldsymbol{C}}(\boldsymbol{x}^*, \boldsymbol{y}_\beta, \boldsymbol{w}^*, \boldsymbol{y}_\beta) \geqslant 0$。注意到 $Df_{\boldsymbol{R}}(\boldsymbol{x}^*, \boldsymbol{y}^*, \boldsymbol{w}^*, \boldsymbol{y}^*) \leqslant 0$。根据稳定点的定义，必须有

$$0 \leqslant Df(\boldsymbol{x}^*, \boldsymbol{y}^*, \boldsymbol{w}^*, \boldsymbol{y}^*) = Df_{\boldsymbol{C}}(\boldsymbol{x}^*, \boldsymbol{y}^*, \boldsymbol{w}^*, \boldsymbol{y}^*)$$

$$= \max_{S_{\boldsymbol{C}}(\boldsymbol{x}^*)}(\boldsymbol{C}^{\mathrm{T}}\boldsymbol{w}^*) - \max(\boldsymbol{C}^{\mathrm{T}}\boldsymbol{x}^*) + (\boldsymbol{x}^* - \boldsymbol{w}^*)^{\mathrm{T}}\boldsymbol{C}\boldsymbol{y}^* \tag{1.8}$$

注意到 $f_{\boldsymbol{C}}(\boldsymbol{x}^*, \boldsymbol{z}^*) = 0$ 以及对所有合法的 $\boldsymbol{x}$，$f_{\boldsymbol{C}}(\boldsymbol{x}, \boldsymbol{z}^*) \geqslant 0$，因此

$$0 \leqslant Df_{\boldsymbol{C}}(\boldsymbol{x}^*, \boldsymbol{z}^*, \boldsymbol{w}^*, \boldsymbol{z}^*)$$

$$= \max_{S_{\boldsymbol{C}}(\boldsymbol{x}^*)}(\boldsymbol{C}^{\mathrm{T}}\boldsymbol{w}^*) - \max(\boldsymbol{C}^{\mathrm{T}}\boldsymbol{x}^*) + (\boldsymbol{x}^* - \boldsymbol{w}^*)^{\mathrm{T}}\boldsymbol{C}\boldsymbol{z}^* \tag{1.9}$$

结合式 (1.8) 和式 (1.9)，得到

$$Df_{\boldsymbol{C}}(\boldsymbol{x}^*, \boldsymbol{y}_\beta, \boldsymbol{w}^*, \boldsymbol{y}_\beta) = \max_{S_{\boldsymbol{C}}(\boldsymbol{x}^*)}(\boldsymbol{C}^{\mathrm{T}}\boldsymbol{w}^*) - \max(\boldsymbol{C}^{\mathrm{T}}\boldsymbol{x}^*) + (\boldsymbol{x}^* - \boldsymbol{w}^*)^{\mathrm{T}}\boldsymbol{C}\boldsymbol{y}_\beta$$

$$= \beta Df_{\boldsymbol{C}}(\boldsymbol{x}^*, \boldsymbol{z}^*, \boldsymbol{w}^*, \boldsymbol{z}^*) + (1-\beta)Df_{\boldsymbol{C}}(\boldsymbol{x}^*, \boldsymbol{y}^*, \boldsymbol{w}^*, \boldsymbol{z}^*) \geqslant 0$$

回顾第二调整方法给出的策略对 $(\boldsymbol{x}_{\mathrm{MB}}, \boldsymbol{y}_{\mathrm{MB}})$。引理 1.3 表明 (x^*, y^*) 和 $(\boldsymbol{x}_{\mathrm{MB}}, \boldsymbol{y}_{\mathrm{MB}})$ 是 Λ 边界上的最小点。

引理 1.3　以下两个陈述成立：

1. $(\boldsymbol{x}^*, \boldsymbol{y}^*)$ 是 f 在 $\Gamma_1 = \{(\alpha\boldsymbol{x}^* + (1-\alpha)\boldsymbol{w}^*, \boldsymbol{y}^*) : \alpha \in [0,1]\} \cup \{(\boldsymbol{x}^*, \beta\boldsymbol{y}^* + (1-\beta)\boldsymbol{z}^*) : \beta \in [0,1]\}$ 上的最小点。

2. $(\boldsymbol{x}_{\mathrm{MB}}, \boldsymbol{y}_{\mathrm{MB}})$ 是 f 在 $\Gamma_2 = \{(\alpha\boldsymbol{x}^* + (1-\alpha)\boldsymbol{w}^*, \boldsymbol{z}^*) : \alpha \in [0,1]\} \cup \{(\boldsymbol{w}^*, \beta\boldsymbol{y}^* + (1-\beta)\boldsymbol{z}^*) : \beta \in [0,1]\}$ 上的最小点。

证明　设 $\boldsymbol{x}_\alpha := \alpha\boldsymbol{w}^* + (1-\alpha)\boldsymbol{x}^*$，$\boldsymbol{y}_\beta := \beta\boldsymbol{z}^* + (1-\beta)\boldsymbol{y}^*$。对于第一部分，由命题 1.1，$f_R(\boldsymbol{x}^*, \boldsymbol{y}^*) = f_C(\boldsymbol{x}^*, \boldsymbol{y}^*) = f(\boldsymbol{x}^*, \boldsymbol{y}^*)$。同时，引理 1.2 表明 $f_C(\boldsymbol{x}_\alpha, \boldsymbol{y}^*)$ 是 α 的增函数，$f_R(\boldsymbol{x}_\alpha, \boldsymbol{y}^*)$ 是 α 的减函数，因此 $f(\boldsymbol{x}_\alpha, \boldsymbol{y}^*) = f_C(\boldsymbol{x}_\alpha, \boldsymbol{y}^*) \geqslant f_C(\boldsymbol{x}^*, \boldsymbol{y}^*) = f(\boldsymbol{x}^*, \boldsymbol{y}^*)$。类似地，$f(\boldsymbol{x}^*, \boldsymbol{y}_\beta) = f_R(\boldsymbol{x}^*, \boldsymbol{y}_\beta) \geqslant f(\boldsymbol{x}^*, \boldsymbol{y}^*)$，因此，$(\boldsymbol{x}^*, \boldsymbol{y}^*)$ 是 f 在 Γ_1 上的最小点。

对于第二部分，假设 $f_C(\boldsymbol{w}^*, \boldsymbol{z}^*) \geqslant f_R(\boldsymbol{w}^*, \boldsymbol{z}^*)$。再次利用引理 1.2 和类似的论证，$f(\boldsymbol{w}^*, \boldsymbol{y}_\beta) = f_C(\boldsymbol{w}^*, \boldsymbol{y}_\beta) \geqslant f_C(\boldsymbol{w}^*, \boldsymbol{z}^*) = f(\boldsymbol{w}^*, \boldsymbol{z}^*) \geqslant f(\boldsymbol{x}_{\alpha^*}, \boldsymbol{z}^*)$。因此，$(\boldsymbol{x}_{\mathrm{MB}}, \boldsymbol{y}_{\mathrm{MB}}) = (\boldsymbol{x}_{\alpha^*}, \boldsymbol{z}^*)$ 是 Γ_2 上的最小点。对于 $f_R(\boldsymbol{w}^*, \boldsymbol{z}^*) > f_C(\boldsymbol{w}^*, \boldsymbol{z}^*)$ 的情况，同样的论证成立。

通过上述引理，我们清楚了函数图像的几何形态。现在转而寻找紧实例。此时，仅绘制函数图像是不够的。我们需要进行定量分析，换句话说，计算函数图像中 F_R 和 F_C 的确切高度。然后试图使图中的最低点尽可能高，这可能导致一个紧实例。我们首先在 Λ 的边界上进行此过程，表示为 $\partial\Lambda$。

正如引理 1.3 所示，$(\boldsymbol{x}^*, \boldsymbol{y}^*)$ 或 $(\boldsymbol{x}_{\mathrm{MB}}, \boldsymbol{y}_{\mathrm{MB}})$ 是 $\partial\Lambda$ 上的最小点，取决于它们的 f 值。$(\boldsymbol{x}^*, \boldsymbol{y}^*)$ 是一个稳定点；由于其对偶线性规划的结构，它拥有许多特性，可用于估计 $f(\boldsymbol{x}^*, \boldsymbol{y}^*)$。然而，主要的障碍是分析 $(\boldsymbol{x}_{\mathrm{MB}}, \boldsymbol{y}_{\mathrm{MB}})$，其在函数图像中的位置似乎是随机的，更不用说它的 f 值了。我们通过沿着正方形 Λ 的边界开发一个平移点来给出 $(\boldsymbol{x}_{\mathrm{MB}}, \boldsymbol{y}_{\mathrm{MB}})$ 的一个可估计的上界，如下所示。

回顾引理 1.2 表明，当 α 或 β 固定时，F_C 和 F_R 的图形是凸的。对于每个部分，F_R 和 F_C 的图形变成凸曲线。固定曲线的两个端点，我们将凸曲线拉伸成一条直线，从而给出 F_R 或 F_C 的上界。拉伸每个部分后，图形被拉伸成一个每个部分都是线性的平滑表面。由于我们只关心 $(\boldsymbol{x}_{\mathrm{MB}}, \boldsymbol{y}_{\mathrm{MB}})$，根据 $(\boldsymbol{x}_{\mathrm{MB}}, \boldsymbol{y}_{\mathrm{MB}})$ 的定义，我们只需要拉伸 F_R 或 F_C 以使 $(\boldsymbol{x}_{\mathrm{MB}}, \boldsymbol{y}_{\mathrm{MB}})$ 被抬升。

这样的上界也可以用不等式表示（我们已经在 1.3 节中用它们定义 $(\boldsymbol{x}_{\mathrm{IL}}, \boldsymbol{y}_{\mathrm{IL}})$）：

$$f_C(p\boldsymbol{w}^* + (1-p)\boldsymbol{x}^*, \boldsymbol{z}^*) \leqslant f_C(\boldsymbol{w}^*, \boldsymbol{z}^*)p$$

$$f_R(\boldsymbol{w}^*, q\boldsymbol{z}^* + (1-q)\boldsymbol{y}^*) \leqslant f_R(\boldsymbol{w}^*, \boldsymbol{z}^*)q$$

拉伸后，原交点 $(\boldsymbol{x}_{\mathrm{MB}}, \boldsymbol{y}_{\mathrm{MB}})$ 移动到一个新点，这正是 1.3 节中 $(\boldsymbol{x}_{\mathrm{IL}}, \boldsymbol{y}_{\mathrm{IL}})$ 的定义。$(\boldsymbol{x}_{\mathrm{IL}}, \boldsymbol{y}_{\mathrm{IL}})$ 似乎更容易被计算和估计。

让我们暂时离开估计的问题。记住，我们正在进行最坏情况分析，因此上界如果永远不是紧的话是不够的。幸运的是，我们有以下引理和命题，指出一个上界何时变得紧。从几何角度看，它们呈现了拉伸图形和原始图形相同以及 $(\boldsymbol{x}_{\mathrm{MB}}, \boldsymbol{y}_{\mathrm{MB}})$ 与 $(\boldsymbol{x}_{\mathrm{IL}}, \boldsymbol{y}_{\mathrm{IL}})$ 重合的等价条件。

引理 1.4　以下两个陈述成立：

1. 当且仅当

$$S_{\boldsymbol{C}}(\boldsymbol{x}^*) \cap S_{\boldsymbol{C}}(\boldsymbol{w}^*) \neq \varnothing \tag{1.10}$$

$F_{\boldsymbol{C}}(\alpha, \beta) = f_{\boldsymbol{C}}(\alpha \boldsymbol{w}^* + (1-\alpha)\boldsymbol{x}^*, \beta \boldsymbol{z}^* + (1-\beta)\boldsymbol{y}^*)$ 对 α 是线性函数。

2. 当且仅当

$$S_{\boldsymbol{R}}(\boldsymbol{y}^*) \cap S_{\boldsymbol{R}}(\boldsymbol{z}^*) \neq \varnothing \tag{1.11}$$

$F_{\boldsymbol{R}}(\alpha, \beta) = f_{\boldsymbol{R}}(\alpha \boldsymbol{w}^* + (1-\alpha)\boldsymbol{x}^*, \beta \boldsymbol{z}^* + (1-\beta)\boldsymbol{y}^*)$ 对 β 是线性函数。

证明　我们只证明第一个陈述，第二个类似。令 $\boldsymbol{y}_\beta = \beta \boldsymbol{z}^* + (1-\beta)\boldsymbol{y}^*$。由于 $F_{\boldsymbol{C}}(\alpha, \beta)$ 是 α 的凸函数，我们只需证明当且仅当式 (1.10) 成立时，$Df_{\boldsymbol{C}}(\boldsymbol{w}^*, \boldsymbol{y}_\beta, \boldsymbol{x}^*, \boldsymbol{y}_\beta) = -Df_{\boldsymbol{C}}(\boldsymbol{x}^*, \boldsymbol{y}_\beta, \boldsymbol{w}^*, \boldsymbol{y}_\beta)$。可以验证

$$Df_{\boldsymbol{C}}(\boldsymbol{w}^*, \boldsymbol{y}_\beta, \boldsymbol{x}^*, \boldsymbol{y}_\beta) = \max_{S_{\boldsymbol{C}}(\boldsymbol{w}^*)}(\boldsymbol{C}^{\mathrm{T}}\boldsymbol{x}^*) - (\boldsymbol{x}^*)^{\mathrm{T}}\boldsymbol{R}\boldsymbol{y}_\beta - \max(\boldsymbol{C}^{\mathrm{T}}\boldsymbol{w}^*) + (\boldsymbol{w}^*)^{\mathrm{T}}\boldsymbol{C}\boldsymbol{y}_\beta$$

$$Df_{\boldsymbol{C}}(\boldsymbol{x}^*, \boldsymbol{y}_\beta, \boldsymbol{w}^*, \boldsymbol{y}_\beta) = \max_{S_{\boldsymbol{C}}(\boldsymbol{x}^*)}(\boldsymbol{C}^{\mathrm{T}}\boldsymbol{w}^*) - (\boldsymbol{w}^*)^{\mathrm{T}}\boldsymbol{R}\boldsymbol{y}_\beta - \max(\boldsymbol{C}^{\mathrm{T}}\boldsymbol{x}^*) + (\boldsymbol{x}^*)^{\mathrm{T}}\boldsymbol{C}\boldsymbol{y}_\beta$$

将这两个方程相加，得到

$$Df_{\boldsymbol{C}}(\boldsymbol{w}^*, \boldsymbol{y}_\beta, \boldsymbol{x}^*, \boldsymbol{y}_\beta) + Df_{\boldsymbol{C}}(\boldsymbol{x}^*, \boldsymbol{y}_\beta, \boldsymbol{w}^*, \boldsymbol{y}_\beta)$$

$$= \max_{S_{\boldsymbol{C}}(\boldsymbol{x}^*)}(\boldsymbol{C}^{\mathrm{T}}\boldsymbol{w}^*) - \max(\boldsymbol{C}^{\mathrm{T}}\boldsymbol{w}^*) + \max_{S_{\boldsymbol{C}}(\boldsymbol{w}^*)}(\boldsymbol{C}^{\mathrm{T}}\boldsymbol{x}^*) - \max(\boldsymbol{C}^{\mathrm{T}}\boldsymbol{x}^*) \leqslant 0$$

等式成立当且仅当 $S_{\boldsymbol{C}}(\boldsymbol{x}^*) \cap S_{\boldsymbol{C}}(\boldsymbol{w}^*) \neq \varnothing$。

命题 1.4　$f(\boldsymbol{x}_{\mathrm{TS}}, \boldsymbol{y}_{\mathrm{TS}}) \geqslant f(\boldsymbol{x}_{\mathrm{MB}}, \boldsymbol{y}_{\mathrm{MB}})$ 和 $f(\boldsymbol{x}_{\mathrm{IL}}, \boldsymbol{y}_{\mathrm{IL}}) \geqslant f(\boldsymbol{x}_{\mathrm{MB}}, \boldsymbol{y}_{\mathrm{MB}})$ 总是成立。同时，$f(\boldsymbol{x}_{\mathrm{MB}}, \boldsymbol{y}_{\mathrm{MB}}) = f(\boldsymbol{x}_{\mathrm{IL}}, \boldsymbol{y}_{\mathrm{IL}})$ 当且仅当

$$\begin{cases} S_{\boldsymbol{C}}(\boldsymbol{x}^*) \cap S_{\boldsymbol{C}}(\boldsymbol{w}^*) \neq \varnothing, & \text{如果} f_{\boldsymbol{C}}(\boldsymbol{w}^*, \boldsymbol{z}^*) > f_{\boldsymbol{R}}(\boldsymbol{w}^*, \boldsymbol{z}^*) \\ S_{\boldsymbol{R}}(\boldsymbol{y}^*) \cap S_{\boldsymbol{R}}(\boldsymbol{z}^*) \neq \varnothing, & \text{如果} f_{\boldsymbol{C}}(\boldsymbol{w}^*, \boldsymbol{z}^*) < f_{\boldsymbol{R}}(\boldsymbol{w}^*, \boldsymbol{z}^*) \\ f_{\boldsymbol{R}}(\boldsymbol{w}^*, \boldsymbol{z}^*) = f_{\boldsymbol{C}}(\boldsymbol{w}^*, \boldsymbol{z}^*) \end{cases}$$

证明　$f(\boldsymbol{x}_{\mathrm{TS}}, \boldsymbol{y}_{\mathrm{TS}}) \geqslant f(\boldsymbol{x}_{\mathrm{MB}}, \boldsymbol{y}_{\mathrm{MB}})$ 和 $f(\boldsymbol{x}_{\mathrm{IL}}, \boldsymbol{y}_{\mathrm{IL}}) \geqslant f(\boldsymbol{x}_{\mathrm{MB}}, \boldsymbol{y}_{\mathrm{MB}})$ 可以直接由引理 1.3 推导得到。我们现在证明第二部分。

如果 $f_{\boldsymbol{R}}(\boldsymbol{w}^*, \boldsymbol{z}^*) = f_{\boldsymbol{C}}(\boldsymbol{w}^*, \boldsymbol{z}^*)$，那么由引理 1.2 和引理 1.3，得到 $(\boldsymbol{x}_{\mathrm{MB}}, \boldsymbol{y}_{\mathrm{MB}}) = (\boldsymbol{x}_{\mathrm{IL}}, \boldsymbol{y}_{\mathrm{IL}}) = (\boldsymbol{w}^*, \boldsymbol{z}^*)$。

现在假设 $f_C(\boldsymbol{w}^*, \boldsymbol{z}^*) > f_R(\boldsymbol{w}^*, \boldsymbol{z}^*)$。令

$$\boldsymbol{x}_\alpha := \alpha \boldsymbol{w}^* + (1-\alpha)\boldsymbol{x}^*$$

所以 $(\boldsymbol{x}_{\mathrm{MB}}, \boldsymbol{y}_{\mathrm{MB}}) = (\boldsymbol{x}_{\alpha^*}, \boldsymbol{z}^*)$。注意到 $f_R(\boldsymbol{x}^*, \boldsymbol{z}^*) \geqslant f_C(\boldsymbol{x}^*, \boldsymbol{z}^*) = 0$，由介值定理和引理 1.2，$f$ 在 Γ_2 上的唯一最小点 $(\boldsymbol{x}_{\mathrm{MB}}, \boldsymbol{y}_{\mathrm{MB}})$，位于 $\Phi = \{(\boldsymbol{x}_\alpha, \boldsymbol{z}^*) : \alpha \in [0, 1]\}$ 上，是 f_C 和 f_R 的交点。同样，由引理 1.2，f_R 在 Φ 上是线性的，f_C 在 Φ 上是分段线性的，因此 $(\boldsymbol{x}_{\mathrm{MB}}, \boldsymbol{y}_{\mathrm{MB}})$ 与 $(\boldsymbol{x}_{\mathrm{IL}}, \boldsymbol{y}_{\mathrm{IL}})$ 重合当且仅当 f_C 在 Φ 上也是线性的。由引理 1.4，$f_C(\boldsymbol{x}_\alpha, \boldsymbol{z}^*)$ 在 Φ 上是线性的当且仅当 $S_C(\boldsymbol{x}^*) \cap S_C(\boldsymbol{w}^*) \neq \varnothing$，这完成了该情况的证明。

$f_R(\boldsymbol{w}^*, \boldsymbol{z}^*) > f_C(\boldsymbol{w}^*, \boldsymbol{z}^*)$ 的情况是对称的，我们略过证明。

我们注意到 $(\boldsymbol{x}_{\mathrm{TS}}, \boldsymbol{y}_{\mathrm{TS}})$ 自动包含在命题 1.4 中。因此，我们的分析涉及原始 TS 算法的调整。

现在我们回到估计。我们提出以下对 $f(\boldsymbol{x}^*, \boldsymbol{y}^*)$ 和 $f(\boldsymbol{x}_{\mathrm{MB}}, \boldsymbol{y}_{\mathrm{MB}})$ 的估计和不等式，并展示何时等式成立。

引理 1.5 以下两个估计成立：

1. 如果 $f_C(\boldsymbol{w}^*, \boldsymbol{z}^*) > f_R(\boldsymbol{w}^*, \boldsymbol{z}^*)$，那么

$$f(\boldsymbol{x}_{\mathrm{IL}}, \boldsymbol{y}_{\mathrm{IL}}) = \frac{f_R(\boldsymbol{x}^*, \boldsymbol{z}^*)(f_C(\boldsymbol{w}^*, \boldsymbol{y}^*) - \mu^*)}{f_C(\boldsymbol{w}^*, \boldsymbol{y}^*) + \lambda^* - \mu^*} \leqslant \frac{1 - \mu^*}{1 + \lambda^* - \mu^*}$$

对称地，当 $f_R(\boldsymbol{w}^*, \boldsymbol{z}^*) > f_C(\boldsymbol{w}^*, \boldsymbol{z}^*)$ 时，有

$$f(\boldsymbol{x}_{\mathrm{IL}}, \boldsymbol{y}_{\mathrm{IL}}) = \frac{f_C(\boldsymbol{w}^*, \boldsymbol{y}^*)(f_R(\boldsymbol{x}^*, \boldsymbol{z}^*) - \lambda^*)}{f_R(\boldsymbol{x}^*, \boldsymbol{z}^*) + \mu^* - \lambda^*} \leqslant \frac{1 - \lambda^*}{1 + \mu^* - \lambda^*}$$

此外，如果 $(\boldsymbol{x}^*, \boldsymbol{y}^*)$ 不是纳什均衡，则等式成立当且仅当 $f_C(\boldsymbol{w}^*, \boldsymbol{y}^*) = f_R(\boldsymbol{x}^*, \boldsymbol{z}^*) = 1$。

2. $f(\boldsymbol{x}^*, \boldsymbol{y}^*) \leqslant \min\{\rho^* \lambda^*, (1 - \rho^*)\mu^*\} \leqslant \dfrac{\lambda^* \mu^*}{\lambda^* + \mu^*}$。

证明 $f(\boldsymbol{x}_{\mathrm{IL}}, \boldsymbol{y}_{\mathrm{IL}})$ 的值立即由定义得到。现在我们证明不等式成立。我们只证明 $f_C(\boldsymbol{w}^*, \boldsymbol{z}^*) > f_R(\boldsymbol{w}^*, \boldsymbol{z}^*)$ 时的情况，另一种情况是对称的。注意到

$$f(\boldsymbol{x}_{\mathrm{IL}}, \boldsymbol{y}_{\mathrm{IL}}) = \frac{f_R(\boldsymbol{x}^*, \boldsymbol{z}^*)(f_C(\boldsymbol{w}^*, \boldsymbol{y}^*) - \mu^*)}{f_C(\boldsymbol{w}^*, \boldsymbol{y}^*) + \lambda^* - \mu^*}$$

$$\leqslant \frac{(f_C(\boldsymbol{w}^*, \boldsymbol{y}^*) - \mu^*)}{f_C(\boldsymbol{w}^*, \boldsymbol{y}^*) + \lambda^* - \mu^*}$$

$$\leqslant \frac{1 - \mu^*}{1 + \lambda^* - \mu^*}$$

第二行成立是因为 $f(\boldsymbol{x}_{\mathrm{IL}}, \boldsymbol{y}_{\mathrm{IL}}) \geqslant 0$ 且 $f_R(\boldsymbol{x}^*, \boldsymbol{z}^*) \leqslant 1$，第三行成立是因为

$$G(t) = \frac{t}{t + \lambda^*}$$

在 $(0, 1 - \mu^*]$ 上是增加的。此外，根据引理 1.1 的证明，由于 $f(\boldsymbol{x}^*, \boldsymbol{y}^*) > 0$，$\lambda^* > 0$，因此，等号成立当且仅当 $f_{\boldsymbol{C}}(\boldsymbol{w}^*, \boldsymbol{y}^*) = f_{\boldsymbol{R}}(\boldsymbol{x}^*, \boldsymbol{z}^*) = 1$。

对于第二部分，注意到

$$f(\boldsymbol{x}^*, \boldsymbol{y}^*) = \min_{\boldsymbol{x}', \boldsymbol{y}'} T(\boldsymbol{x}^*, \boldsymbol{y}^*, \boldsymbol{x}', \boldsymbol{y}', \rho^*, \boldsymbol{w}^*, \boldsymbol{z}^*)$$

因此，

$$f(\boldsymbol{x}^*, \boldsymbol{y}^*) \leqslant T(\boldsymbol{x}^*, \boldsymbol{y}^*, \boldsymbol{x}^*, \boldsymbol{z}^*, \rho^*, \boldsymbol{w}^*, \boldsymbol{z}^*) = \rho^* \lambda^*$$

$$f(\boldsymbol{x}^*, \boldsymbol{y}^*) \leqslant T(\boldsymbol{x}^*, \boldsymbol{y}^*, \boldsymbol{w}^*, \boldsymbol{y}^*, \rho^*, \boldsymbol{w}^*, \boldsymbol{z}^*) = (1 - \rho^*)\mu^*$$

这立即推出 $f(\boldsymbol{x}^*, \boldsymbol{y}^*) \leqslant \min\{\rho^* \lambda^*, (1 - \rho^*)\mu^*\} \leqslant \lambda^* \mu^* / (\lambda^* + \mu^*)$

注 1.2　引理 1.5 告诉我们，最坏情况下，一个稳定点可能达到 1/2 的近似界。事实上，根据平均值不等式，$f(x^*, y^*) \leqslant \lambda^* \mu^* / (\lambda^* + \mu^*) \leqslant (\lambda^* + \mu^*)/4 \leqslant 1/2$。现在通过以下博弈证明这一点。考虑收益矩阵：

$$\boldsymbol{R} = \begin{pmatrix} 0.5 & 0 \\ 1 & 1 \end{pmatrix}, \qquad \boldsymbol{C} = \begin{pmatrix} 0.5 & 1 \\ 0 & 1 \end{pmatrix}$$

通过命题 1.3 的验证，可以得知 $((1,0)^{\mathrm{T}}, (1,0)^{\mathrm{T}})$ 是一个稳定点，其对偶解为 $\rho^* = 1/2, \boldsymbol{w}^* = \boldsymbol{z}^* = (0,1)^{\mathrm{T}}$，$f(\boldsymbol{x}^*, \boldsymbol{y}^*) = 1/2$。因此，仅靠稳定点本身无法打败 Daskalakis 等提出的简单而直接的算法，该算法总是找到一个近似界不大于 1/2 的解。

以下引理给出了引理 1.6 中估计的定量数值上界及取等条件。

引理 1.6　设

$$b = \max_{s, t \in [0, 1]} \min \left\{ \frac{st}{s + t}, \frac{1 - s}{1 + t - s} \right\}$$

那么 $b \approx 0.339321$，在 $s = \mu_0 \approx 0.582523$ 和 $t = \lambda_0 \approx 0.812815$ 处取得。

现在，所有准备工作都已完成，它们共同给出了紧实例的所有条件。[①]经过几次试验，就可以找到一个紧致的实例。

最后，通过验证紧致实例 (1.5) 证明定理 1.1，这一证明针对稳定点 $\boldsymbol{x}^* = \boldsymbol{y}^* = (1, 0, 0)^{\mathrm{T}}$ 和对偶解 $\rho^* = \mu_0 / (\lambda_0 + \mu_0)$，$\boldsymbol{w}^* = \boldsymbol{z}^* = (0, 0, 1)^{\mathrm{T}}$。注意，定理还

---

① 准确地说，这些条件保证，如果我们只在边界 $\partial \Lambda$ 上进行调整，将获得一个紧上界 0.3393。但这对于原始的 TS 算法来说已经足够了。

保证了当我们试图在矩形 Λ 上进行调整时，即便不在边界 $\partial\Lambda$ 上，近似界仍然是 0.3393。

证明　定理 1.1. 令 $\boldsymbol{x}_\alpha = \alpha\boldsymbol{w}^* + (1-\alpha)\boldsymbol{x}^*$，$\boldsymbol{y}_\beta = \beta\boldsymbol{z}^* + (1-\beta)\boldsymbol{y}^*$。

步骤 1. 验证 $(\boldsymbol{x}^*, \boldsymbol{y}^*)$ 是一个稳定点。我们有 $f_{\boldsymbol{R}}(\boldsymbol{x}^*, \boldsymbol{y}^*) = f_{\boldsymbol{C}}(\boldsymbol{x}^*, \boldsymbol{y}^*) = b$。

$$\boldsymbol{A}(\rho^*, \boldsymbol{y}^*, \boldsymbol{z}^*) = (-0.1\rho^* + (1-\rho^*)b)\boldsymbol{e}_3$$

因此 $\{1\} = \mathrm{supp}(\boldsymbol{x}^*) \subset \{1, 2, 3\} = \mathrm{suppmin}(\boldsymbol{A}(\rho^*, \boldsymbol{y}^*, \boldsymbol{z}^*))$。条件 (1.6) 成立。类似地，条件 (1.7) 也成立，前述结论由命题 1.3 证明。

步骤 2. 验证 $S_{\boldsymbol{C}}(\boldsymbol{x}^*) \cap S_{\boldsymbol{C}}(\boldsymbol{w}^*) \neq \varnothing$ 并且 $f_{\boldsymbol{C}}(\boldsymbol{w}^*, \boldsymbol{z}^*) > f_{\boldsymbol{R}}(\boldsymbol{w}^*, \boldsymbol{z}^*)$。后者可通过方向计算验证。我们可以计算得到 $S_{\boldsymbol{C}}(\boldsymbol{x}^*) = \{2, 3\}$ 和 $S_{\boldsymbol{C}}(\boldsymbol{w}^*) = \{2\}$，因此它们的交集为 $\{2\} \neq \varnothing$。因此，由命题 1.4，$f(\boldsymbol{x}_{\mathrm{IL}}, \boldsymbol{y}_{\mathrm{IL}}) = f(\boldsymbol{x}_{\mathrm{MB}}, \boldsymbol{y}_{\mathrm{MB}})$，并且由引理 1.4，$f_{\boldsymbol{C}}(\boldsymbol{x}_\alpha, \boldsymbol{y}_\beta)$ 是 α 的线性函数。

步骤 3. 验证 $\lambda^* = \lambda_0$，$\mu^* = \mu_0$，$f_{\boldsymbol{R}}(\boldsymbol{x}^*, \boldsymbol{z}^*) = f_{\boldsymbol{C}}(\boldsymbol{w}^*, \boldsymbol{y}^*) = 1$，并且 $f(\boldsymbol{x}^*, \boldsymbol{y}^*) = b$。可以通过计算验证这些断言。然后根据引理 1.5 和引理 1.6，$f(\boldsymbol{x}_{\mathrm{IL}}, \boldsymbol{y}_{\mathrm{IL}}) = f(\boldsymbol{x}_{\mathrm{MB}}, \boldsymbol{y}_{\mathrm{MB}}) = b$。

步骤 4. 验证 $b \leqslant f(\alpha\boldsymbol{w}^* + (1-\alpha)\boldsymbol{x}^*, \beta\boldsymbol{z}^* + (1-\beta)\boldsymbol{y}^*)$ 对任意 $\alpha, \beta \in [0, 1]$ 成立。

首先，进行类似步骤 2 的验证：$S_{\boldsymbol{R}}(\boldsymbol{y}^*) = \{2, 3\}$ 且 $S_{\boldsymbol{R}}(\boldsymbol{w}^*) = \{2\}$，因此 $S_{\boldsymbol{R}}(\boldsymbol{y}^*) \cap S_{\boldsymbol{R}}(\boldsymbol{z}^*) = \{2\} \neq \varnothing$，且 $f_{\boldsymbol{R}}(\boldsymbol{x}_\alpha, \boldsymbol{y}_\beta)$ 是 β 的线性函数。

由于 $f_I(\boldsymbol{x}_\alpha, \boldsymbol{y}_\beta)$ $(I \in \{\boldsymbol{R}, \boldsymbol{C}\})$ 是 α 或 β 的线性函数，我们可以计算给定特定 β 时 f 的最小点 $(\boldsymbol{x}^o(\beta), \boldsymbol{y}_\beta)$。

$$f_{\boldsymbol{R}}(\boldsymbol{x}_\alpha, \boldsymbol{y}_\beta) = b + (1-b)\beta - (b + (\lambda_0 - b)\beta)\alpha$$

$$f_{\boldsymbol{C}}(\boldsymbol{x}_\alpha, \boldsymbol{y}_\beta) = b - b\beta + (1 - b + (b - \mu_0)\beta)\alpha$$

且 $\boldsymbol{x}^o(\beta)$ 满足

$$f_{\boldsymbol{R}}(\boldsymbol{x}^o(\beta), \boldsymbol{y}_\beta) = f_{\boldsymbol{C}}(\boldsymbol{x}^o(\beta), \boldsymbol{y}_\beta)$$

$$\Longleftrightarrow \boldsymbol{x}^o(\beta) = \frac{\beta}{1 + (\lambda_0 - \mu_0)\beta}\boldsymbol{w}^* + \left(1 - \frac{\beta}{1 + (\lambda_0 - \mu_0)\beta}\right)\boldsymbol{y}^*$$

现在令

$$g(\beta) := f(\boldsymbol{x}^o(\beta), \boldsymbol{y}_\beta) = b + (1-b)\beta - \frac{(b + (\lambda_0 - b)\beta)\beta}{1 + (\lambda_0 - \mu_0)\beta}$$

由于 $\lambda_0 > \mu_0$，为了证明 $\min_\beta g(\beta) = b$，只需证明

$$(1-b)\beta(1 + (\lambda_0 - \mu_0)\beta) - (b + (\lambda_0 - b)\beta)\beta \geqslant 0$$

或者等价地，

$$h(\beta) := (1 - 2b)\beta + (b(1 + \mu_0 - \lambda_0) - \mu_0)\beta^2 \geqslant 0$$

注意到 $h(\beta)$ 在平方项上有一个负系数，因此 $h(\beta)$ 是一个凹函数。此外，有 $h(0) = 0$ 和 $h(1) = 1 - 2b + b(1 + \mu_0 - \lambda) - \mu_0 > 0$。由于凹性，$h(\beta) \geqslant \beta h(1) + (1 - \beta)h(0) \geqslant 0$。

现在完成了证明。

从定理 1.1 的证明中，我们得到推论 1.1。

推论 1.1　假设 $f(\boldsymbol{x}^*, \boldsymbol{y}^*) = f(\boldsymbol{x}_{\mathrm{IL}}, \boldsymbol{y}_{\mathrm{IL}}) = b$。如果以下两种情况中的任一种成立：

1. $S_C(\boldsymbol{x}^*) \cap S_C(\boldsymbol{w}^*) \neq \varnothing$ 且 $f_C(\boldsymbol{w}^*, \boldsymbol{z}^*) > f_R(\boldsymbol{w}^*, \boldsymbol{z}^*)$，
2. $S_R(\boldsymbol{y}^*) \cap S_R(\boldsymbol{z}^*) \neq \varnothing$ 且 $f_R(\boldsymbol{w}^*, \boldsymbol{z}^*) > f_C(\boldsymbol{w}^*, \boldsymbol{z}^*)$，

则对于 Λ 边界上的任何 $(\boldsymbol{x}, \boldsymbol{y})$，$f(\boldsymbol{x}, \boldsymbol{y}) \geqslant b$。

推论 1.2　假设 $f(\boldsymbol{x}^*, \boldsymbol{y}^*) = f(\boldsymbol{x}_{\mathrm{IL}}, \boldsymbol{y}_{\mathrm{IL}}) = b$，$S_C(\boldsymbol{x}^*) \cap S_C(\boldsymbol{w}^*) \neq \varnothing$ 且 $S_R(\boldsymbol{y}^*) \cap S_R(\boldsymbol{z}^*) \neq \varnothing$。那么，对于任何 $\alpha, \beta \in [0, 1]$，$f(\alpha\boldsymbol{w}^* + (1 - \alpha)\boldsymbol{x}^*, \beta\boldsymbol{z}^* + (1 - \beta)\boldsymbol{y}^*) \geqslant b$。

值得注意的是，收益矩阵 (1.5) 有纯策略纳什均衡：$\boldsymbol{x} = \boldsymbol{y} = (0, 1, 0)^{\mathrm{T}}$，而稳定点

$$(\boldsymbol{x}^*, \boldsymbol{y}^*) = ((1, 0, 0)^{\mathrm{T}}, (1, 0, 0)^{\mathrm{T}})$$

是一个被严格支配的策略对。然而，形成纳什均衡的策略支撑集永远不包括被严格支配的纯策略。我们还可以构造许多能达到紧界但具有不同特征的博弈。这些结果表明，稳定点可能不是计算近似纳什均衡的解概念。

1.5　生成紧实例

在 1.4 节中，我们证明了存在紧实例。实际上，我们可以对所有能够达到紧界的博弈给出一个刻画。在本节中，我们汇总前几节的性质，并提供一个生成这类博弈的算法。利用这个生成器，可以深入研究前三个近似纳什均衡算法的行为，揭示这些算法的行为以及稳定点的特征。算法 1 是紧实例的生成器，其中输入是任意的 $(\boldsymbol{x}^*, \boldsymbol{y}^*), (\boldsymbol{w}^*, \boldsymbol{z}^*) \in \Delta_m \times \Delta_n$。该算法输出博弈，使得 $(\boldsymbol{x}^*, \boldsymbol{y}^*)$ 是一个稳定点，而 $(\rho^* = \lambda_0/(\lambda_0 + \mu_0), \boldsymbol{w}^*, \boldsymbol{z}^*)$ 是相应的对偶解，或者如果没有这样的博弈，则输出 "NO"。

　　算法的主要思想如下。命题 1.3 展示了一个易于验证的稳定点的等价条件；所有紧实例所需的附加等价条件在命题 1.4、引理 1.5 和引理 1.6 中陈述。所有这些条件构成了 $(\boldsymbol{R}, \boldsymbol{C})$ 上的凸线性限制。因此，如果枚举 $S_{\boldsymbol{R}}(\boldsymbol{z}^*)$ 和 $S_{\boldsymbol{C}}(\boldsymbol{w}^*)$ 中可能的纯策略对，是否存在紧实例解就成为一个线性规划问题。

算法 1　紧实例生成器

输入 $(\boldsymbol{x}^*, \boldsymbol{y}^*), (\boldsymbol{w}^*, \boldsymbol{z}^*) \in \Delta_m \times \Delta_n$。

1: **if** $\operatorname{supp}(\boldsymbol{x}^*) = \{1, 2, \cdots, m\}$ **or** $\operatorname{supp}(\boldsymbol{y}^*) = \{1, 2, \cdots, n\}$ **then**
2:　　输出"NO"
3: **end if**
4: $\rho^* \leftarrow \mu_0/(\lambda_0 + \mu_0)$。

5: // 枚举 $k \in S_{\boldsymbol{R}}(\boldsymbol{z}^*)$ 和 $l \in S_{\boldsymbol{C}}(\boldsymbol{w}^*)$。
6: **for** $k \in \{1, 2, \cdots, m\} \setminus \operatorname{supp}(\boldsymbol{x}^*), l \in \{1, 2, \cdots, n\} \setminus \operatorname{supp}(\boldsymbol{y}^*)$ **do**
7:　　通过以下线性规划求解具有无目标函数的可行 $\boldsymbol{R} = (r_{ij})_{m \times n}, \boldsymbol{C} = (c_{ij})_{m \times n}$:
8:　　　　// 基本要求
9:　　　　$0 \leqslant r_{ij}, c_{ij} \leqslant 1$, 对于 $i \in \{1, 2, \cdots, m\}, j \in \{1, 2, \cdots, n\}$,
10:　　　　$\operatorname{supp}(\boldsymbol{w}^*) \subset S_{\boldsymbol{R}}(\boldsymbol{y}^*), \ \operatorname{supp}(\boldsymbol{z}^*) \subset S_{\boldsymbol{C}}(\boldsymbol{x}^*)$,
11:　　　　$k \in S_{\boldsymbol{R}}(\boldsymbol{z}^*), \ l \in S_{\boldsymbol{C}}(\boldsymbol{w}^*)$,
12:　　　　// 确保 $(\boldsymbol{x}^*, \boldsymbol{y}^*)$ 是一个稳定点
13:　　　　$\operatorname{supp}(\boldsymbol{x}^*) \subset \operatorname{suppmin}(-\rho^* \boldsymbol{R}\boldsymbol{y}^* + (1 - \rho^*)(\boldsymbol{C}\boldsymbol{z}^* - \boldsymbol{C}\boldsymbol{y}^*))$,
14:　　　　$\operatorname{supp}(\boldsymbol{y}^*) \subset \operatorname{suppmin}(\rho^*(\boldsymbol{R}^{\mathrm{T}}\boldsymbol{w}^* - \boldsymbol{R}^{\mathrm{T}}\boldsymbol{x}^*) - (1 - \rho^*)\boldsymbol{R}^{\mathrm{T}}\boldsymbol{x}^*)$,
15:　　　　// 确保 $f(\boldsymbol{x}^*, \boldsymbol{y}^*) = b$
16:　　　　$(\boldsymbol{w}^* - \boldsymbol{x}^*)^{\mathrm{T}}\boldsymbol{R}\boldsymbol{y}^* = (\boldsymbol{x}^*)^{\mathrm{T}}\boldsymbol{C}(\boldsymbol{z}^* - \boldsymbol{y}^*) = b$,
17:　　　　// 确保 $f(\boldsymbol{x}_{\mathrm{IL}}, \boldsymbol{y}_{\mathrm{IL}}) = b$
18:　　　　$(\boldsymbol{x}^*)^{\mathrm{T}}\boldsymbol{R}\boldsymbol{z}^* = (\boldsymbol{w}^*)^{\mathrm{T}}\boldsymbol{C}\boldsymbol{y}^* = 0$,
19:　　　　$r_{kj} = 1$, 对于 $j \in \operatorname{supp}(\boldsymbol{z}^*), \ c_{il} = 1$, 对于 $i \in \operatorname{supp}(\boldsymbol{w}^*)$,
20:　　　　$(\boldsymbol{w}^*)^{\mathrm{T}}\boldsymbol{R}\boldsymbol{z}^* = \lambda_0, \ (\boldsymbol{w}^*)^{\mathrm{T}}\boldsymbol{C}\boldsymbol{z}^* = \mu_0$,
21:　　　　// 确保 $f(\boldsymbol{x}_{\mathrm{MB}}, \boldsymbol{y}_{\mathrm{MB}}) = f(\boldsymbol{x}_{\mathrm{IL}}, \boldsymbol{y}_{\mathrm{IL}})$
22:　　　　$l \in S_{\boldsymbol{C}}(\boldsymbol{x}^*)$
23:　　**if** 线性规划有解 **then**
24:　　　　输出可行解
25:　　**end if**
26: **end for**

27: **if** 任何轮次中线性规划无解 **then**
28:　　输出"No"
29: **end if**

命题 1.5　给定 $(\boldsymbol{x}^*, \boldsymbol{y}^*), (\boldsymbol{w}^*, \boldsymbol{z}^*) \in \Delta_m \times \Delta_n$，算法 1 中线性规划的所有可行解都满足以下条件的博弈 $(\boldsymbol{R}, \boldsymbol{C})$：

1. $(\boldsymbol{x}^*, \boldsymbol{y}^*)$ 是一个稳定点，
2. 元组 $(\rho^* = \mu_0/(\lambda_0 + \mu_0), \boldsymbol{w}^*, \boldsymbol{z}^*)$ 是对偶解 ①，
3. $f_{\boldsymbol{C}}(\boldsymbol{w}^*, \boldsymbol{z}^*) > f_{\boldsymbol{R}}(\boldsymbol{w}^*, \boldsymbol{z}^*)$，以及
4. 对于 Λ 边界上的所有 $(\boldsymbol{x}, \boldsymbol{y})$，$f(\boldsymbol{x}, \boldsymbol{y}) \geqslant b$。

如果存在这样的博弈，则输出 "NO"。

证明　通过命题 1.3，第 13 行和第 14 行一起构成 $(\boldsymbol{x}^*, \boldsymbol{y}^*)$ 是稳定点且 $(\rho^*, \boldsymbol{w}^*, \boldsymbol{z}^*)$ 是相应对偶解的等价条件。

现在证明最后两个陈述。根据引理 1.3，只需证明该算法输出所有满足 $f_{\boldsymbol{C}}(\boldsymbol{w}^*, \boldsymbol{z}^*) > f_{\boldsymbol{R}}(\boldsymbol{w}^*, \boldsymbol{z}^*)$，$f(\boldsymbol{x}^*, \boldsymbol{y}^*) \geqslant b$ 和 $f(\boldsymbol{x}_{\mathrm{MB}}, \boldsymbol{y}_{\mathrm{MB}}) \geqslant b$ 的博弈。根据引理 1.5 和引理 1.6，有

$$\min\{f(\boldsymbol{x}^*, \boldsymbol{y}^*), f(\boldsymbol{x}_{\mathrm{IL}}, \boldsymbol{y}_{\mathrm{IL}})\} \leqslant b$$

等式成立当且仅当 $f(\boldsymbol{x}^*, \boldsymbol{y}^*) = f(\boldsymbol{x}_{\mathrm{IL}}, \boldsymbol{y}_{\mathrm{IL}}) = b$。根据命题 1.4，$f(\boldsymbol{x}_{\mathrm{IL}}, \boldsymbol{y}_{\mathrm{IL}}) \geqslant f(\boldsymbol{x}_{\mathrm{MB}}, \boldsymbol{y}_{\mathrm{MB}})$，因此只需证明 $f(\boldsymbol{x}^*, \boldsymbol{y}^*) = f(\boldsymbol{x}_{\mathrm{MB}}, \boldsymbol{y}_{\mathrm{MB}}) = f(\boldsymbol{x}_{\mathrm{IL}}, \boldsymbol{y}_{\mathrm{IL}}) = b$ 和 $f_{\boldsymbol{C}}(\boldsymbol{w}^*, \boldsymbol{z}^*) > f_{\boldsymbol{R}}(\boldsymbol{w}^*, \boldsymbol{z}^*)$。

第 16 行确保 $f(\boldsymbol{x}^*, \boldsymbol{y}^*) = b$。第 18 行和第 19 行一起确保

$$f_{\boldsymbol{R}}(\boldsymbol{x}^*, \boldsymbol{z}^*) = f_{\boldsymbol{C}}(\boldsymbol{w}^*, \boldsymbol{y}^*) = 1$$

第 18 行和第 20 行一起确保 $\lambda^* = \lambda_0$ 和 $\mu^* = \mu_0$。根据引理 1.5 和引理 1.6，这是等价条件，使得 $f(\boldsymbol{x}_{\mathrm{IL}}, \boldsymbol{y}_{\mathrm{IL}}) = b$，并且根据引理 1.5，通过引理 1.5 自然导致 $f_{\boldsymbol{C}}(\boldsymbol{w}^*, \boldsymbol{z}^*) > f_{\boldsymbol{R}}(\boldsymbol{w}^*, \boldsymbol{z}^*)$。

最后，通过命题 1.4，第 22 行是确保 $f(\boldsymbol{x}_{\mathrm{IL}}, \boldsymbol{y}_{\mathrm{IL}}) = f(\boldsymbol{x}_{\mathrm{MB}}, \boldsymbol{y}_{\mathrm{MB}})$ 的等价条件。

为了做实验，我们考虑生成器的 3 个主要问题。

首先，我们有时候也希望生成这样的博弈，它在整个 Λ 上的 f 的最小值也是 $b \approx 0.3393$。根据推论 1.2，只需在算法 1 的线性规划中添加一个约束 $S_{\boldsymbol{R}}(\boldsymbol{y}^*) \cap S_{\boldsymbol{R}}(\boldsymbol{z}^*) \neq \varnothing$（尽管这不是必要条件）。

其次，线性规划的对偶解通常不是唯一的，我们不能期望线性规划算法会产生哪个对偶解。不过，Mangasarian 给出了一些确保对偶解唯一性的方法。在实践中，我们只需确保 $\boldsymbol{w}^*$ 和 $\boldsymbol{z}^*$ 是纯策略。这样做的原因是即使对偶解不唯一，单纯形算法通常也会在某个顶点找到某个最优对偶解，在这种情况下，$\boldsymbol{w}^*$ 和 $\boldsymbol{z}^*$ 通常都是纯策略。

---

① 可以通过引理 1.5 的第二部分验证，任何紧稳定点的对偶解中 ρ^* 的值都必须是 $\mu_0/(\lambda_0 + \mu_0)$。

最后，所有可行的线性规划解形成一个凸多面体，这表明解的基数是一个连续统。因此，我们需要一种采样方法来生成紧实例。一个简单的方法是设置一个随机的目标函数，线性规划算法将找到凸多面体的不同顶点。对这些顶点进行凸组合，结果就是紧实例的样本。

1.6　Deligkas-Fasoulakis-Markakis 算法的紧性

最近，Deligkas、Fasoulakis 和 Markakis 的工作提供了一个计算 1/3-近似纳什均衡的多项式时间算法，称为 DFM 算法。DFM 算法基于相同的下降过程，但使用了更复杂的调整方法，通过与矩形 Λ 之外的其他最优反应策略进行凸组合。他们证明这种调整方法产生了 1/3 的上界近似界。在本节中，基于1.3节和1.4节中开发的技术，我们将展示 1/3 也是 DFM 算法的下界。

首先，介绍 DFM 算法的调整方法。假设 $(\boldsymbol{x}^*, \boldsymbol{y}^*)$ 是一个稳定点，对应的对偶解是 $(\rho^*, \boldsymbol{w}^*, \boldsymbol{z}^*)$。回顾1.4节，我们定义了 $\lambda^* = (\boldsymbol{w}^* - \boldsymbol{x}^*)^{\mathrm{T}} \boldsymbol{R} \boldsymbol{z}^*$ 和 $\mu^* = (\boldsymbol{w}^*)^{\mathrm{T}} \boldsymbol{C}(\boldsymbol{z}^* - \boldsymbol{y}^*)$。算法 2 中呈现的调整分为 4 种情况。在 $\lambda^* > 1/2$ 且 $\mu^* \leqslant 2/3$ 及其对称情况中，调整是复杂的。

算法 2　DFM 算法中的调整方法

输入 $(\boldsymbol{x}^*, \boldsymbol{y}^*), (\boldsymbol{w}^*, \boldsymbol{z}^*) \in \Delta_m \times \Delta_n,\ \lambda^*, \mu^* \in [0, 1]$。

1:　**if** $\min\{\lambda^*, \mu^*\} \leqslant 1/2$ **or** $\max\{\lambda^*, \mu^*\} \leqslant 2/3$ **then**
2:　　输出 $(\boldsymbol{x}^*, \boldsymbol{y}^*)$
3:　**end if**
4:　**if** $\min\{\lambda^*, \mu^*\} \geqslant 2/3$ **then**
5:　　输出 $(\boldsymbol{w}^*, \boldsymbol{z}^*)$
6:　**end if**
7:　**if** $1/2 < \lambda^* \leqslant 2/3 < \mu^*$ **then**
8:　　$\hat{\boldsymbol{y}} \leftarrow (\boldsymbol{y}^* + \boldsymbol{z}^*)/2$。
9:　　选择 $\hat{\boldsymbol{w}} \in \Delta_m$，使得 $\mathrm{supp}(\hat{\boldsymbol{w}}) \subseteq \mathrm{suppmax}(\boldsymbol{R}\hat{\boldsymbol{y}})$。
10:　　$t_r \leftarrow (\hat{\boldsymbol{w}})^{\mathrm{T}} \boldsymbol{R}\hat{\boldsymbol{y}} - (\boldsymbol{w}^*)^{\mathrm{T}} \boldsymbol{R}\hat{\boldsymbol{y}},\ v_r \leftarrow (\boldsymbol{w}^*)^{\mathrm{T}} \boldsymbol{R}\boldsymbol{y}^* - (\hat{\boldsymbol{w}})^{\mathrm{T}} \boldsymbol{R}\boldsymbol{y}^*,\ \hat{\mu} \leftarrow (\hat{\boldsymbol{w}})^{\mathrm{T}} \boldsymbol{C}\boldsymbol{z}^* - (\hat{\boldsymbol{w}})^{\mathrm{T}} \boldsymbol{C}\boldsymbol{y}^*$。
11:　　**if** $v_r + t_r \geqslant (\mu^* - \lambda^*)/2$ **and** $\hat{\mu} \geqslant \mu^* - v_r - t_r$ **then**
12:　　　$\alpha \leftarrow \dfrac{2(v_r + t_r) - (\mu^* - \lambda^*)}{2(v_r + t_r)}$。
13:　　　使得 $f(\boldsymbol{x}', \boldsymbol{y}')$ 最小，取 $(\boldsymbol{x}', \boldsymbol{y}')$ 在 $(\boldsymbol{x}^*, \boldsymbol{y}^*)$ 和 $(\alpha \boldsymbol{w}^* + (1-\alpha)\hat{\boldsymbol{w}}, \boldsymbol{z}^*)$ 之间。
14:　　　输出 $(\boldsymbol{x}', \boldsymbol{y}')$
15:　　**else**
16:　　　$\beta \leftarrow \dfrac{1 - \mu^*/2 - t_r}{1 + \mu^*/2 - \lambda^* - t_r}$。

17:　　　使得 $f(\boldsymbol{x}', \boldsymbol{y}')$ 最小，取 $(\boldsymbol{x}', \boldsymbol{y}')$ 在 $(\boldsymbol{x}^*, \boldsymbol{y}^*)$ 和 $(\boldsymbol{w}^*, (1-\beta)\hat{\boldsymbol{y}} + \beta\boldsymbol{z}^*)$ 之间。

18:　　**输出** $(\boldsymbol{x}', \boldsymbol{y}')$

19:　　**end if**

20: **else**

21:　　与前一个 if 情况做相同的过程。

22: **end if**

然后，展示 DFM 算法的紧实例，与 1/3 的上界匹配。注意，对于前两种情况（第 1~6 行），可以验证以下博弈在稳定点 $(1, 0, 0)$ 处实现了 1/3 的下界，它修改自博弈 (1.5)：

$$\boldsymbol{R} = \begin{pmatrix} 0 & 0 & 0 \\ 1/3 & 1 & 1 \\ 1/3 & 1/2 & 1/2 \end{pmatrix}, \quad \boldsymbol{C} = \begin{pmatrix} 0 & 1/3 & 1/3 \\ 0 & 1 & 1 \\ 0 & 1 & 1 \end{pmatrix} \tag{1.12}$$

博弈 (1.12) 在稳定点 $(1, 0, 0)$ 处达到了 DFM 算法的 1/3 的紧界，对应的对偶解为 $\rho^* = 2/3$，$\boldsymbol{w}^* = \boldsymbol{z}^* = (0, 0, 1)^{\mathrm{T}}$。

在本节的其余部分，我们关注最后两种情况（第 7~22 行），这两种情况更为复杂。我们证明对于任意小的 $\epsilon > 0$，某些实例可以达到 $1/3 - \epsilon$ 的近似界。[①] 这样的实例族在 (1.13) 中被提出。同样，它是对式 (1.5) 的修改。

$$\boldsymbol{R} = \begin{pmatrix} 0 & 0 & 0 \\ 1/3 & 1 & 1 \\ 1/3 & 2/3 - \epsilon/2 & 2/3 - \epsilon/2 \end{pmatrix}, \quad \boldsymbol{C} = \begin{pmatrix} 0 & 1/3 - \epsilon & 1/3 - \epsilon \\ 0 & 1 & 2/3 + \epsilon \\ 0 & 1 & 2/3 + \epsilon \end{pmatrix} \tag{1.13}$$

DFM 算法在稳定点 $\boldsymbol{x}^* = \boldsymbol{y}^* = (1, 0, 0)$，对偶解 $\rho^* = 1/2$，$\boldsymbol{w}^* = \boldsymbol{z}^* = (0, 0, 1)$ 处达到 $1/3 - \gamma(\epsilon)$ 的近似界，其中 $\gamma(\epsilon) > 0$，并且当 $\epsilon \to 0$ 时，$\gamma(\epsilon) \to 0$。

我们验证在这个实例中，算法 2 在第 3 种情况（第 7 行）中终止，并输出了一个具有所述近似界的策略概要。

首先，我们使用命题 1.3 检查 $(\boldsymbol{x}^*, \boldsymbol{y}^*)$ 是否确实是一个稳定点，其对偶解为 $(\rho^*, \boldsymbol{w}^*, \boldsymbol{z}^*)$。直接计算显示

$$\boldsymbol{A}(\rho^*, \boldsymbol{y}^*, \boldsymbol{z}^*) = \left(\frac{1 - 3\epsilon}{6}, \frac{1 + 3\epsilon}{6}, \frac{1 + 3\epsilon}{6} \right)^{\mathrm{T}}$$

和

$$\boldsymbol{B}(\rho^*, \boldsymbol{x}^*, \boldsymbol{w}^*) = \left(\frac{1}{6}, \frac{1}{6} + \frac{\epsilon}{4}, \frac{1}{6} + \frac{\epsilon}{4} \right)^{\mathrm{T}}$$

---

① 在 DFM 论文中对上界证明的分析表明，如果某个实例在最后两种情况中达到了 1/3 的近似界，那么必须有 $\lambda^* = \mu^* = 2/3$。然而，由于边界条件的限制，这样的实例应该在第一种情况中终止，永远不会进入最后两种情况。这种矛盾表明在最后两种情况中无法实现 1/3。

因此

$$\text{supp}(\boldsymbol{x}^*) = \{1\} = \text{suppmin}(\boldsymbol{A}(\rho^*, \boldsymbol{y}^*, \boldsymbol{z}^*)) \quad \text{和}$$

$$\text{supp}(\boldsymbol{y}^*) = \{1\} = \text{suppmin}(\boldsymbol{B}(\rho^*, \boldsymbol{x}^*, \boldsymbol{w}^*))$$

其次，可以证明 $\lambda^* = 2/3 - \epsilon/2$ 且 $\mu^* = 2/3 + \epsilon$，因此算法 2 的输入是有效的，并且它确切地落入第 3 种情况（第 7 行）。

再次，计算第 3 种情况中变量的值。$\hat{\boldsymbol{y}} = (1/2, 0, 1/2)^{\mathrm{T}}$，$\hat{\boldsymbol{w}} = (0, 1, 0)^{\mathrm{T}}$，$t_r = 1/6 + \epsilon/4$，$v_r = 0$，$\hat{\mu} = 2/3 + \epsilon$。因此，当 $\epsilon \leqslant 1/3$ 时，$v_r + t_r \geqslant (\mu^* - \lambda^*)/2$，$\hat{\mu} \geqslant \mu^* - v_r - t_r$。因此我们需要计算第一分支，即 $\alpha = 1 - (9\epsilon)/(2 + 3\epsilon)$。

最后，可以计算出 $f(\boldsymbol{x}^*, \boldsymbol{y}^*) = 1/3$ 且

$$f(\alpha \boldsymbol{w}^* + (1-\alpha)\hat{\boldsymbol{w}}, \boldsymbol{z}^*) = \max\left\{\left(1 - \frac{9\epsilon}{2+3\epsilon}\right)\left(\frac{1}{3} + \frac{\epsilon}{2}\right), \frac{1}{3} - \epsilon\right\} = \frac{1}{3} - \gamma(\epsilon)$$

随着 $\epsilon \to 0$，$f(\alpha \boldsymbol{w}^* + (1-\alpha)\hat{\boldsymbol{w}}, \boldsymbol{z}^*)$ 趋近于 $1/3$，这正是我们要证明的。

1.7　实验分析

本节通过数值实验进一步探讨 1.3 节中介绍的算法的特性。这些实验结果可以帮助我们深刻地理解这些算法的行为，特别是稳定点和下降过程的行为。此外，我们对 1.5 节中介绍的紧实例生成器本身也表现出浓厚兴趣，特别是生成器在给定随机输入的情况下输出实例的概率。最后，我们将这些算法与其他近似纳什均衡算法进行比较，同时展示这些不同算法之间潜在的隐含关系。

这里，我们列出了这些实验中获得的关键结果和见解。

1. 我们对 1.3 节中介绍的算法的行为进行的研究表明，即使在均匀采样的紧博弈实例中，均匀选择的初始策略在终止时也几乎不可能陷入紧稳定点。这些结果表明均匀初始化导致理论和实践之间紧稳定点算法的显著不一致性。

2. 然后，我们研究了紧稳定点的稳定性。如果稳定点 $(\boldsymbol{x}^*, \boldsymbol{y}^*)$ 在任意轻微扰动 $(\boldsymbol{x}^*, \boldsymbol{y}^*)$ 后再次运行 TS 算法，算法通常会在 $(\boldsymbol{x}^*, \boldsymbol{y}^*)$ 附近终止，则稳定点 $(\boldsymbol{x}^*, \boldsymbol{y}^*)$ 是稳定的。我们在不同大小的随机生成的紧实例上探讨了稳定性。在实验中，大规模博弈中的大多数紧实例都不是稳定的。而且，随着博弈大小的增加，找到一个稳定的紧实例的概率变得更小，甚至消失。因此，在大型博弈中很难达到 0.3393 的近似界。基于这一结果和进一步的经验研究，我们对 TS 算法的实际使用提出一个省时而有效的建议：如果算法以糟糕的近似界终止，轻微扰动解，然后继续算法。如果算法仍在糟糕的解附近终止，则在解的小邻域之外随机选择

一个初始点，并重新运行算法。

3. 接下来，转向 1.5 节中描述的紧实例生成器。给定两个任意的策略对 (x^*, y^*) 和 (w^*, z^*)，在 $\Delta_m \times \Delta_n$ 中，我们关心生成器是否输出一个紧博弈实例。结果表明 (x^*, y^*) 和 (w^*, z^*) 的交叉比例在是否成功从这两个对中生成紧博弈实例方面起着至关重要的作用。这表明 x^* 和 w^* 不能共享支集，y^* 和 z^* 也是如此。

4. 我们衡量其他算法在这些紧博弈实例上的行为。令人惊讶的是，Czumaj 等的算法在所有情况和所有实验中以近似界 $b \approx 0.3393$ 终止。与此同时，如果生成的紧实例中存在纯策略纳什均衡，遗憾匹配算法总是找到这样的均衡。虚拟博弈算法在这些实例上表现良好，对于不同大小的博弈，其中位数近似界为 $1 \times 10^{-3} \sim 1.2 \times 10^{-3}$。

1.8　本章总结与讨论

我们提出了 3 个问题，旨在深入理解稳定点和纳什均衡的基本结构。

1. 分析 TS 算法下降过程的动力学，并对最坏情况提供稳定性分析和平滑分析。

在理论和实验两方面，我们尚未确定哪种类型的稳定点更容易达到，哪种不容易。值得注意的是，初始点的微小扰动导致收敛结果显著不同。所有这些现象都归因于下降过程的非典型行为。考虑到这些因素，边界分析变成了稳定性分析和平滑分析。

2. 提出一个近似纳什均衡计算的基准，使大多数现有的多项式时间算法在生成的博弈上都有一些优势。

对我们的紧实例生成器，一个自然的推广是找到一个博弈类，使得大多数现有的多项式时间算法的性能在它上面的表现都不令人满意。值得注意的是，经典博弈生成器 GAMUT 完全不能用来测试 TS 算法：在 GAMUT 生成的博弈中，TS 算法总是找到一个近似界远远好于 0.3393 的解。因此，我们需要一个新的测试基准，这对于理解纳什均衡计算的难度具有重要意义。

3. 提出一个新的解决方案概念，直接计算 ϵ-近似纳什均衡，无须进一步调整。

最终目标是改进近似界。目前为止所有非平凡的多项式时间近似算法都包括两个步骤：首先，找到一个多项式时间可解的概念（通常通过线性规划实现）；其次，如果该概念的近似界不令人满意，则进行调整。真正的挑战在于提出一个新的概念，直接刻画 ϵ-近似纳什均衡，而无须进行任何调整，这可能揭示一些新的近似纳什均衡更本质的结构。

4. 证明 ϵ-近似纳什均衡的可计算下界。

一个问题难以设计算法，往往意味着它具有下界。尽管已经有工作说明 ϵ-近似纳什均衡是有下界的，但是这一工作仅仅只是证明了它有下界，并没有具体给出下界的数值。如果我们知道多项式计算的 ϵ 的下界是多少，那么将会对算法设计有很大帮助，避免做一些无用功。

5. 利用优化方法求解其他类型的博弈。

将近似界看成目标函数的做法并不只局限于二人博弈，它可以适用于任何具有连续策略的博弈，如随机博弈、多人正则博弈等。我们依然可以用优化的方式设计这些算法。

第2章 计算一般和随机博弈中马尔可夫完美均衡的复杂性

2.1 引言

Shapley 于 1953 年引入了随机博弈（Stochastic Game，SG）来研究动态的非合作多人博弈，其中每个玩家在每一轮同时独立选择一个行动以获得奖励。而当前的状态和全部玩家选择的行动将决定下一个状态的概率分布。Shapley 的工作首次证明了在两人零和随机博弈中存在一个稳定策略组合，使得没有玩家有动机偏离。此后，Fink 将稳定策略的均衡存在性扩展到多人一般和随机博弈。这种解概念（称为马尔可夫精炼均衡（Markov Perfect Equilibrium，MPE））捕捉了多人博弈的动态。

由于其一般性，随机博弈的框架启发了一系列研究，涵盖从广告和定价，到渔业中物种相互作用博弈建模，再到巡检旅行和游戏人工智能等各种实际应用。因此，在这个极其丰富的研究领域中，开发计算随机博弈中马尔可夫精炼均衡的算法已成为一个关键课题，涉及应用数学、经济学、运筹学、计算机科学和人工智能等多个领域的方法。

随机博弈的概念支撑了许多人工智能和机器学习的研究。根据 Sutton 和 Barto 的观点，马尔可夫决策过程（Markov Decision Process，MDP）的最优策略制定捕捉了单个代理与环境交互的核心问题。在多智能体强化学习（Multi-Agent Reinforcement Learning，MARL）中，随机博弈将马尔可夫决策过程扩展到多智能体的动态策略性交互，以研究多人博弈中的最优决策和均衡。

对于两人零和（折扣）随机博弈，博弈论均衡与 MDP 中的优化问题密切相关，因为对手是完全对抗性的。另一方面，解决一般和随机博弈只有在强假设下才可能。Zinkevich 等证明了在一般和随机博弈中，整个价值迭代方法类的算法很难找到稳定的纳什均衡策略。这导致现有的 MARL 算法在一般和随机博弈中非常受限。已知的方法有的研究随机博弈的特殊情况；有的忽略动态性，将研究限制在较弱的纳什均衡概念上。

Solan 和 Vieille 重申了稳定的策略组合的重要性。它具有几个哲学意义上的良好特性：首先，它在概念上是直观的。其次，过去的行动只通过当前状态影响玩家的未来行为。最后，均衡行为不涉及不可信威胁，这是一种比纳什均衡条件更强的良好性质。

令人惊讶的是，尽管随机博弈（SG）这一重要模型已经提出 60 多年，但在随机博弈中求解 MPE 的复杂性仍然是一个未解决的问题。虽然关于零和随机博弈已经有丰富的研究，但我们对一般和随机博弈的复杂性并没有全面的了解。显然可见的是，在随机博弈中求解 MPE 的复杂性至少是 **PPAD**（由 Papadimitriou 于 1994 年提出的复杂性类）-困难的，因为在单状态随机博弈中求解两个玩家的纳什均衡已经是 **PPAD**-完全的。这表明，在一般和 SG 的两个玩家情况下，很难有多项式时间算法。然而，由于一般和随机博弈模型的复杂性，一个尚未解决的挑战是：

一般和随机博弈中 MPE 的求解是否为某个计算复杂性类的完全问题？

我们肯定地回答了这个问题，证明了在随机博弈中计算近似 MPE 在计算上等价于在单状态模型中计算纳什均衡，从而证明了它的 **PPAD**-完全性。这为开发 MARL 算法将常规的纳什均衡计算方法拓展到一般和随机博弈中提供了可能性。

2.1.1　直观理解和主要方法概述

从计算研究角度对于求解某问题的理解建立于各类归约之上。例如，在计算机上进行的计算最终都可以归约为逻辑电路上的与/或/非门。

为了证明一个问题是 **PPAD** 复杂性类中的完全问题，需要证明它属于这个类，并且对它的解决可用于解决这个类中的任何其他问题（也就是其困难性）。双人正则形式博弈的纳什均衡计算问题，是著名的 **PPAD**-完全问题之一。当一个随机博弈只有一个状态并且折扣因子 $\gamma = 0$ 时，找到一个 MPE 等价于在相应的正则形式博弈中找到一个纳什均衡。由此立即可得计算 MPE 的 **PPAD** 困难性。我们的主要结果是在 **PPAD** 类中近似 MPE 的计算复杂性（引理 2.2）。

首先，构造策略组合空间上的函数 f，使得一个策略组合是随机博弈的 MPE，当且仅当它是 f 的不动点（定理 2.2）。进而，证明函数 f 的连续性（根据引理 2.3，f 满足 λ-Lipschitz 条件），从而根据 Brouwer 不动点定理可以证明不动点的存在性。

其次，证明函数 f 具有一些良好的逼近性质。设 $|\mathcal{SG}|$ 为一个随机博弈的输入规模。如果我们能找到一个 $\text{poly}(|\mathcal{SG}|)\epsilon^2$-逼近不动点 π，即 $\|f(\pi) - \pi\|_\infty \leqslant \text{poly}(|\mathcal{SG}|)\epsilon^2$，其中 π 是一个策略组合，那么 π 就是该随机博弈的 ϵ-逼近 MPE（结合引理 2.6 和引理 2.7）。因此，我们的目标转换为寻找一个 Lipschitz 函数的逼近不动点。

最后，利用 Papadimitriou 中的一个经典结果，计算 Lipschitz 函数的近似

Brouwer 不动点结果的 **PPAD**-完全性，可以得出近似 MPE 的 **PPAD** 成员资格证明。

2.1.2　相关工作

关于随机博弈中各类均衡解概念的计算复杂性，有下列一些相关研究。Conitzer 和 Sandholm 证明在随机博弈中判定是否存在纯策略 NE 的 **PSPACE**-困难性。Chatterjee 等证明了在可达性随机博弈中判定是否存在无记忆 ϵ-纳什均衡的 **NP**-困难性。Daskalakis 等证明了即使在回合制随机博弈下计算 MPE 也是 **PPAD**-困难的，这意味着随机博弈中相关均衡 (CE) 和粗相关均衡 (CCE) 都具有 **PPAD**-困难性，而非如正则博弈中一样可在多项式时间内求解。

在实践中，多智能体强化学习（MARL）方法是基于智能体与环境之间的交互计算随机博弈（SG）的 MPE 最常用的方法。对其的应用可以分为两种不同的情况：在线和离线。在离线情况中，学习算法以中心化的方式控制所有玩家，使用有限数量的交互样本，希望学习动态最终能达到 MPE。在在线情况中，学习算法只控制其中一个玩家与游戏中的任意对手进行对战，并假设对游戏环境的访问是无限制的。关注的重点通常是后悔值，即学习者在学习过程中的总奖励与事后度量基准之差。

在离线情况中，对两人零和（折扣）随机博弈（SG）进行了广泛的研究。由于在零和随机博弈中对手是完全对抗性的，寻求每个玩家的最坏情况最优性可以看作解决马尔可夫决策过程（MDP），因此可以采用（近似）动态规划方法进行求解，如 LSPI、FQI、NFQI，也可以应用基于策略的方法。然而，现有的 MDP 求解器无法应用于一般和随机博弈。由于计算一般和正则形式博弈中的两人 NE 是 **PPAD**-完全问题，因此一般和随机博弈中 MPE 的复杂性至少是 **PPAD**-困难的。尽管早期尝试，如 Nash-Q 学习、Correlated-Q 学习、Friend-or-Foe Q 学习在强假设下试图解决一般和随机博弈，但 Zinkevich 等证明了在整个值迭代方法类中，任何方法都不能在一般和随机博弈中找到稳定的 NE 策略。复杂性和算法方面的困难导致目前为止在一般和随机博弈中存在较少的多智能体强化学习算法。一些工作假设已知 SG 的完全信息，使得解决 MPE 可以转换为一个优化问题，如 Prasad 等一些工作证明了批量强化学习方法收敛到较弱的 NE 概念，如 Pérolat。

在在线情况下，智能体通过试错最小化后悔值。其中最著名的在线算法之一是 R-MAX，它研究了（平均奖励）零和随机博弈，并提供了一个多项式级别（与游戏规模和误差参数有关）的后悔值上界，与任意对手竞争。在相同的后悔值定义下，UCSG 改进了 R-MAX，并实现了次线性的后悔值，但仍限于两人零和随机博弈情形。在多智能体强化学习解决方案方面，Littman 提出一个实用的解决方案，名为 Minimax-Q，它用最小最大值替代了最大值运算符，Minimax-Q 的渐近收敛性在表格情况和值函数逼近中都得到了证明。为了解决一般和随机博弈中过于悲观的问题，WoLF 提出了变步长策略，以利用对手的次优策略，以获得更高的奖励。AWESOME 进一步推广了 WoLF，并在多人一般和随机重复博弈中实现了 NE 的收敛。然而，在零和随机博弈外，是否存在多项式时间的无后悔（近似最优）MARL 算法来解决一般和随机博弈的问题仍然是一个开放的问题。

一些工作研究了强化学习和多智能体强化学习算法的样本复杂性问题，其中大多考虑有限时间长度。Jin 等证明了在分集马尔可夫决策过程（episodic MDP）情形下，带有 UCB 探索的 Q-learning 变体可以实现近似最优的样本效率。Zhang 等提出一种学习算法，用于分集 MDP，其后悔值上界接近信息论下界。Li 等提出一种基于 PAC 学习的分集式强化学习算法，其样本复杂性与规划时间步长无关。对于一般和多智能体强化学习，Chen 等证明了近似纳什均衡的样本复杂性存在指数下界，即使在 n 人正则博弈中也是如此。在此方向上，Song 等表明可以在关于动作空间大小（而非联合动作空间大小）的多项式级别的样本复杂度内学习 CE 和 CCE。Jin 等开发了一种具有多项式样本复杂性的分布式多智能体强化学习算法，用于学习 CE 和 CCE。

2.2　定义和主要定理

定义 2.1 (随机博弈)　随机博弈由 6 个元素的元组 $\langle n, \mathbb{S}, \mathbb{A}, P, r, \gamma \rangle$ 定义，其中：

- n 是智能体的数量。
- $\mathbb{S}$ 是有限的环境状态集合，记 $S = |\mathbb{S}|$。
- $\mathbb{A}^i$ 是智能体 i 的动作空间。在不同的状态下，每个智能体 i 可以选择不同的动作。为了简化问题，假设对于每个智能体 i，在每个状态下的动作空间 $\mathbb{A}^i$ 是相同的。$\mathbb{A} = \mathbb{A}^1 \times \cdots \times \mathbb{A}^n$ 是智能体联合动作的集合，记 $A^i = |\mathbb{A}^i|$，$A_{\max} = \max_{i \in [n]} A^i$。
- $P : \mathbb{S} \times \mathbb{A} \to \Delta(\mathbb{S})$ 是转移概率函数。具体地，在每个时间步，给定智能体联合行动 $a \in \mathbb{A}$，从状态 s 转移到下一个时间步的状态 s' 的转移概率为 $P(s'|s, a)$。
- $r = r^1 \times \cdots \times r^n : \mathbb{S} \times \mathbb{A} \to \mathcal{R}^n_+$ 是奖励函数。具体地，当智能体处于状态 s 并采取联合行动 a 时，智能体 i 将获得奖励 $r^i(s, a)$。我们假设奖励被界定在 $r_{\max}$ 内。

- $\gamma \in [0,1)$ 是折扣因子，代表智能体的奖励随时间的折扣比例。

每个智能体需要选择一个满足马尔可夫性质的行为策略，也就是采取各动作的概率仅与当前状态有关。

智能体 i 的纯策略空间是 $\prod_{s \in \mathbb{S}} \mathbb{A}^i$，代表智能体 i 在每个状态下采取的动作。注意，纯策略空间的大小是 $|\mathbb{A}^i|^S$，关于状态数量为指数级别。更一般地，下面定义混合行为策略。

定义 2.2 (行为策略)　智能体 i 的行为策略是 $\pi^i : \mathbb{S} \to \Delta(\mathbb{A}^i)$，其中对于所有 $s \in \mathbb{S}$，$\pi^i(s)$ 是 $\mathbb{A}^i$ 上的概率分布。

在本节中，我们将重点关注行为策略，并简称为策略以方便表述。一个策略组合 π 是所有智能体策略的笛卡儿积，即 $\pi = \pi^1 \times \cdots \times \pi^n$。我们用 $\pi^i(s, a^i)$ 表示智能体 i 在状态 s 下采取行动 a^i 的概率。除智能体 i 外的所有智能体的策略组合用 π^{-i} 表示。我们使用 π^i, π^{-i} 分别表示 π，使用 a^i, a^{-i} 分别表示 a。

给定 π，转移概率和奖励函数仅依赖当前状态 $s \in \mathbb{S}$。定义用 $r^{i,\pi}(s)$ 表示 $\mathbb{E}_{a \sim \pi(s)}[r^i(s,a)]$，用 $P^\pi(s'|s)$ 表示 $\mathbb{E}_{a \sim \pi(s)}[P(s'|s,a)]$。固定 π^{-i}，转移概率和奖励函数仅依赖于当前状态 $s \in \mathbb{S}$ 和玩家 i 的行动 a^i。定义 $r^{i,\pi^{-i}}(s, a^i)$ 表示 $\mathbb{E}_{a^{-i} \sim \pi^{-i}(s)}[r^i(s, (a^i, a^{-i}))]$，$P^{\pi^{-i}}(s'|s, a^i)$ 表示 $\mathbb{E}_{a^{-i} \sim \pi^{-i}(s)}[P(s'|s, (a^i, a^{-i}))]$。

对于任意正整数 m，记 $\Delta_m := \{x \in \mathcal{R}_+^m | \sum_{i=1}^m x_i = 1\}$。定义 $\Delta_{A^i}^S := \Pi_{s \in \mathbb{S}} \Delta_{A^i}$，则对于所有 $s \in \mathbb{S}$，$\pi^i(s) \in \Delta_{A^i}$，并且 $\pi^i \in \Delta_{A^i}^S$，$\pi \in \prod_{i=1}^n \Delta_{A^i}^S$。

定义 2.3 (价值函数)　对于策略组合 π 下的智能体 i，价值函数 $V_i^\pi(s) : \mathbb{S} \to R$ 给出了当起始状态为 s 时，其折扣奖励的期望总和。

$$V_i^\pi(s) = \sum_{t=0}^\infty \gamma^t \cdot \mathbb{E}\left[r^{i,\pi}(s_t)|s_0 = s\right]$$

其中 $s_0, s_1, \cdots$ 是马尔可夫链，其转移矩阵为 $\boldsymbol{P}^\pi$，即对于所有的 $k = 0, 1, \cdots$，$\Pr\left[s_{k+1} = s'|s_k = s\right] = \boldsymbol{P}^\pi(s'|s)$。等价地，可以通过贝尔曼方程递归地定义价值函数，即

$$V_i^\pi(s) = \mathbb{E}_{a \sim \pi(s)}\left[r^i(s,a) + \gamma \sum_{s' \in \mathbb{S}} P(s'|s,a) V_i^\pi(s')\right]$$

定义 2.4 (马尔可夫精炼均衡 (MPE))　如果对于所有 $s \in \mathbb{S}$，$i \in [n]$，$\tilde{\pi}^i \in \Delta_{A^i}^S$，都有 $V_i^\pi(s) \geqslant V_i^{\tilde{\pi}^i, \pi^{-i}}(s)$，则行为策略组合 π 被称为马尔可夫精炼均衡。

其中 $V_i^{\tilde{\pi}^i, \pi^{-i}}(s)$ 是当智能体 i 的策略偏离为 $\tilde{\pi}^i$, 而其他智能体的策略组合为 π^{-i} 时的价值函数。

马尔可夫精炼均衡是博弈中的一个解概念, 其中玩家的策略仅依赖于当前状态, 而不依赖于博弈历史。

定义 2.5 (ϵ-近似 MPE) 给定 $\epsilon > 0$, 如果对于所有 $s \in \mathbb{S}$, $i \in [n]$, $\tilde{\pi}^i \in \Delta_{A^i}^S$, 都有 $V_i^\pi(s) \geqslant V_i^{\tilde{\pi}^i, \pi^{-i}}(s) - \epsilon$, 则行为策略组合 π 被称为 ϵ-近似 MPE。

我们使用 Approximate MPE 表示在随机博弈中找到一个近似的马尔可夫精炼均衡的计算问题, 其中输入和输出如下所示: 问题 Approximate MPE 的输入实例是一个二元组 $(\mathcal{SG}, L)$, 其中 $\mathcal{SG}$ 是一个随机博弈, L 是一个正整数。问题 Approximate MPE 的输出是一个策略组合 $\pi \in \prod_{i=1}^n \Delta_{A^i}^S$, 仅依赖于当前状态而不依赖于其历史, 使得 π 是 $\mathcal{SG}$ 的一个 $1/L$-近似马尔可夫精炼均衡。我们使用符号 $|\mathcal{SG}|$ 表示随机博弈 $\mathcal{SG}$ 的输入规模。

定理 2.1 (主定理) Approximate MPE 是 **PPAD**-完备的。

我们注意到, 当 $|S| = 1$ 且 $\gamma = 0$ 时, 随机博弈退化为一个 n 人正则形式博弈。此时, 该随机博弈的任何马尔可夫精炼均衡都是相应正则形式博弈的纳什均衡。因此, 我们立即得到以下困难性结果:

引理 2.1 Approximate MPE 是 **PPAD**-困难的。

为了推出定理 2.1, 在本节的剩余部分, 我们将关注证明 Approximate MPE 属于 **PPAD**。

引理 2.2 Approximate MPE 属于 **PPAD**。

2.3 关于马尔可夫精炼均衡的存在性

关于马尔可夫精炼均衡存在性的最初证明是基于 Kakutani 不动点定理的。然而, 基于 Kakutani 不动点定理的证明通常无法直接转换为 **PPAD** 成员属性结果。我们提出了一种使用 Brouwer 不动点定理的证明方法, 以此为基础证明 Approximate MPE 的 **PPAD** 成员资格。

与 Nash 在 1951 年为证明均衡点存在性而定义的连续变换相似, 我们定义一个更新函数 $f : \prod_{i=1}^n \Delta_{A^i}^S \to \prod_{i=1}^n \Delta_{A^i}^S$, 用于调整随机博弈中智能体的策略组合, 以证明马尔可夫精炼均衡的存在性。

设 $\pi \in \prod_{i=1}^{n} \Delta_{A^i}^{S}$ 是我们讨论的行为策略组合。

我们定义 $Q_i^{\pi^i, \pi^{-i}}(s, a^i)$ 表示如果智能体 i 从状态 s 在第一步使用纯动作 a^i，然后在之后遵循 π^i，而其他智能体 j 保持策略 π^j，智能体 i 的期望折扣奖励总和。具体地，

$$Q_i^{\pi^i, \pi^{-i}}(s, a^i) = r^{i, \pi^{-i}}(s, a^i) + \gamma \sum_{s' \in \mathbb{S}} P^{\pi^{-i}}(s'|s, a^i) V_i^{\pi^i, \pi^{-i}}(s')$$

对于每个玩家 $i \in [n]$，在每个状态 $s \in \mathbb{S}$，每个动作 $a^i \in \mathbb{A}^i$，我们定义策略更新如下：

$$f(\pi)^i(s, a^i) = \frac{\pi^i(s, a^i) + \max\left(0, Q_i^{\pi^i, \pi^{-i}}(s, a^i) - V_i^{\pi^i, \pi^{-i}}(s)\right)}{1 + \sum_{b^i \in \mathbb{A}^i} \max\left(0, Q_i^{\pi^i, \pi^{-i}}(s, b^i) - V_i^{\pi^i, \pi^{-i}}(s)\right)}$$

我们考虑两个策略组合 π_1 和 π_2 的无穷范数距离，记作 $\|\pi_1 - \pi_2\|_{\infty}$：

$$\|\pi_1 - \pi_2\|_{\infty} = \max_{i \in [n], s \in \mathbb{S}, a^i \in \mathbb{A}^i} |\pi_1^i(s, a^i) - \pi_2^i(s, a^i)|$$

首先证明函数 f 的连续性，具体地，f 满足 λ-Lipschitz 条件，其中 $\lambda = \dfrac{11nS^2 A_{\max}^2 r_{\max}}{(1-\gamma)^2}$。

引理 2.3　函数 f 满足 λ-Lipschitz 条件，即对于任意 $\pi_1, \pi_2 \in \prod_{i=1}^{n} \Delta_{A^i}^{S}$，当 $\|\pi_1 - \pi_2\|_{\infty} \leqslant \delta$，有

$$\left\| f(\pi_1) - f(\pi_2) \right\|_{\infty} \leqslant \frac{11nS^2 A_{\max}^2 r_{\max}}{(1-\gamma)^2} \delta$$

证明　对于任意的 $s \in \mathbb{S}$，选择任意的玩家 $i \in [n]$。对于动作 $a^i \in \mathbb{A}^i$，记 $M_1(a^i)$ 为 $\max\left(0, Q_i^{\pi_1^i, \pi_1^{-i}}(s, a^i) - V_i^{\pi_1^i, \pi_1^{-i}}(s)\right)$，并且 $M_2(a^i) = \max\left(0, Q_i^{\pi_2^i, \pi_2^{-i}}(s, a^i) - V_i^{\pi_2^i, \pi_2^{-i}}(s)\right)$。根据断言 2.1（见后），可得

$$\left| f(\pi_1)^i(s, a^i) - f(\pi_2)^i(s, a^i) \right|$$

$$= \left| \frac{\pi_1^i(s, a^i) + M_1(a^i)}{1 + \sum_{b^i \in \mathbb{A}^i} M_1(b^i)} - \frac{\pi_2^i(s, a^i) + M_2(a^i)}{1 + \sum_{b^i \in \mathbb{A}^i} M_2(b^i)} \right|$$

$$\leqslant \left| \pi_1^i(s, a^i) - \pi_2^i(s, a^i) \right| + \left| M_1(a^i) - M_2(a^i) \right| + \left| \sum_{b^i \in \mathbb{A}^i} M_1(b^i) - \sum_{b^i \in \mathbb{A}^i} M_2(b^i) \right|$$

断言 2.1 对于任意的 $x, x', y, y', z, z' \geqslant 0$，若满足 $\dfrac{x+y}{1+z} \leqslant 1$ 和 $\dfrac{x'+y'}{1+z'} \leqslant 1$，则有

$$\left| \frac{x+y}{1+z} - \frac{x'+y'}{1+z'} \right| \leqslant |x - x'| + |y - y'| + |z - z'|$$

证明 我们有

$$|(x+y)(1+z') - (x'+y')(1+z)|$$
$$\leqslant |(x+y)(1+z') - (x'+y')(1+z')|$$
$$\quad + |(x'+y')(1+z') - (x'+y')(1+z)|$$
$$= (1+z')|(x+y) - (x'+y')| + (x'+y')|z'-z|$$
$$\leqslant (1+z')(|x - x' + y - y'| + |z - z'|)$$
$$\leqslant (1+z')(|x - x'| + |y - y'| + |z - z'|)$$
$$\leqslant (1+z)(1+z')(|x - x'| + |y - y'| + |z - z'|)$$

第二行和第五行来自三角不等式，第四行不等式来自 $x' + y' \leqslant 1 + z'$，第六行不等式来自 $1 + z \geqslant 1$。

于是可得

$$\left| \frac{x+y}{1+z} - \frac{x'+y'}{1+z'} \right|$$
$$= \frac{|(x+y)(1+z') - (x'+y')(1+z)|}{(1+z)(1+z')}$$
$$\leqslant |x - x'| + |y - y'| + |z - z'|$$

取 $\delta = \|\pi_1 - \pi_2\|_\infty$，则对于任意 $s \in \mathbb{S}$ 和 $a^i \in \mathbb{A}^i$，有 $|\pi_1^i(s, a^i) - \pi_2^i(s, a^i)| \leqslant \delta$。接下来，对于任意的 $a^i \in \mathbb{A}^i$，可以估计

$$|M_1(a^i) - M_2(a^i)|$$
$$= |\max\left(0, Q_i^{\pi_1^i, \pi_1^{-i}}(s, a^i) - V_i^{\pi_1^i, \pi_1^{-i}}(s)\right) - \max\left(0, Q_i^{\pi_2^i, \pi_2^{-i}}(s, a^i) - V_i^{\pi_2^i, \pi_2^{-i}}(s)\right)|$$
$$\leqslant |(Q_i^{\pi_1^i, \pi_1^{-i}}(s, a^i) - V_i^{\pi_1^i, \pi_1^{-i}}(s)) - (Q_i^{\pi_2^i, \pi_2^{-i}}(s, a^i) - V_i^{\pi_2^i, \pi_2^{-i}}(s))|$$
$$\leqslant |Q_i^{\pi_1^i, \pi_1^{-i}}(s, a^i) - Q_i^{\pi_2^i, \pi_2^{-i}}(s, a^i)| + |V_i^{\pi_1^i, \pi_1^{-i}}(s) - V_i^{\pi_2^i, \pi_2^{-i}}(s)|$$

我们首先需要得到一个关于 $|r^{i, \pi_1^{-i}}(s, b^i) - r^{i, \pi_2^{-i}}(s, b^i)|$ 的上界。

断言 2.2

$$\left| r^{i,\pi_1^{-i}}(s,b^i) - r^{i,\pi_2^{-i}}(s,b^i) \right| \leqslant (n-1)A_{\max}r_{\max}\delta$$

证明

$$\left| r^{i,\pi_1^{-i}}(s,b^i) - r^{i,\pi_2^{-i}}(s,b^i) \right|$$

$$= \left| \sum_{b^{-i}\in\mathbb{A}^{-i}} r^i(s,b^i,b^{-i})\pi_1^{-i}(s,b^{-i}) \right.$$

$$\left. - \sum_{b^{-i}\in\mathbb{A}^{-i}} r^i(s,b^i,b^{-i})\pi_2^{-i}(s,b^{-i}) \right|$$

$$= \left| \sum_{b^{-i}\in\mathbb{A}^{-i}} r^i(s,b^i,b^{-i})(\pi_1^{-i}(s,b^{-i}) - \pi_2^{-i}(s,b^{-i})) \right|$$

$$= \left| \sum_{b^{-i}\in\mathbb{A}^{-i}} r^i(s,b^i,b^{-i})\Big(\prod_{j\neq i}\pi_1^j(s,b^j) - \prod_{j\neq i}\pi_2^{-i}(s,b^j)\Big) \right|$$

$$\leqslant \sum_{b^{-i}\in\mathbb{A}^{-i}} r^i(s,b^i,b^{-i})\left| \prod_{j\neq i}\pi_1^j(s,b^j) - \prod_{j\neq i}\pi_2^j(s,b^j) \right|$$

$$\leqslant r_{\max} \sum_{b^{-i}\in\mathbb{A}^{-i}} \left| \prod_{j\neq i}\pi_1^j(s,b^j) - \prod_{j\neq i}\pi_2^j(s,b^j) \right|$$

$$\leqslant (n-1)A_{\max}r_{\max}\delta$$

其中最后一行来自断言 2.3（见后）。

断言 2.3

$$\sum_{b^{-1}\in\mathbb{A}^{-1}} \left| \prod_{j=2}^{n}\pi_1^j(s,b^j) - \prod_{j=2}^{n}\pi_2^j(s,b^j) \right| \leqslant (n-1)A_{\max}\delta$$

证明

$$\sum_{b^{-1}\in\mathbb{A}^{-1}} \left| \prod_{j=2}^{n}\pi_1^j(s,b^j) - \prod_{j=2}^{n}\pi_2^j(s,b^j) \right|$$

$$= \sum_{b^{-1}\in\mathbb{A}^{-1}} \left| \sum_{k=2}^{n}\Big(\prod_{l=2}^{k-1}\pi_1^l(s,b^l)\Big) \right.$$

$$\left. (\pi_1^k(s,b^k) - \pi_2^k(s,b^k)) \cdot \prod_{l=k+1}^{n}\pi_2^l(s,b^l) \right|$$

$$\leqslant \sum_{k=2}^{n} \sum_{b^{-1} \in \mathbb{A}^{-1}} \left(\prod_{l=2}^{k-1} \pi_1^l(s, b^l) \right)$$

$$\left| \pi_1^k(s, b^k) - \pi_2^k(s, b^k) \right| \cdot \prod_{l=k+1}^{n} \pi_2^l(s, b^l)$$

$$= \sum_{k=2}^{n} \sum_{b^k \in \mathbb{A}^k} \left| \pi_1^k(s, b^k) - \pi_2^k(s, b^k) \right|$$

$$\leqslant (n-1) A_{\max} \delta$$

类似地，有：

断言 2.4

$$P^{\pi_1^{-i}}(s'|s, b^i) - P^{\pi_2^{-i}}(s'|s, b^i)| \leqslant (n-1) A_{\max} \delta$$

证明

$$\left| P^{\pi_1^{-i}}(s'|s, b^i) - P^{\pi_2^{-i}}(s'|s, b^i) \right|$$

$$= \left| \sum_{b^{-i} \in \mathbb{A}^{-i}} P(s'|s, b^i, b^{-i}) \pi_1^{-i}(s, b^{-i}) \right.$$

$$\left. - \sum_{b^{-i} \in \mathbb{A}^{-i}} P(s'|s, b^i, b^{-i}) \pi_2^{-i}(s, b^{-i}) \right|$$

$$= \left| \sum_{b^{-i} \in \mathbb{A}^{-i}} P(s'|s, b^i, b^{-i}) (\pi_1^{-i}(s, b^{-i}) - \pi_2^{-i}(s, b^{-i})) \right|$$

$$\leqslant \sum_{b^{-i} \in \mathbb{A}^{-i}} P(s'|s, b^i, b^{-i}) \left| \prod_{j \neq i} \pi_1^j(s, b^j) - \prod_{j \neq i} \pi_2^j(s, b^j) \right|$$

$$\leqslant \sum_{b^{-i} \in \mathbb{A}^{-i}} \left| \prod_{j \neq i} \pi_1^j(s, b^j) - \prod_{j \neq i} \pi_2^j(s, b^j) \right|$$

$$\leqslant (n-1) A_{\max} \delta$$

为了对每个 $s \in \mathbb{S}$ 的 $\left| V_i^{\pi_1^i, \pi_1^{-i}}(s) - V_i^{\pi_2^i, \pi_2^{-i}}(s) \right|$ 求出上界，我们用 V_i^{π} 表示列向量 $(V_i^{\pi}(s))_{s \in \mathbb{S}}$，用 $r^{i,\pi}$ 表示列向量 $(r^{i,\pi}(s))_{s \in \mathbb{S}}$，用 P^{π} 表示矩阵 $P^{\pi}(s, s')_{s, s' \in \mathbb{S}}$。根据贝尔曼策略方程（定义 2.3），有 $V_i^{\pi} = r^{i,\pi} + \gamma P^{\pi} V_i^{\pi}$，这意味着 $V_i^{\pi} = (I - \gamma P^{\pi})^{-1} r^{i,\pi}$。我们将在 引理 2.4 中证明对于所有 $s, s' \in \mathbb{S}$，有

$$\left| (I - \gamma P^{\pi_1})^{-1}(s'|s) - (I - \gamma P^{\pi_2})^{-1}(s'|s) \right| \leqslant \frac{n S A_{\max} \delta}{(1-\gamma)^2}$$

现在可以给出对于任意 $s \in \mathbb{S}$ 的 $\left| V_i^{\pi_1^i, \pi_1^{-i}}(s) - V_i^{\pi_2^i, \pi_2^{-i}}(s) \right|$ 的一个上界。

$$\left| V_i^{\pi_1^i, \pi_1^{-i}}(s) - V_i^{\pi_2^i, \pi_2^{-i}}(s) \right|$$

$$= \left| \sum_{s' \in \mathbb{S}} r^{i,\pi_1}(s')(I - \gamma P^{\pi_1})^{-1}(s'|s) - \sum_{s' \in \mathbb{S}} r^{i,\pi_2}(s')(I - \gamma P^{\pi_2})^{-1}(s'|s) \right|$$

$$\leqslant \sum_{s' \in \mathbb{S}} r^{i,\pi_1}(s') \cdot \left| (I - \gamma P^{\pi_1})^{-1}(s'|s) - (I - \gamma P^{\pi_2})^{-1}(s'|s) \right|$$

$$+ \sum_{s' \in \mathbb{S}} (I - \gamma P^{\pi_2})^{-1}(s'|s) \left| r^{i,\pi_1}(s') - r^{i,\pi_2}(s') \right|$$

$$\leqslant \sum_{s' \in \mathbb{S}} \left(r_{\max} \frac{nSA_{\max}\delta}{(1-\gamma)^2} + \frac{1}{1-\gamma} nA_{\max} r_{\max}\delta \right)$$

$$= \frac{SnA_{\max}r_{\max}}{1-\gamma} \left(\frac{S}{1-\gamma} + 1 \right) \delta$$

$$\leqslant \frac{2nS^2 A_{\max}r_{\max}}{(1-\gamma)^2}\delta$$

其中第二个不等式使用了 $\left| (I - \gamma P^{\pi_2})^{-1}(s'|s) \right| \leqslant \frac{1}{1-\gamma}$，这来自以下引理 2.4 证明中的事实 4，其证明推迟到本证明末尾。

引理 2.4 对于任意的 $\pi_1, \pi_2 \in \prod_{i=1}^n \Delta_{A^i}^S$，满足 $\|\pi_1 - \pi_2\|_\infty \leqslant \delta$，对于任意的 $s, s' \in \mathbb{S}$，如下不等式成立：

$$\left| (I - \gamma P^{\pi_1})^{-1}(s'|s) - (I - \gamma P^{\pi_2})^{-1}(s'|s) \right| \leqslant \frac{nSA_{\max}\delta}{(1-\gamma)^2}$$

类似地，我们为 $|Q_i^{\pi_1^i, \pi_1^{-i}}(s, b^i) - Q_i^{\pi_2^i, \pi_2^{-i}}(s, b^i)|$ 确定一个上界。

$$|Q_i^{\pi_1^i, \pi_1^{-i}}(s, b^i) - Q_i^{\pi_2^i, \pi_2^{-i}}(s, b^i)|$$

$$= \left| r^{i,\pi_1^{-i}}(s, b^i) + \gamma \sum_{s' \in \mathbb{S}} P^{\pi_1^{-i}}(s'|s, b^i) V_i^{\pi_1^i, \pi_1^{-i}}(s') - r^{i,\pi_2^{-i}}(s, b^i) \right.$$

$$\left. - \gamma \sum_{s' \in \mathbb{S}} P^{\pi_2^{-i}}(s'|s, b^i) V_i^{\pi_2^i, \pi_2^{-i}}(s') \right|$$

$$\leqslant \left| r^{i,\pi_1^{-i}}(s, b^i) - r^{i,\pi_2^{-i}}(s, b^i) \right| + \gamma \sum_{s' \in \mathbb{S}} \left| P^{\pi_1^{-i}}(s'|s, b^i) V_i^{\pi_1^i, \pi_1^{-i}}(s') \right.$$

$$\left. - P^{\pi_2^{-i}}(s'|s, b^i) V_i^{\pi_2^i, \pi_2^{-i}}(s') \right|$$

$$\leqslant nA_{\max}r_{\max}\delta + \gamma\sum_{s'\in\mathbb{S}}\Big(P^{\pi_1^{-i}}(s'|s,b^i)\big|V_i^{\pi_1^i,\pi_1^{-i}}(s') - V_i^{\pi_2^i,\pi_2^{-i}}(s')\big|$$

$$+ V_i^{\pi_2^i,\pi_2^{-i}}(s')\big|P^{\pi_1^{-i}}(s'|s,b^i) - P^{\pi_2^{-i}}(s'|s,b^i)\big|\Big)$$

$$\leqslant nA_{\max}r_{\max}\delta + \gamma\Big(\frac{2nS^2A_{\max}r_{\max}}{(1-\gamma)^2}\delta + S\frac{r_{\max}}{1-\gamma}nA_{\max}\delta\Big)$$

$$= nA_{\max}r_{\max}\delta\Big(1 + \frac{2\gamma S^2}{(1-\gamma)^2} + \frac{\gamma S}{1-\gamma}\Big)$$

$$\leqslant \frac{3S^2nA_{\max}r_{\max}\delta}{(1-\gamma)^2}$$

对于任意 $b^i\in\mathbb{A}^i$，有 $|M_1(b^i) - M_2(b^i)| \leqslant |Q_i^{\pi_1^i,\pi_1^{-i}}(s,b^i) - Q_i^{\pi_2^i,\pi_2^{-i}}(s,b^i)| + |V_i^{\pi_1^i,\pi_1^{-i}}(s) - V_i^{\pi_2^i,\pi_2^{-i}}(s)| \leqslant \dfrac{5S^2nA_{\max}r_{\max}\delta}{(1-\gamma)^2}$。因此，对于任意 $s\in\mathbb{S}$ 和任意 $a^i\in\mathbb{A}^i$，有

$$|f(\pi_1)^i(s,a^i) - f(\pi_2)^i(s,a^i)|$$

$$\leqslant |\pi_1^i(s,a^i) - \pi_2^i(s,a^i)| + |M_1(a^i) - M_2(a^i)|$$

$$+ \sum_{b^i\in\mathbb{A}^i}|M_1(b^i) - M_2(b^i)|$$

$$\leqslant \delta + \frac{5S^2nA_{\max}r_{\max}\delta}{(1-\gamma)^2} + A_{\max}\frac{5S^2nA_{\max}r_{\max}\delta}{(1-\gamma)^2}$$

$$\leqslant \frac{11nS^2A_{\max}^2r_{\max}}{(1-\gamma)^2}\delta$$

最后，证明引理 2.4。

证明　首先，给出 $|P^{\pi_1}(s'|s) - P^{\pi_2}(s'|s)|$ 的一个上界估计，其中 $s,s'\in\mathbb{S}$。

$$\Big|P^{\pi_1}(s'|s) - P^{\pi_2}(s'|s)\Big|$$

$$= \Big|\sum_{a\in\mathbb{A}}P(s'|s,a)\prod_{i\in[n]}\pi_1^i(s,a^i)$$

$$- \sum_{a\in\mathbb{A}}P(s'|s,a)\prod_{i\in[n]}\pi_2^i(s,a^i)\Big|$$

$$\leqslant \sum_{a\in\mathbb{A}}P(s'|s,a)\Big|\prod_{i\in[n]}\pi_1^i(s,a^i) - \prod_{i\in[n]}\pi_2^i(s,a^i)\Big|$$

$$\leqslant nA_{\max}\delta$$

现在将 P^π 视为一个 $S \times S$ 的矩阵。对于任意的两个 $S \times S$ 矩阵 M^1 和 M^2，我们用 $\|M^1 - M^2\|_{\max}$ 表示 $\max_{i,j} |M^1(i,j) - M^2(i,j)|$，即最大范数。那么有 $\|P^{\pi_1} - P^{\pi_2}\|_{\max} \leqslant nA_{\max}\delta$。

令 $Q^1 = (I - \gamma P^{\pi_1})^{-1}$ 和 $Q^2 = (I - \gamma P^{\pi_2})^{-1}$。（注意，$(I - \gamma P^\pi)$ 的逆必定存在，因为 $\gamma < 1$。）

根据定义，有 $Q^1 = I + \gamma P^{\pi_1} Q^1$ 和 $Q^2 = I + \gamma P^{\pi_2} Q^2$，然后有

$$\|Q^1 - Q^2\|_{\max}$$

$$= \gamma \|P^{\pi_1} Q^1 - P^{\pi_2} Q^2\|_{\max}$$

$$= \gamma \max_{i,j} \left| \sum_k P^{\pi_1}(i,k)Q^1(k,j) - \sum_k P^{\pi_2}(i,k)Q^2(k,j) \right|$$

$$\leqslant \gamma \max_{i,j} \sum_k \left| P^{\pi_1}(i,k)Q^1(k,j) - P^{\pi_2}(i,k)Q^2(k,j) \right|$$

$$\leqslant \gamma \max_{i,j} \left(\sum_k P^{\pi_1}(i,k)\left|Q^1(k,j) - Q^2(k,j)\right| + \sum_k \left|Q^2(k,j)\right|\left|P^{\pi_1}(i,k) - P^{\pi_2}(i,k)\right| \right)$$

$$\leqslant \gamma \max_{i,j} \left(\max_k \left|Q^1(k,j) - Q^2(k,j)\right| + \sum_k \frac{nA_{\max}\delta}{1-\gamma} \right)$$

$$= \gamma \left(\|Q^1 - Q^2\|_{\max} + \frac{nSA_{\max}\delta}{1-\gamma} \right)$$

其中第六行使用了以下事实：

1. $\sum_k P^{\pi_1}(i,k) = 1$；

2. $|Q^1(k,j) - Q^2(k,j)| \leqslant \max_k |Q^1(k,j) - Q^2(k,j)|$；

3. $|P^{\pi_1}(i,k) - P^{\pi_2}(i,k)| \leqslant nA_{\max}\delta$；

4. $|Q^2(k,j)| \leqslant \|Q^2\|_1 \leqslant \dfrac{1}{1 - \gamma\|P^{\pi_2}\|_1} \leqslant \dfrac{1}{1-\gamma}$。

注意到 $Q^2 = I + \gamma P^{\pi_2} Q^2$。由于 1-范数的次乘性，有 $\|Q^2\|_1 \leqslant 1 + \gamma\|P^{\pi_2} Q^2\|_1 \leqslant 1 + \gamma\|P^{\pi_2}\|_1\|Q^2\|_1 \leqslant 1 + \gamma\|Q^2\|_1$，这导出事实 4。

因此，有 $|Q^1 - Q^2|_{\max} \leqslant \dfrac{nSA_{\max}\delta}{(1-\gamma)^2}$。

引理 2.3 证毕。

接下来，我们通过 Brouwer 不动点定理证明 MPE 的存在性。

定理 2.2　对于任意的随机博弈 $\langle n, \mathbb{S}, \mathbb{A}, P, r, \gamma \rangle$，一个策略组合 π 是 MPE 当且仅当它是函数 f 的不动点，即 $f(\pi) = \pi$。此外，函数 f 至少有一个不动点。

证明   首先,证明函数 f 至少有一个不动点。Brouwer 不动点定理指出,对于任何将一个紧凸集映射到自身的连续函数,都存在一个不动点。注意到 f 是将一个紧凸集映射到自身的函数。而且,根据引理 2.3,f 是连续的。因此,函数 f 至少有一个不动点。

然后,证明策略组合 π 是 MPE 当且仅当它是 f 的一个不动点。

$\Rightarrow$: 对于必要性,假设 π 是一个 MPE。根据定义(定义 2.4),对于每个玩家 $i \in [n]$,每个状态 $s \in \mathbb{S}$ 和每个策略 $\tilde{\pi}^i \in \Delta_{A^i}^S$,有 $V_i^{\pi^i, \pi^{-i}}(s) \geqslant V_i^{\tilde{\pi}^i, \pi^{-i}}(s)$。根据接下来将要证明的引理 2.5,我们有对于任意的 $a^i \in \mathbb{A}^i$,$V_i^{\pi^i, \pi^{-i}}(s) \geqslant Q_i^{\pi^i, \pi^{-i}}(s, a^i)$,这意味着 $\max\left(0, Q_i^{\pi^i, \pi^{-i}}(s, a^i) - V_i^{\pi^i, \pi^{-i}}(s)\right) = 0$。然后,对于每个玩家 $i \in [n]$,每个状态 $s \in \mathbb{S}$ 和每个动作 $a^i \in \mathbb{A}^i$,$(f(\pi))^i(s, a^i) = \pi^i(s, a^i)$。因此,$\pi$ 是 f 的一个不动点。

$\Leftarrow$: 对于充分性部分的证明,假设 π 是 f 的一个不动点。那么,对于每个玩家 $i \in [n]$,每个状态 $s \in \mathbb{S}$ 和每个动作 $a^i \in \mathbb{A}^i$,

$$\pi^i(s, a^i) = (f(\pi))^i(s, a^i) = \frac{\pi^i(s, a^i) + \max\left(0, Q_i^{\pi^i, \pi^{-i}}(s, a^i) - V_i^{\pi^i, \pi^{-i}}(s)\right)}{1 + \sum_{b^i \in \mathbb{A}^i} \max\left(0, Q_i^{\pi^i, \pi^{-i}}(s, b^i) - V_i^{\pi^i, \pi^{-i}}(s)\right)}$$

我们首先根据 π 是一个不动点的条件给出断言 2.5。

断言 2.5   对于任意的 $a^i \in \mathbb{A}^i$,有 $Q_i^{\pi^i, \pi^{-i}}(s, a^i) - V_i^{\pi^i, \pi^{-i}}(s) \leqslant 0$。

断言 2.5 的证明   假设存在 $i \in [n]$ 和 $d^i \in \mathbb{A}^i$,使得 $Q_i^{\pi^i, \pi^{-i}}(s, d^i) > V_i^{\pi^i, \pi^{-i}}(s)$。根据上述不动点方程,有 $\pi^i(s, d^i) > 0$。

设 $\mathbb{A}_+^i = \{a^i \in \mathbb{A}^i : \pi^i(s, a^i) > 0\}$,则 $d^i \in \mathbb{A}_+^i$。注意到根据 $V_i^{\pi^i, \pi^{-i}}(s)$ 的递归定义,有

$$
V_i^{\pi^i, \pi^{-i}}(s)
$$
$$
= \mathop{\mathbb{E}}_{a^i \sim \pi^i(s)}\left[r^{i, \pi^{-i}}(s, a^i)\right.
$$
$$
\left. + \gamma \sum_{s' \in \mathbb{S}} P^{\pi^{-i}}(s'|s, a^i) V_i^{\pi^i, \pi^{-i}}(s')\right]
$$
$$
= \sum_{a^i \in \mathbb{A}^i} \pi^i(s, a^i) Q_i^{\pi^i, \pi^{-i}}(s, a^i)
$$
$$
= \sum_{a^i \in \mathbb{A}_+^i} \pi^i(s, a^i) Q_i^{\pi^i, \pi^{-i}}(s, a^i)
$$

由于 $\displaystyle\sum_{a^i\in\mathbb{A}^i_+}\pi^i(s,a^i)=1$，必定存在某个 $c^i\in\mathbb{A}^i_+$，使得 $Q_i^{\pi^i,\pi^{-i}}(s,c^i)<$

$V_i^{\pi^i,\pi^{-i}}(s)$，因为对于所有 $a^i\in\mathbb{A}^i_+$，都有 $Q_i^{\pi^i,\pi^{-i}}(s,a^i)\geqslant V_i^{\pi^i,\pi^{-i}}(s)$，结合 $Q_i^{\pi^i,\pi^{-i}}(s,d^i)>V_i^{\pi^i,\pi^{-i}}(s)$，将导致 $\displaystyle\sum_{a^i\in\mathbb{A}^i_+}\pi^i(s,a^i)Q_i^{\pi^i,\pi^{-i}}(s,a^i)>V_i^{\pi^i,\pi^{-i}}(s)$，与

上述方程矛盾。

通过进一步的计算，可以得到以下等式：

$$(f(\pi))^i(s,c^i)$$

$$=\frac{\pi^i(s,c^i)+\max\left(0,Q_i^{\pi^i,\pi^{-i}}(s,c^i)-V_i^{\pi^i,\pi^{-i}}(s)\right)}{1+\displaystyle\sum_{b^i\in\mathbb{A}^i}\max\left(0,Q_i^{\pi^i,\pi^{-i}}(s,b^i)-V_i^{\pi^i,\pi^{-i}}(s)\right)}$$

$$=\frac{\pi^i(s,c^i)}{1+\displaystyle\sum_{b^i\in\mathbb{A}^i}\max\left(0,Q_i^{\pi^i,\pi^{-i}}(s,b^i)-V_i^{\pi^i,\pi^{-i}}(s)\right)}$$

$$\leqslant\frac{\pi^i(s,c^i)}{1+Q_i^{\pi^i,\pi^{-i}}(s,d^i)-V_i^{\pi^i,\pi^{-i}}(s)}$$

$$<\pi^i(s,c^i)$$

上述的严格不等式是因为 $1+Q_i^{\pi^i,\pi^{-i}}(s,d^i)-V_i^{\pi^i,\pi^{-i}}(s)>1$ 以及 $\pi^i(s,c^i)>0$。

这与 π 是 f 的一个不动点的假设矛盾。因此，对于任何 $a^i\in\mathbb{A}^i$，都有 $Q_i^{\pi^i,\pi^{-i}}(s,a^i)\leqslant V_i^{\pi^i,\pi^{-i}}(s)$。

结合断言 2.5和引理 2.5（将在之后证明），我们得到对于任意 $\tilde{\pi}^i\in\Delta^S_{A^i}$，$s\in\mathbb{S}$，都有 $V_i^{\pi^i,\pi^{-i}}(s)\geqslant V_i^{\tilde{\pi}^i,\pi^{-i}}(s)$。因此，根据定义，$\pi$ 是一个 MPE。

引理 2.5 对于任何玩家 $i\in[n]$，给定 π^{-i}，以下两个命题等价：
1. 对于所有 $s\in\mathbb{S}$ 和 $a^i\in\mathbb{A}^i$，$V_i^{\pi^i,\pi^{-i}}(s)\geqslant Q_i^{\pi^i,\pi^{-i}}(s,a^i)$。
2. 对于所有 $s\in\mathbb{S}$ 和 $\tilde{\pi}^i\in\Delta^S_{A^i}$，$V_i^{\pi^i,\pi^{-i}}(s)\geqslant V_i^{\tilde{\pi}^i,\pi^{-i}}(s)$。

证明 设 $\mathbb{V}$ 为值函数 $\mathbb{S}\to\mathbb{R}$ 的空间，并定义对于任意 $v\in\mathbb{V}$ 的 l_∞-范数为 $\|v\|_\infty=\max_{s\in\mathbb{S}}|v(s)|$。

选择任意的玩家 $i\in[n]$ 并固定 π^{-i}。定义贝尔曼算子 $\Phi^i:\mathbb{V}\to\mathbb{V}$，对于任意 $v\in\mathbb{V}$，$s\in\mathbb{S}$，

$$\Phi^i(v)(s):=\max_{a^i\in\mathbb{A}^i}\left[r^{i,\pi^{-i}}(s,a^i)+\gamma\sum_{s'\in\mathbb{S}}P^{\pi^{-i}}(s'|s,a^i)v(s')\right]$$

注意到, 对于任意的 $\tilde{\pi}^i \in \Delta_{A^i}^S$, $\Phi^i(V_i^{\tilde{\pi}^i,\pi^{-i}})(s) = \max_{a^i \in \mathbb{A}^i} Q_i^{\tilde{\pi}^i,\pi^{-i}}(s,a^i)$, 都有 $Q_i^{\tilde{\pi}^i,\pi^{-i}}(s,a^i) = r^{i,\pi^{-i}}(s,a^i) + \gamma \sum_{s' \in \mathbb{S}} P^{\pi^{-i}}(s'|s,a^i)V_i^{\tilde{\pi}^i,\pi^{-i}}(s')$。

我们首先基于断言 2.6 证明了命题 1 和命题 2 之间的等价性, 其证明在之后给出。

$2 \Rightarrow 1$: 根据命题 2, 对于任意的 $s \in \mathbb{S}$, $V_i^{\pi^i,\pi^{-i}}(s) = \max_{\tilde{\pi}^i \in \Delta_{A^i}^S} V_i^{\tilde{\pi}^i,\pi^{-i}}(s) = v^{i*}(s)$, 这是 Φ^i 的不动点, 根据是断言 2.6。也就是说, 对于任意的 $s \in \mathbb{S}$, $V_i^{\pi^i,\pi^{-i}}(s) = \Phi^i(V_i^{\pi^i,\pi^{-i}})(s) = \max_{a^i \in \mathbb{A}^i} Q_i^{\pi^i,\pi^{-i}}(s,a^i)$, 根据是贝尔曼算子 Φ^i 的定义。命题 1 成立。

$1 \Rightarrow 2$: 如果命题 1 成立, 我们有对于任意的 $s \in \mathbb{S}$, $V_i^{\pi^i,\pi^{-i}}(s) \geqslant \max_{a^i \in \mathbb{A}^i} Q_i^{\pi^i,\pi^{-i}}(s,a^i)$。根据断言 2.6, $V_i^{\pi^i,\pi^{-i}}(s) \leqslant \max_{a^i \in \mathbb{A}^i} Q_i^{\pi^i,\pi^{-i}}(s,a^i)$, 得到 $V_i^{\pi^i,\pi^{-i}}(s) = \max_{a^i \in \mathbb{A}^i} Q_i^{\pi^i,\pi^{-i}}(s,a^i)$。$\Phi^i(V_i^{\pi^i,\pi^{-i}})(s) = \max_{a^i \in \mathbb{A}^i} Q_i^{\pi^i,\pi^{-i}}(s,a^i) = V_i^{\pi^i,\pi^{-i}}(s)$, 意味着 $V_i^{\pi^i,\pi^{-i}}$ 是 Φ^i 的一个不动点。根据断言 2.6, Φ^i 的唯一不动点是 $v^{i*} = V_i^{\pi^i,\pi^{-i}}$。因此, 对于任意的 $s \in \mathbb{S}$, $V_i^{\pi^i,\pi^{-i}}(s) = \max_{\tilde{\pi}^i \in \Delta_{A^i}^S} V_i^{\tilde{\pi}^i,\pi^{-i}}(s)$: 命题 2 成立。

断言 2.6　有以下重要性质:

(1) 对于 l_∞-范数, Φ^i 是一个 γ-收缩映射, 并且有一个唯一的不动点。

(2) 对于任意的 $\tilde{\pi}^i \in \Delta_{A^i}^S$, $s \in \mathbb{S}$, $\Phi^i(V_i^{\tilde{\pi}^i,\pi^{-i}})(s) \geqslant V_i^{\tilde{\pi}^i,\pi^{-i}}(s)$。

(3) 令 $v^{i*} \in \mathbb{V}$ 表示 Φ^i 的不动点, 则 v^{i*} 是最优值函数, 即对于任意的 $s \in \mathbb{S}$, $v^{i*}(s) = \max_{\tilde{\pi}^i \in \Delta_{A^i}^S} V_i^{\tilde{\pi}^i,\pi^{-i}}(s)$。

断言 2.6 的证明　定义 $Q_i^v(s,a^i) = r^{i,\pi^{-i}}(s,a^i) + \gamma \sum_{s' \in \mathbb{S}} P^{\pi^{-i}}(s'|s,a^i)v(s')$, 对于所有 $v \in \mathbb{V}$ 和 $s \in \mathbb{S}$, 有 $\Phi^i(v)(s) = \max_{a^i \in \mathbb{A}^i} Q_i^v(s,a^i)$。

首先证明 Φ^i 是关于 l_∞ 范数的 γ-压缩映射。对于任意的 $v_1, v_2 \in \mathbb{V}$, 设 $\delta = \|v_1 - v_2\|_\infty = \max_{s \in \mathbb{S}} |v_1(s) - v_2(s)|$, 我们要证明 $\|\Phi^i(v_1) - \Phi^i(v_2)\|_\infty \leqslant \gamma\delta$。

对于任意的 $s \in \mathbb{S}$ 和 $a^i \in \mathbb{A}^i$, 观察到 $Q_i^{v_1}(s,a^i) - Q_i^{v_2}(s,a^i) = \gamma \sum_{s' \in \mathbb{S}} P^{\pi^{-i}}(s'|s,a^i)(v_1(s')-v_2(s'))$, 因此 $|Q_i^{v_1}(s,a^i)-Q_i^{v_2}(s,a^i)| \leqslant \gamma \sum_{s' \in \mathbb{S}} P^{\pi^{-i}}(s'|s,a^i)\delta = \gamma\delta$。

不失一般性, 可以假设 $\Phi^i(v_1)(s) \geqslant \Phi^i(v_2)(s)$, 取任意的 $a_1^i \in \arg\max_{a^i \in \mathbb{A}^i} Q_i^{v_1}(s,a^i)$, 有 $\Phi^i(v_2)(s) = \max_{a^i \in \mathbb{A}^i} Q_i^{v_2}(s,a^i) \geqslant Q_i^{v_2}(s,a_1^i) \geqslant Q_i^{v_1}(s,a_1^i) - \gamma\delta = \Phi^i(v_1)(s) - \gamma\delta$, 因此 $|\Phi^i(v_1)(s) - \Phi^i(v_2)(s)| \leqslant \gamma\delta$。根据对称性, 对于 $\Phi^i(v_1)(s) \leqslant \Phi^i(v_2)(s)$ 的情况, 我们可以得到相同的结果。因此, 对于任意的 $s \in \mathbb{S}$, 都有

$|\Phi^i(v_1)(s) - \Phi^i(v_2)(s)| \leqslant \gamma\delta$，即 $\|\Phi^i(v_1) - \Phi^i(v_2)\|_\infty \leqslant \gamma\delta$，所以 Φ^i 是一个 γ-压缩映射。

根据 Banach 不动点定理，我们知道 $\Phi^i : \mathbb{V} \to \mathbb{V}$ 有一个唯一的不动点 $v^{i*} \in \mathbb{V}$。此外，对于任意 $v \in \mathbb{V}$，点序列 $v, \Phi^i(v), \Phi^i(\Phi^i(v)), \cdots$ 收敛到 v^{i*}，即 $\forall s \in \mathbb{S}$，$\lim_{k\to\infty}(\Phi^i)^{(k)}(v)(s) = v^{i*}(s)$，其中 $(\Phi^i)^{(k)} = \Phi^i \circ (\Phi^i)^{(k-1)}$ 以递归方式定义，$(\Phi^i)^{(1)} = \Phi^i$。

接下来，我们可以推导出对于任意的 $\tilde{\pi}^i \in \Delta_{A^i}^S$ 和任意的 $s \in \mathbb{S}$，$\Phi^i(V_i^{\tilde{\pi}^i, \pi^{-i}})(s) \geqslant V_i^{\tilde{\pi}^i, \pi^{-i}}(s)$，因为根据定义，$V_i^{\tilde{\pi}^i, \pi^{-i}}(s) = \sum_{a^i \in \mathbb{A}^i} \tilde{\pi}^i(s, a^i) Q_i^{\tilde{\pi}^i, \pi^{-i}}(s, a^i) \leqslant \max_{a^i \in \mathbb{A}^i} Q_i^{\tilde{\pi}^i, \pi^{-i}}(s, a^i) = \Phi^i(V_i^{\tilde{\pi}^i, \pi^{-i}})(s)$。

最后，我们证明对于任意的 $s \in \mathbb{S}$，$v^{i*}(s) = \max_{\tilde{\pi}^i \in \Delta_{A^i}^S} V_i^{\tilde{\pi}^i, \pi^{-i}}(s)$。对于任意的 $\pi^i \in \Delta_{A^i}^S$，定义算子 $\Psi_{\pi^i}^i : \mathbb{V} \to \mathbb{V}$，对于任意的 $v \in \mathbb{V}$，$s \in \mathbb{S}$，

$$\Psi_{\pi^i}^i(v)(s) := \sum_{a^i \in \mathbb{A}^i} \pi^i(s, a^i) Q_i^v(s, a^i)$$

注意，对于任意的 $\pi^i \in \Delta_{A^i}^S$，$\Psi_{\pi^i}^i$ 也是一个 γ-压缩映射。这是因为对于任意的 $v_1, v_2 \in \mathbb{V}$，满足 $\|v_1 - v_2\|_\infty = \delta$，我们已经证明对于任意的 $s \in \mathbb{S}$ 和任意的 $a^i \in \mathbb{A}^i$，$|Q_i^{v_1}(s, a^i) - Q_i^{v_2}(s, a^i)| \leqslant \gamma\delta$，因此 $|\Psi_{\pi^i}^i(v_1)(s) - \Psi_{\pi^i}^i(v_2)(s)| \leqslant \sum_{a^i \in \mathbb{A}^i} \pi^i(s, a^i)|Q_i^{v_1}(s, a^i) - Q_i^{v_2}(s, a^i)| \leqslant \gamma\delta$，从而 $\|\Psi_{\pi^i}^i(v_1) - \Psi_{\pi^i}^i(v_2)\|_\infty \leqslant \gamma\delta$。对于任意的 $\pi^i \in \Delta_{A^i}^S$，根据定义，我们可以观察到 $V_i^{\pi^i, \pi^{-i}} = \Psi_{\pi^i}^i(V_i^{\pi^i, \pi^{-i}})$。根据 Banach 不动点定理，我们知道 $\Psi_{\pi^i}^i$ 在 $\mathbb{V}$ 中有一个唯一的不动点，因此 $V_i^{\pi^i, \pi^{-i}}$ 恰好是 $\Psi_{\pi^i}^i$ 的唯一不动点。

现在我们任意选择一个策略 $\pi_*^i \in \Delta_{A^i}^S$，使得对于任意 $s \in \mathbb{S}$，$\{a^i \in \mathbb{A}^i : \pi_*^i(s, a^i) > 0\} \subseteq \arg\max_{a^i \in \mathbb{A}^i} Q_i^{v^{i*}}(s, a^i)$。可以看出，对于任意的 $s \in \mathbb{S}$，

$$\Psi_{\pi_*^i}^i(v^{i*})(s) = \max_{a^i \in \mathbb{A}^i} Q_i^{v^{i*}}(s, a^i) = \Phi^i(v^{i*})(s) = v^{i*}(s)$$

由此可得 $\Psi_{\pi_*^i}^i(v^{i*}) = v^{i*}$，因此 v^{i*} 是 $\Psi_{\pi_*^i}^i$ 的一个不动点。由于 $\Psi_{\pi_*^i}^i$ 的唯一不动点是 $V_i^{\pi_*^i, \pi^{-i}}$，有 $V_i^{\pi_*^i, \pi^{-i}} = v^{i*}$，因此，对于任意的 $s \in \mathbb{S}$，$\max_{\tilde{\pi}^i \in \Delta_{A^i}^S} V_i^{\tilde{\pi}^i, \pi^{-i}}(s) \geqslant V_i^{\pi_*^i, \pi^{-i}}(s) = v^{i*}(s)$。

为了证明对于任意的 $s \in \mathbb{S}$，$v^{i*}(s) \geqslant \max_{\tilde{\pi}^i \in \Delta_{A^i}^S} V_i^{\tilde{\pi}^i, \pi^{-i}}(s)$，我们观察到，对于任意的 $v_1, v_2 \in \mathbb{V}$，如果对于任意的 $s \in \mathbb{S}$，$v_1(s) \leqslant v_2(s)$，那么对于任意的 $s \in \mathbb{S}$ 和 $a^i \in \mathbb{A}^i$，$Q_i^{v_1}(s, a^i) \leqslant Q_i^{v_2}(s, a^i)$。因此，$\Phi^i(v_1)(s) = \max_{a^i \in \mathbb{A}^i} Q_i^{v_1}(s, a^i) \leqslant \max_{a^i \in \mathbb{A}^i} Q_i^{v_2}(s, a^i) = \Phi^i(v_2)(s)$。由于对于任意的 $\tilde{\pi}^i \in$

$\Delta_{A^i}^S$，对于任意的 $s \in \mathbb{S}$，$\Phi^i(V_i^{\tilde{\pi}^i, \pi^{-i}})(s) \geqslant V_i^{\tilde{\pi}^i, \pi^{-i}}(s)$，因此有对于任意的 $k \in \mathcal{N}$，$s \in \mathbb{S}$，$(\Phi^i)^{(k+1)}(V_i^{\tilde{\pi}^i, \pi^{-i}})(s) \geqslant (\Phi^i)^{(k)}(V_i^{\tilde{\pi}^i, \pi^{-i}})(s)$，通过归纳可得。由此得到 $V_i^{\tilde{\pi}^i, \pi^{-i}}(s) \leqslant (\Phi^i)^{(k+1)}(V_i^{\tilde{\pi}^i, \pi^{-i}})(s)$。令 $k \to \infty$，我们得到 $V_i^{\tilde{\pi}^i, \pi^{-i}}(s) \leqslant \lim_{k \to \infty}(\Phi^i)^{(k)}(V_i^{\tilde{\pi}^i, \pi^{-i}})(s) = v^{i*}(s)$，因此 $v^{i*}(s) \geqslant \max_{\tilde{\pi}^i \in \Delta_{A^i}^S} V_i^{\tilde{\pi}^i, \pi^{-i}}(s)$。

于是，对于任意的 $s \in \mathbb{S}$，$v^{i*}(s) = \max_{\tilde{\pi}^i \in \Delta_{A^i}^S} V_i^{\tilde{\pi}^i, \pi^{-i}}(s)$。

2.4 近似保证

定理 2.2 断言当且仅当 π 是随机博弈的马尔可夫精炼均衡时，π 是 f 的不动点。现在我们证明 f 具有一些良好的近似性质：如果我们找到 f 的一个 ϵ-近似不动点 π，那么它也是随机博弈的一个 $\mathrm{poly}(|\mathcal{SG}|)\sqrt{\epsilon}$-近似马尔可夫精炼均衡（结合引理 2.6 和引理 2.7）。这意味着 Approximate MPE 的 **PPAD** 成员资格。

引理 2.6 设 $\epsilon > 0$，π 是一个策略组合。如果 $\|f(\pi) - \pi\|_\infty \leqslant \epsilon$，那么对于每个玩家 $i \in [n]$ 和每个状态 $s \in \mathbb{S}$，有

$$\max_{a^i \in \mathbb{A}^i} \left(Q_i^{\pi^i, \pi^{-i}}(s, a^i) - V_i^{\pi^i, \pi^{-i}}(s) \right) \leqslant A_{\max} \left(r_{\max}\sqrt{\epsilon'} + \frac{\sqrt{\epsilon'}}{1 - \gamma} + \epsilon' \right)$$

其中 $\epsilon' = \epsilon \left(1 + \dfrac{A_{\max} r_{\max}}{1 - \gamma} \right)$。

证明 选择任意玩家 $i \in [n]$ 和任意状态 $s \in \mathbb{S}$。为简单起见，对于任意 $a^i \in \mathbb{A}^i$，定义 $Q(a^i) = Q_i^{\pi^i, \pi^{-i}}(s, a^i)$ 和 $M(a^i) = \max \left(0, Q(a^i) - V_i^{\pi^i, \pi^{-i}}(s) \right)$。首先，给出 $M(a^i)$ 的一个上界估计。对于任意 $a^i \in \mathbb{A}^i$，很容易看出：

$$M(a^i) \leqslant Q(a^i) = Q_i^{\pi^i, \pi^{-i}}(s, a^i) \leqslant \frac{r_{\max}}{1 - \gamma}$$

根据条件 $\|f(\pi) - \pi\|_\infty \leqslant \epsilon$，对于任意 $a^i \in \mathbb{A}^i$，有：

$$\pi^i(s, a^i) - \frac{\pi^i(s, a^i) + M(a^i)}{1 + \displaystyle\sum_{b^i \in \mathbb{A}^i} M(b^i)} \leqslant \epsilon$$

$$\Longrightarrow \pi^i(s, a^i) \sum_{b^i \in \mathbb{A}^i} M(b^i) - M(a^i) \leqslant \Big(1 + \sum_{b^i \in \mathbb{A}^i} M(b^i) \Big) \epsilon$$

$$\Longrightarrow \pi^i(s, a^i) \sum_{b^i \in \mathbb{A}^i} M(b^i) \leqslant M(a^i) + \Big(1 + \frac{A_{\max} r_{\max}}{1 - \gamma} \Big) \epsilon$$

设 $\epsilon' = \left(1 + \dfrac{A_{\max} r_{\max}}{1 - \gamma}\right)\epsilon$，则有以下关键不等式：

$$\pi^i(s, a^i) \sum_{b^i \in \mathbb{A}^i} M(b^i) \leqslant M(a^i) + \epsilon' \tag{2.1}$$

记 $\mathbb{A}^i_-$ 为 $\{a^i \in \mathbb{A}^i : M(a^i) = 0\}$，或等价地，$\{a^i \in \mathbb{A}^i : Q(a^i) - V_i^{\pi^i, \pi^{-i}}(a^i) \leqslant 0\}$。令 $t = \displaystyle\sum_{a^i \in \mathbb{A}^i_-} \pi^i(s, a^i)$。

情况 1: $t \geqslant \sqrt{\epsilon'}/r_{\max}$。

根据不等式（2.1），有

$$\sum_{a^i \in \mathbb{A}^i_-} \pi^i(s, a^i) \sum_{b^i \in \mathbb{A}^i} M(b^i) \leqslant \sum_{a^i \in \mathbb{A}^i_-} (M(a^i) + \epsilon')$$

$$\Longrightarrow t \sum_{b^i \in \mathbb{A}^i} M(b^i) \leqslant \sum_{a^i \in \mathbb{A}^i_-} \epsilon'$$

$$\Longrightarrow \sum_{b^i \in \mathbb{A}^i} M(b^i) \leqslant A_{\max}\epsilon'/t = A_{\max} r_{\max} \sqrt{\epsilon'}$$

情况 2: $t < \sqrt{\epsilon'}/r_{\max}$。

根据不等式（2.1），有

$$\forall a^i \in \mathbb{A}^i, \pi^i(s, a^i) \sum_{b^i \in \mathbb{A}^i} M(b^i) \leqslant M(a^i) + \epsilon'$$

$$\Longrightarrow \sum_{a^i \in \mathbb{A}^i} (\pi^i(s, a^i))^2 \sum_{b^i \in \mathbb{A}^i} M(b^i) \leqslant \sum_{a^i \in \mathbb{A}^i} \pi^i(s, a^i) M(a^i) + \epsilon'$$

$$\Longrightarrow \sum_{a^i \in \mathbb{A}^i} (\pi^i(s, a^i))^2 \sum_{b^i \in \mathbb{A}^i} M(b^i) \leqslant \sum_{a^i \in \mathbb{A}^i \setminus \mathbb{A}^i_-} \pi^i(s, a^i) M(a^i) + \epsilon' \tag{2.2}$$

注意到 $V_i^{\pi^i, \pi^{-i}}(s) = \displaystyle\sum_{a^i \in \mathbb{A}^i} \pi^i(s, a^i) Q(a^i)$ 并且对于任意 $a^i \in \mathbb{A}^i \setminus \mathbb{A}^i_-$ 有

$M(a^i) = Q(a^i) - V_i^{\pi^i, \pi^{-i}}(s)$，所以

$$0 = \sum_{a^i \in \mathbb{A}^i} \pi^i(s, a^i)(Q(a^i) - V_i^{\pi^i, \pi^{-i}}(s))$$

$$= \sum_{a^i \in \mathbb{A}^i \setminus \mathbb{A}^i_-} \pi^i(s, a^i) M(a^i) + \sum_{a^i \in \mathbb{A}^i_-} \pi^i(s, a^i)(Q(a^i) - V_i^{\pi^i, \pi^{-i}}(s))$$

因此

$$\sum_{a^i \in \mathbb{A}^i \setminus \mathbb{A}^i_-} \pi^i(s, a^i) M(a^i) = \sum_{a^i \in \mathbb{A}^i_-} \pi^i(s, a^i)(V_i^{\pi^i, \pi^{-i}}(s) - Q(a^i))$$

$$\leqslant \frac{r_{\max}}{1 - \gamma} t < \frac{\sqrt{\epsilon'}}{1 - \gamma}$$

此外，观察到 $\displaystyle\sum_{a^i \in \mathbb{A}^i} (\pi^i(s, a^i))^2 \geqslant \frac{1}{A_{\max}}$。将这些量代入不等式 (2.2)，得到:

$$\frac{1}{A_{\max}} \sum_{b^i \in \mathbb{A}^i} M(b^i) \leqslant \frac{\sqrt{\epsilon'}}{1 - \gamma} + \epsilon'$$

由此可得 $\displaystyle\sum_{b^i \in \mathbb{A}^i} M(b^i) \leqslant A_{\max}(\frac{\sqrt{\epsilon'}}{1 - \gamma} + \epsilon')$。

综上所述,结合两种情况,我们得到 $\displaystyle\sum_{b^i \in \mathbb{A}^i} M(b^i) \leqslant A_{\max} \left(r_{\max} \sqrt{\epsilon'} + \frac{\sqrt{\epsilon'}}{1 - \gamma} + \epsilon' \right)$。

因此, 对于每个 $a^i \in \mathbb{A}^i$, 有 $Q_i^{\pi^i, \pi^{-i}}(s, a^i) - V_i^{\pi^i, \pi^{-i}}(s) \leqslant M(a^i) \leqslant \displaystyle\sum_{b^i \in \mathbb{A}^i} M(b^i) \leqslant$

$A_{\max} \left(r_{\max} \sqrt{\epsilon'} + \frac{\sqrt{\epsilon'}}{1 - \gamma} + \epsilon' \right)$, 证毕。

引理 2.7 设 $\epsilon > 0$, π 是一个策略组合。如果对于每个玩家 $i \in [n]$ 和每个状态 $s \in \mathbb{S}$, 满足 $\max_{a^i \in \mathbb{A}^i} Q_i^{\pi^i, \pi^{-i}}(s, a^i) - V_i^{\pi^i, \pi^{-i}}(s) \leqslant \epsilon$, 那么 π 是一个 $\epsilon/(1 - \gamma)$-近似的马尔可夫精炼均衡。

证明 回想证明引理 2.5 时定义的映射 $\Phi^i : \mathbb{V} \to \mathbb{V}$, 即贝尔曼算子, 设 $v^{i*} \in \mathbb{V}$ 是 Φ^i 的唯一不动点, 回想对于任意 $s \in \mathbb{S}$, $v^{i*}(s) = \max_{\tilde{\pi}^i \in \Delta_{A^i}^S} V_i^{\tilde{\pi}^i, \pi^{-i}}(s)$。

选取任意玩家 $i \in [n]$,根据假设,对于每个状态 $s \in \mathbb{S}$,有 $\max_{a^i \in \mathbb{A}^i} Q_i^{\pi^i, \pi^{-i}}(s, a^i) - V_i^{\pi^i, \pi^{-i}}(s) \leqslant \epsilon$。另外, $V_i^{\pi^i, \pi^{-i}}(s) \leqslant \max_{a^i \in \mathbb{A}^i} Q_i^{\pi^i, \pi^{-i}}(s, a^i)$, 因此有

$$|V_i^{\pi^i, \pi^{-i}}(s) - \max_{a^i \in \mathbb{A}^i} Q_i^{\pi^i, \pi^{-i}}(s, a^i)| \leqslant \epsilon$$

于是 $\|V_i^{\pi^i, \pi^{-i}} - \Phi^i(V_i^{\pi^i, \pi^{-i}})\|_\infty \leqslant \epsilon$。

由于 Φ^i 是一个 γ-压缩映射,

$$\|v^{i*} - \Phi^i(V_i^{\pi^i, \pi^{-i}})\|_\infty = \|\Phi^i(v^{i*}) - \Phi^i(V_i^{\pi^i, \pi^{-i}})\|_\infty \leqslant \gamma \|v^{i*} - V_i^{\pi^i, \pi^{-i}}\|_\infty$$

另外, 由三角不等式

$$\|v^{i*} - \Phi^i(V_i^{\pi^i, \pi^{-i}})\|_\infty + \|V_i^{\pi^i, \pi^{-i}} - \Phi^i(V_i^{\pi^i, \pi^{-i}})\|_\infty \geqslant \|v^{i*} - V_i^{\pi^i, \pi^{-i}}\|_\infty$$

从而

$$\|V_i^{\pi^i,\pi^{-i}} - \Phi^i(V_i^{\pi^i,\pi^{-i}})\|_\infty \geqslant (1-\gamma)\|v^{i*} - V_i^{\pi^i,\pi^{-i}}\|_\infty$$

于是得到

$$\|v^{i*} - V_i^{\pi^i,\pi^{-i}}\|_\infty \leqslant \frac{1}{1-\gamma}\|V_i^{\pi^i,\pi^{-i}} - \Phi^i(V_i^{\pi^i,\pi^{-i}})\|_\infty \leqslant \frac{\epsilon}{1-\gamma}$$

由此可知，对于任意 $s \in \mathbb{S}$，$\tilde{\pi}^i \in \Delta_{A^i}^S$，有如下不等式成立：

$$V_i^{\tilde{\pi}^i,\pi^{-i}}(s) - V_i^{\pi^i,\pi^{-i}}(s) \leqslant v^{i*}(s) - V_i^{\pi^i,\pi^{-i}}(s)$$

$$\leqslant \|v^{i*} - V_i^{\pi^i,\pi^{-i}}\|_\infty$$

$$\leqslant \frac{\epsilon}{1-\gamma}$$

根据定义，可以得出 π 是一个 $\epsilon/(1-\gamma)$-近似的马尔可夫精炼均衡。

作为总结，结合引理 2.6 和引理 2.7，我们得到引理 2.2，从而完成了定理 2.1 的证明。

2.5　本章总结与讨论

对于一般和随机博弈中的马尔可夫精炼均衡，长期以来仅有的了解是至少是 **PPAD** 难的问题，但其计算复杂性悬而未决。在本章中，我们证明了在有限状态、无限时间、折扣奖励的博弈中计算 MPE 是 **PPAD** 完全的。我们希望我们的结果能够鼓励多智能体强化学习研究人员研究一般和随机博弈中的 MPE 求解，并提出样本高效的多智能体强化学习解决方案，从而推动更加繁荣的算法发展，推广当前在零和博弈中所取得的成果。

第3章 区块链中的矿池挖矿均衡

3.1 引言

区块链作为近年来兴起的一种新技术，对国内外经济社会的发展产生了深远的影响。比特币作为区块链领域的开拓者，首次创造了一个不需要可信第三方的电子支付系统。它开创性地使用工作量证明来激励所有矿工竞争解决密码难题（该过程也被称为挖矿），其中获胜者将获得记账权来生成新的区块并获得新铸造的代币（token）。随着越来越多的算力投入挖矿中，单个矿工可能需要几个月甚至几年的时间才能成功挖出一个区块。为了降低不确定性，一种称为矿池的形态出现，许多矿工选择加入矿池来共享他们的计算资源。在矿池管理员的带领下，一个矿池中的所有矿工并行解决同一个难题、分享出块奖励。

在比特币系统中，如果所有参与者都诚实行事，一个矿工的期望收益将与其算力成正比。然而，在现实中，矿工是理性的，他们可能会采取策略行为来试图提升自己的期望收益。因此，博弈论自然而然地成为分析比特币协议鲁棒性的有力工具。一直以来，人们都期望证明比特币协议是激励相容的，可以有效抵抗策略行为。

然而，一份开创性的工作打破了这种期望。Eyal 和 Sirer 提出区块链中最为著名的博弈攻击——自私挖矿策略，该攻击背后的关键思想是诱使诚实矿工浪费他们的算力，从而使得自私矿池可以获得比其算力占比更多的收益。该工作证明比特币的设计事实上并不是激励相容的。其后的工作扩展了自私挖矿的动作空间，并将其建模为马尔可夫决策过程（Markov Decision Process，MDP），提出一种新技术来解决具有非线性目标函数的马尔可夫决策过程，从而获得了更强有力的自私挖矿策略。此后，一系列工作在其他矿池会严格遵守区块链协议的假设下，研究和探索了相关的挖矿策略及其变种。

与之形成鲜明对比的是，在已知存在矿池策略性挖矿的情况下，其他矿池的理性反制很少受到关注，针对该问题的探讨对于研究参与者之间的策略交互和洞悉区块链系统的稳定状态具有重要意义。我们提出并研究了以下重要问题，阐释区块链中矿池挖矿将会达到的均衡结果：

> 矿池能否从博弈角度策略性地抵御自私挖矿攻击？
> 更进一步，包含多个理性矿池的生态系统最终会达到什么样的均衡？

主要贡献与结论

为了解答上述问题，我们首先提出一种称为远见挖矿（insightful mining）的策略。一旦检测到自私矿池，采用远见挖矿策略的远见矿池可以将卧底矿工渗透到自私矿池中以监测其隐藏区块的数量。有了这个关键信息，远见矿池可以清楚地知晓全局的实时状态，从而据此做出策略性的反应。概括来说，当观察到自私矿池所持子链的区块数量处于领先地位时，远见矿池会采取诚实的行为，以尽快结束其领先优势；而当远见矿池处于领先地位时，它将自私矿池和诚实矿池统一视为"他人"、采取类似于自私挖矿的策略。

这样一来，系统将由 3 种类型的参与者组成：诚实矿池、自私矿池和远见矿池。在不同的挖矿策略下，3 类参与者在挖矿竞争中可能持有不同的子链以及不对称的信息：遵循协议的诚实矿池具有公共信息，维护一条公开的诚实子链；自私矿池会维护一条自私子链，并且知道公开子链及其自私子链的长度；基于安插的卧底，远见矿池可以洞察所有信息，得知诚实子链、自私子链及其远见子链的长度。我们将它们的交互建模为具有无限状态的二维马尔可夫奖励过程，并进一步证明，当自私矿池和远见矿池拥有相同的算力时，远见矿池可以获得比自私矿池严格更大的期望收益。这表明额外的洞察力可以大大逆转自私矿池的优势，使得原本利益受损的玩家反败为胜。

同时，除了抵御自私挖矿攻击外，远见挖矿也可以直接作为一种挖矿策略。因此，我们继续探索了所有 n 个矿池都有可能采取策略的场景，并将它们之间的交互建模为一个挖矿博弈，其中每个矿池都会安插卧底到其他所有矿池中来监视它们的行为、获取全局状态，并选择遵守协议诚实挖矿或采取远见挖矿策略。这样，一个矿池博弈可以被表述为一个 n 玩家正则形式博弈（norm-form game）。值得一提的是，尽管有 2^n 种不同的纯策略组合，但我们可以明确表示出每个参与者的收益函数，并进一步给出挖矿博弈中纳什均衡的刻画定理。具体来说，该定理有 3 个推论：① 任意挖矿博弈都有一个纯策略纳什均衡；② 无论算力如何分配，均衡状态下系统中最多有两个远见矿池；③ 如果最大矿池拥有的算力占比不超过 1/3，那么诚实挖矿是纳什均衡。这些结果是令人惊讶的，以①为例，一般情况下，纯策略纳什均衡的存在性是无法保证的。

除了上述理论结果之外，我们还进行了一系列模拟实验来理解远见挖矿策略。首先，本章探索了远见挖矿策略在远见矿池和自私矿池具有不同挖矿能力时的收益，模拟结果表明，即使远见矿池拥有的算力比自私矿池少，它也可以获得相比于自私矿池更多的收益。其次，我们通过马尔可夫决策过程学习出了最优远见挖矿策略，该策略告诉我们，在挖矿竞争中，当远见矿池维护的子链长度被反超时，再坚持一下继续在该子链上挖矿有时是比立即放弃更好的选择。最后，我们关注矿池博弈并将参与者的均衡策略及其相应的收益进行可视化。

本章结构如下：在 3.2 节中，我们介绍了问题的研究背景和相关工作。在 3.3 节中，我们介绍本章的系统模型和远见挖矿策略。在 3.4 节中，我们对远见挖矿策略进行收益分析。在 3.5 节中，我们进一步描述多个矿池的挖矿博弈及其均衡情况。之后，在 3.6 节中，我们进行一系列模拟实验，以帮助理解远见挖矿和理论结果；最后，在 3.7 节我们进行结论总结，并讨论卧底矿工在自私挖矿和区块链其他场景中的应用，这为未来的研究方向提供了新的思路。

3.2　研究背景及相关工作

以比特币为例的区块链系统主要采用名为工作量证明（Proof of Work，PoW）的方式决定分布式系统中的记账权分配问题。在工作量证明的共识算法中，矿工需要解决一个复杂的数学难题，以获得在区块链上添加新区块的权利。这个数学难题的解需要大量的计算功率，保证了安全性和不可篡改性。当一个矿工找到了一个满足条件的解，并将其广播给网络上的其他节点后，其他节点会验证这个解的有效性，并将其识别为下一个区块。

在这种工作量证明共识算法下，研究者发现存在自私挖矿策略可以让矿工获得更多的收益。经典的自私挖矿攻击在 2014 年首次被提出，他们在数学分析时使用了马尔可夫奖励过程。观察到经典的自私挖矿策略在大参数空间下可能不是最优的，后续工作进一步将该策略推广为马尔可夫决策过程，以试图寻找最优的自私挖矿策略。例如，为了解决具有非线性目标函数的平均马尔可夫决策过程，一项研究提出一个二分搜索过程，将问题转换为一系列标准 MDP。该方法也被我们用来学习最优远见挖矿策略。另一项工作提出一种称为概率终止优化（Probabilistic Termination Optimization）的方法，可以将解决平均马尔可夫决策过程转换为仅解决一个标准的马尔可夫决策过程。

由于巨大的状态空间和复杂的马尔可夫奖励过程，研究包含自私矿池在内的多个策略矿池之间的交互非常具有挑战，因此，许多工作从实验模拟角度入手，例如，Liu 等针对包含多个自私矿池或多个顽固矿池的系统进行模拟、给出了一些实验结果。同时基于深度强化学习技术，一个名为 SquirRL 的新框架被提出，其实验结果表明，面对自私挖矿时，同样采用自私挖矿策略可能不是最优选择。我们通过提供远见挖矿策略和进一步的理论分析证明了这一结果。SquirRL 的最大优势是深度强化学习带来的更大的策略空间，然而我们强调它并不能涵盖我们的远见挖矿策略，因为该策略用到来自卧底矿工的洞察信息，而这在广泛的自私挖矿环境中还没有被讨论过。

据我们所知，从理论上研究多个自私矿池均衡的最相关的工作只有一篇。由于经典自私挖矿策略中无限状态导致的分析上的困难，他们提出一种策略的简化版本，称为半自私挖矿（semi-selfish mining），它要求策略性矿池所维护的子链长度最多为 2。这样的限制使得当存在有限数量的半自私矿工时，马尔可夫奖励过程具有有限的状态，因此大幅降低了均衡分析的难度。然而，我们的远见挖矿策略会与经典的自私挖矿策略进行对抗，并且其本身也可能持有任意长的子链。虽然这导致具有无限数量状态的二维马尔可夫奖励过程，但我们通过数学技巧成功得到了分析相对收益的定理（定理 3.1 ）和均衡刻画结果（定理 3.2 ）。

3.3　远见挖矿策略

在本节中，我们介绍工作量证明共识下的挖矿模型，以及我们提出的远见挖矿策略。考虑一个包含 n 个矿工的系统，每个矿工 i 拥有的算力占比为 m_i，即 $\sum_{i=1}^{n} m_i = 1$。令 $\mathcal{H}$、$\mathcal{S}$ 和 $\mathcal{I}$ 分别表示诚实矿工、自私矿工和远见矿工的集合。由于诚实矿工会严格遵守协议、不隐藏任何的区块信息，因此可以将他们视为一个整体，称为诚实矿池。类似地，所有采取自私挖矿策略的自私矿工组合在一起，被视为自私矿池；其他矿工则组成了远见矿池，他们将采取远见挖矿策略。我们用 α 和 β 分别表示自私矿池和远见矿池拥有算力的占比，即 $\alpha = \sum_{i \in \mathcal{S}} m_i$，$\beta = \sum_{i \in \mathcal{I}} m_i$，那么诚实矿池拥有的算力占比为 $1 - \alpha - \beta$。我们假设广播一个区块的时间可以忽略不计，同时忽略交易费的收益。换句话说，矿池的收益主要来自区块奖励。另外，我们将时间离散化，假设区块的产生为一个随机过程，在每个时隙内会生成一个新区块。

现在我们描述远见挖矿策略。在描述该策略的细节前，先说明远见矿池可以通过安插卧底得知自私矿池隐藏块的数量。首先，远见矿池的管理员假装成一个矿工加入自私矿池中[①]，作为自私矿池的成员，它会从自私矿池的管理员那里收到一系列挖矿任务，从每个任务中可以解析出前一个区块的哈希值，通常这个哈希值应当对应主链的最后一个区块。但是，当自私矿池挖出一个区块时[②]，该矿池的管理员不会在全网公布这个区块，而是选择私藏，并且基于它在矿池内发布一个新的挖矿任务。从卧底矿工的视角看，系统中并没有新发布的区块，但是自

[①] 在矿池注册并完成相关配置后即可加入并参与挖矿。

[②] 更准确地说，自私矿池中的一个矿工找到了一个满足要求的随机数并且将它提交给了矿池管理员。

私矿池的管理员却发布了一个基于未知区块的新任务。因此他有理由相信自私矿池的管理员隐藏了新挖出来的区块,更进一步,自私矿池隐藏块的数量恰好等于最近收到的与链上区块哈希值无法匹配的任务数量。

通过安插卧底[①],远见矿池对整个系统的状态有一个清晰的了解,可以清楚地知道其他矿池的挖矿进度。在挖矿竞争中,虽然所有矿池都是在当前主链后进行挖矿,但 3 个玩家可能持有不同的子链(也称为分支)。令 l_h、l_s、l_i 分别表示诚实子链、自私子链和远见子链的长度。在挖矿过程中,诚实矿池只知道公开的信息 l_h,自私矿池则只知道 l_h 和 l_s,远见矿池可以得知所有子链长度 l_h、l_s 和 l_i。3 个矿池会根据自己的信息进行竞争、生成区块。他们的竞争以轮为单位进行,每一轮都从对当前全局最长链达成共识开始,当自私矿池和远见矿池公布了他们的所有隐藏区块,或者他们没有私藏区块而诚实矿池顺利挖到了一个区块(参见下面的情况一)时,一轮竞争结束、对当前的最长链达成新的全局共识。在一轮竞争中,会出现以下 3 种情况。

情况一: 诚实矿池生成了第一个区块。以 $1-\alpha-\beta$ 的概率,诚实矿池会挖出第一个区块并立刻广播它。在这种情况下,远见矿池会接受这个新生成的区块并且在它之后继续挖矿。根据自私挖矿策略的定义,自私矿池也会这样做。因此,在这种情况下所有参与者会立即达成全局共识并且开始下一轮竞争。

情况二: 自私矿池生成了第一个区块。以 α 的概率,自私矿池会挖出第一个区块。根据自私挖矿策略的定义,自私矿池会将其隐藏进一步扩大他的领先优势。远见矿池在通过卧底矿工观察到这一行为后,采取改良诚实策略,直到自私矿池释放出所有隐藏的区块。改良诚实策略与诚实策略的唯一不同点在于,诚实矿池在面对两条高度相同的子链时会等概率地随机选择其中一条跟在后面继续挖矿,而采取改良诚实策略的远见矿池则会确定性地选择诚实子链。该策略背后的主要想法是通过在诚实分支上挖矿,促使自私矿池放出所有隐藏区块,以尽快结束其领先优势。值得一提的是,在这个过程中自私矿池并不知道远见矿池的存在。

情况三: 远见矿池生成了第一个区块。以 β 的概率,远见矿池会挖出第一个区块。当挖出第一个区块后,他会隐藏这个区块并采取以下行为:远见矿池会密切关注诚实子链和自私子链上的区块数量,在接下来的竞争中,如果远见矿池的领先优势大于 1(即 $l_i - \max(l_h, l_s) > 1$),则一直隐藏新挖出的区块;当领先优势小于或等于 1 时,一次性释放出隐藏的所有区块。远见矿池发布区块的方式和自私矿池稍有不同,回想一下,自私矿池会根据诚实子链上新挖到的区块而逐个释放其隐藏区块。两种公布隐藏区块的方式并不会影响策略本身带来的收益,但在最后一刻释放所有区块可以避免在竞争过程中让其他人意识到远见矿池正在采

---

① 我们假设这个卧底的算力和来自自私矿池的收益可以忽略不计。

用策略行为, 从而保证其他玩家不知道远见矿池的存在。

上述 3 种情况完整描述了远见挖矿策略。值得一提的是, 该策略只用到自私矿池隐藏区块的数量, 而没有使用其他信息 (如隐藏区块的哈希值)。尽管远见挖矿策略用到的额外信息很少, 但该策略还是完美地解决了本章的第一个问题, 即通过采用远见挖矿, 矿池可以具有策略性地抵御自私挖矿攻击。图 3.1 展示了整个策略的算法流程。我们强调, 即使系统中没有自私矿池, 远见挖矿也可以作为一个独立的挖矿策略被使用, 只是此时情况二永远不会出现。

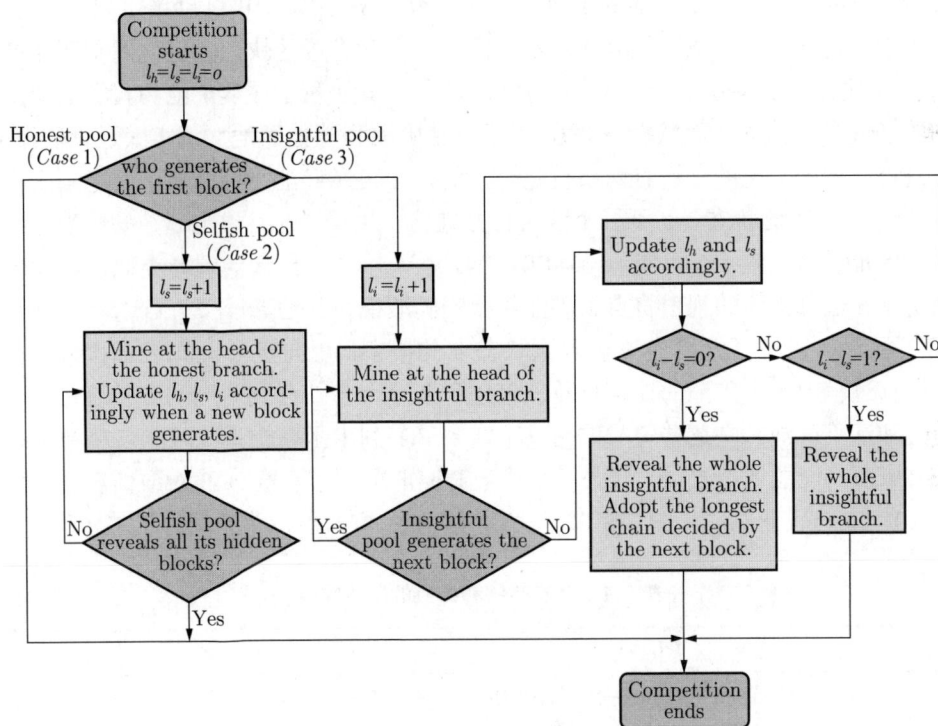

图 3.1　远见挖矿策略的流程图

注意到, 整个系统中使用不同策略的参与者拥有的信息是不对称的。每个矿池都可以用其策略性思考的深度刻画, 而这些思考深度构成了一个迭代的理性层级。

- 层级零: 诚实矿池会诚实地遵循协议并且拥有的信息只有公开分支长度, 即 l_h。
- 层级一: 自私矿池作为层级一的参与者, 认为其他的参与者均为层级零玩家。他采用自私挖矿策略, 藏有自私分支, 拥有的信息包含诚实分支的长度 l_h 和自私分支的长度 l_s。

- 层级二。远见矿池是更为复杂的层级二参与者，他清楚地知道系统中还同时存在层级零和层级一的玩家。得益于安插的卧底，他可以知道系统中所有的信息（即 l_h、l_s 和 l_i）并且采用远见挖矿策略。

接下来，为了分析不同参与者的期望相对收益，我们用一个二维向量 $s = (x, y)$ 表示系统的状态，所有状态的集合定义为 $\mathbb{S}$，并且进一步将挖矿建模成一个马尔可夫奖励过程（Markov Reward Process）。该二维向量中的 x 表示自私矿池领先于诚实矿池的区块数量，即自私矿池隐藏区块的数量。类似地，y 用来表示远见矿池领先自私矿池的数量。因此，有 $x, y \in \mathbb{N} \cup \{0'\}$。其中，零表示自私矿池（对应于 x）或远见矿池（对应于 y）没有隐藏区块，它包含两种可能的状态，因此用 0 和 0′ 区分。以 x 为例，状态 $x = 0$ 表示诚实矿池和自私矿池维护的子链是同一条，而状态 $x = 0'$ 表示自私矿池和其他矿池（诚实或远见矿池）分别持有相同长度的子链且两条链是公开的，即自私矿池已经公布了其隐藏的所有区块。在 0′ 的状态下，下一个区块将打破这一平局，并且决定哪一条成为系统认可的最长链。对于 y，状态 0 和 0′ 的含义与上述关于 x 的解释类似，唯一区别是站在远见矿池的视角将自私矿池和诚实矿池视为其他。

令 $P[s, \tilde{s}]$ 表示从状态 s 转移到状态 $\tilde{s}$ 的概率，用向量 $r[s, \tilde{s}]$ 表示在这个状态转移过程中各个矿池的期望收益，它包含 3 个分量，分别对应诚实矿池、自私矿池和远见矿池。在这些符号的帮助下，表 3.1 列出了整个系统可能出现的状态转移以及对应的期望收益。其中，编号 1 对应情况一，编号 2~9 对应情况二，编号 10~24 对应情况三。图 3.2 以一种更为直观的方式展示了系统的状态转移图。

表 3.1　状态转移和相应的期望收益

编号	状态 s	状态 $\tilde{s}$	$P[s, \tilde{s}]$	$r[s, \tilde{s}]$	条件
1	(0,0)	(0,0)	$1 - \alpha - \beta$	(1,0,0)	
2	(0,0)	(1,0)	α	(0,0,0)	
3	(1,0)	(0′,0)	$1 - \alpha - \beta$	(0,0,0)	
4	(0′,0)	(0,0)	1	$\left(\dfrac{3-3\alpha-\beta}{2}, \dfrac{1+3\alpha-\beta}{2}, \beta\right)$	
5	(1,0)	(1,0′)	β	(0,0,0)	
6	(1,0′)	(0,0)	1	$\left(1-\alpha-\beta, \dfrac{1+3\alpha-\beta}{2}, \dfrac{1-\alpha+3\beta}{2}\right)$	
7	(x,0)	(x+1,0)	α	(0,0,0)	$\forall x \geqslant 1$
8	(2,0)	(0,0)	$1 - \alpha$	(0,2,0)	
9	(x,0)	(x−1,0)	$1 - \alpha$	(0,1,0)	$\forall x \geqslant 3$
10	(0,0)	(0,1)	β	(0,0,0)	
11	(0,1)	(1,0′)	α	(0,0,0)	

续表

编号	状态 s	状态 $\tilde{s}$	$P[s,\tilde{s}]$	$r[s,\tilde{s}]$	条件
12	$(0,1)$	$(0,0')$	$1-\alpha-\beta$	$(0,0,0)$	
13	$(0,0')$	$(0,0)$	1	$\left(\dfrac{3-2\alpha-3\beta}{2},\alpha,\dfrac{1+3\beta}{2}\right)$	
14	$(0,1)$	$(0,2)$	β	$(0,0,0)$	
15	$(0,2)$	$(0,0)$	$1-\beta$	$(0,0,2)$	
16	(x,y)	$(x,y+1)$	β	$(0,0,0)$	$\forall x\in\{0'\}\bigcup\mathbb{N},\,y\geqslant 2$
17	$(0,y)$	$(0,y-1)$	$1-\alpha-\beta$	$(0,0,1)$	$\forall y\geqslant 3$
18	(x,y)	$(x+1,y-1)$	α	$(0,0,1)$	$\forall x\geqslant 0,\,y\geqslant 3$
19	$(1,y)$	$(0',y)$	$1-\alpha-\beta$	$(0,0,0)$	$\forall y\geqslant 2$
20	$(2,y)$	$(0,y)$	$1-\alpha-\beta$	$(0,0,0)$	$\forall y\geqslant 2$
21	(x,y)	$(x-1,y)$	$1-\alpha-\beta$	$(0,0,0)$	$\forall 3\geqslant 2,\,y\geqslant 2$
22	$(x,2)$	$(0,0)$	α	$(0,0,2)$	$\forall x\geqslant 1$
23	$(0',2)$	$(0,0)$	$1-\beta$	$(0,0,2)$	
24	$(0',y)$	$(0,y-1)$	$1-\beta$	$(0,0,1)$	$\forall y\geqslant 3$

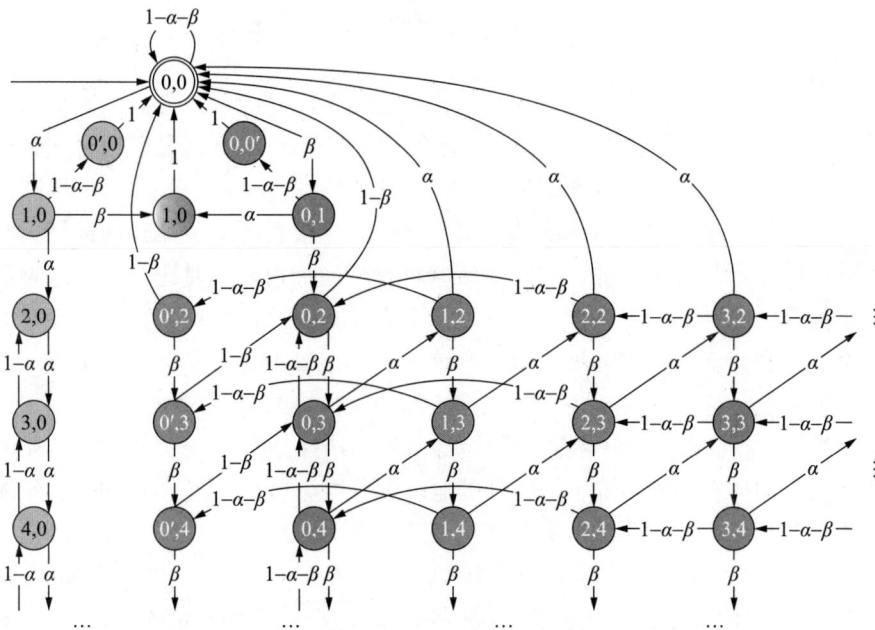

图 3.2　远见挖矿策略下系统的马尔可夫过程

3.4　策略收益分析

在本节中,我们分析构建出的马尔可夫奖励过程,并计算每种策略的期望收益。令所有矿池的集合为 $M := \{H, IM, SM\}$。对于每个玩家 $i \in M$，其相对收益函数（记作 RREV_i）定义如下：

$$
\mathrm{RREV}_i = \mathbb{E}\left[\liminf_{T \to \infty} \frac{\sum\limits_{t=1}^{T} \boldsymbol{r}_i[\boldsymbol{s}_t, \boldsymbol{s}_{t+1}] \mid \boldsymbol{s}_0 = (0,0), \boldsymbol{s}_{t+1} \sim \boldsymbol{P}[\boldsymbol{s}_t, \boldsymbol{s}_{t+1}]}{\sum\limits_{t=1}^{T} \sum\limits_{j \in M} \boldsymbol{r}_j[\boldsymbol{s}_t, \boldsymbol{s}_{t+1}] \mid \boldsymbol{s}_0 = (0,0), \boldsymbol{s}_{t+1} \sim \boldsymbol{P}[\boldsymbol{s}_t, \boldsymbol{s}_{t+1}]}\right]
$$

注意，转移概率 $\boldsymbol{P}[\boldsymbol{s}_t, \boldsymbol{s}_{t+1}]$、期望收益 $\boldsymbol{r}_i[\boldsymbol{s}_t, \boldsymbol{s}_{t+1}]$ 和相对收益函数 RREV_i 应当取决于 α 和 β，这里我们简化了符号。

令 $\mathrm{Markov}(\alpha, \beta)$ 表示图 3.2 对应的马尔可夫奖励过程。类似于先前的工作，本节关注自私矿池和远见矿池拥有相同算力的场景。定理 3.1 表明，在 $\alpha = \beta$ 的情况下，远见矿池的收益严格大于自私矿池的收益。对于两个矿池拥有不同算力的场景（即 $\alpha \neq \beta$），将在 3.6.1 节进行讨论。

定理 3.1　令 α 和 β 分别表示自私矿池和远见矿池拥有的算力占比。当 $0 < \alpha = \beta < \dfrac{1}{2}$ 时，$\mathrm{RREV}_{SM}(\alpha, \beta) < \mathrm{RREV}_{IM}(\alpha, \beta)$ 始终成立。

在进行严格的证明之前，我们先给出定理 3.1 成立的一些直观原因。这个定理第一个能够成立的原因是，当自私矿池领先时（情况二），远见矿池会选择与诚实矿池进行合作，成为一个整体；但是当远见矿池领先时（情况三），自私矿池仍然选择与诚实矿池竞争，诱导其在落后的分支上浪费算力，此时如果将自私矿池和诚实矿池看作一个整体，该竞争策略将导致他们内耗。对比之下，远见矿池的策略更有优势。另一个原因是，当面对两条长度相同的子链（一个是诚实分支，另一个是自私分支）时，远见矿池可以清楚地知道哪条是自私矿池的子链，然后选择与之对抗、选择在另一条子链上挖矿；相反，当面对相同长度的诚实子链和远见子链时，自私矿池并不能区分，会等概率地选择其中之一。这两个原因使得，在两者具有同样算力的情况下，远见矿池可以获得比自私矿池更多的收益。当然，需要指出的是，上述并非该定理的证明思路。下面给出严谨的证明过程。

证明　该证明分为两部分，我们首先讨论 $\mathrm{Markov}(\alpha, \beta)$ 的稳态分布（stationary distribution）存在的情况。我们将这个稳态分布记作 π，其中 $\pi_{(i,j)}$ 表示状态 (i, j) 的稳态概率（stationary probability）。令 $\mathbb{S}$ 表示 $\mathrm{Markov}(\alpha, \beta)$ 中的所有状态组成的集合，$\mathbb{S}$ 是一个可数集。

令 $\mathrm{ER}_H(\alpha, \beta), \mathrm{ER}_{SM}(\alpha, \beta), \mathrm{ER}_{IM}(\alpha, \beta)$ 分别表示诚实矿池、自私矿池和远见矿池在稳态分布下的期望收益。它们的计算方式如下：

对于每个 $i \in \{H, SM, IM\}$，有

$$\mathrm{ER}_i(\alpha, \beta) = \sum_{s \in \mathbb{S}} \sum_{\tilde{s} \in \mathbb{S}} \boldsymbol{P}[\boldsymbol{s}, \tilde{\boldsymbol{s}}] \cdot \boldsymbol{r}_i[\boldsymbol{s}, \tilde{\boldsymbol{s}}] \cdot \pi_s$$

其中 $\boldsymbol{r}_H[\boldsymbol{s}, \tilde{\boldsymbol{s}}]$、$\boldsymbol{r}_{SM}[\boldsymbol{s}, \tilde{\boldsymbol{s}}]$ 和 $\boldsymbol{r}_{IM}[\boldsymbol{s}, \tilde{\boldsymbol{s}}]$ 分别表示收益向量 $\boldsymbol{r}[\boldsymbol{s}, \tilde{\boldsymbol{s}}]$ 的第一、二、三个分量（即 $\boldsymbol{r}[\boldsymbol{s}, \tilde{\boldsymbol{s}}][0]$，$\boldsymbol{r}[\boldsymbol{s}, \tilde{\boldsymbol{s}}][1]$ 和 $\boldsymbol{r}[\boldsymbol{s}, \tilde{\boldsymbol{s}}][2]$）。

因此，自私矿池和远见矿池的相对收益可以表示为

$$\mathrm{RREV}_{SM}(\alpha, \beta) = \frac{\mathrm{ER}_{SM}(\alpha, \beta)}{\mathrm{ER}_H(\alpha, \beta) + \mathrm{ER}_{SM}(\alpha, \beta) + \mathrm{ER}_{IM}(\alpha, \beta)}$$

以及

$$\mathrm{RREV}_{IM}(\alpha, \beta) = \frac{\mathrm{ER}_{IM}(\alpha, \beta)}{\mathrm{ER}_H(\alpha, \beta) + \mathrm{ER}_{SM}(\alpha, \beta) + \mathrm{ER}_{IM}(\alpha, \beta)}$$

我们给出 $\mathrm{ER}_{IM}(\alpha, \beta)$ 的一个下界，然后证明这个下界严格大于 $\mathrm{ER}_{SM}(\alpha, \beta)$。因为下界严格大于 $\mathrm{ER}_{SM}(\alpha, \beta)$，以此可以推出 $\mathrm{RREV}_{IM}(\alpha, \beta) > \mathrm{RREV}_{SM}(\alpha, \beta)$ 始终成立。

首先将 $\mathrm{ER}_{SM}(\alpha, \beta)$ 表示为 $h_1(\alpha, \beta) \cdot \pi_{(0,0)}$ 的形式。考虑 $\mathrm{Markov}(\alpha, \beta)$ 的稳态分布，可以得到以下等式：

$$
\begin{cases}
\pi_{(1,0)} = \alpha \pi_{(0,0)} \\
\pi_{(0,1)} = \beta \pi_{(0,0)} \\
\pi_{(1,0')} = \beta \pi_{(1,0)} + \alpha \pi_{(0,1)} \\
\pi_{(0',0)} = (1 - \alpha - \beta) \pi_{(1,0)} \\
\pi_{(0,0')} = (1 - \alpha - \beta) \pi_{(0,1)} \\
\pi_{(i+1,0)} = \dfrac{\alpha}{(1-\alpha)} \pi_{(i,0)}, \forall i \geqslant 1
\end{cases}
\Longrightarrow
\begin{cases}
\pi_{(1,0)} = \alpha \pi_{(0,0)} \\
\pi_{(0,1)} = \beta \pi_{(0,0)} \\
\pi_{(1,0')} = 2\alpha\beta \pi_{(0,0)} \\
\pi_{(0',0)} = \alpha(1 - \alpha - \beta) \pi_{(0,0)} \\
\pi_{(0,0')} = \beta(1 - \alpha - \beta) \pi_{(0,0)} \\
\pi_{(2,0)} = \dfrac{\alpha^2}{1 - \alpha} \pi_{(0,0)} \\
\displaystyle\sum_{i=3}^{\infty} \pi_{(i,0)} = \dfrac{\alpha^3}{(1-\alpha)(1-2\alpha)} \pi_{(0,0)}
\end{cases}
$$

因此

$$
\begin{aligned}
\mathrm{ER}_{SM}(\alpha, \beta) &= \sum_{s \in \mathbb{S}} \sum_{\tilde{s} \in \mathbb{S}} \boldsymbol{P}[\boldsymbol{s}, \tilde{\boldsymbol{s}}] \cdot \boldsymbol{r}_{SM}[\boldsymbol{s}, \tilde{\boldsymbol{s}}] \cdot \pi_s \\
&= (\pi_{(0',0)} + \pi_{(1,0')}) \cdot 1 \cdot \frac{1 + 3\alpha - \beta}{2} + \pi_{(0,0')} \cdot 1 \cdot \alpha \\
&\quad + \pi_{(2,0)} \cdot (1 - \alpha) \cdot 2 + \sum_{i=3}^{\infty} \pi_{(i,0)} \cdot (1 - \alpha) \cdot 1 \\
&= h_1(\alpha, \beta) \cdot \pi_{(0,0)}
\end{aligned}
$$

其中 $h_1(\alpha,\beta) := \alpha(1-\alpha+\beta)\cdot\dfrac{1+3\alpha-\beta}{2}+\alpha^2(1-\alpha-\beta)+2\alpha^2+\dfrac{\alpha^3}{1-2\alpha}$。

接下来给出 $\mathrm{ER}_{IM}(\alpha,\beta)$ 的一个下界（记作 $\mathrm{ER}^-_{IM}(\alpha,\beta)$），并表示成 $h_2(\alpha,\beta)\cdot\pi_{(0,0)}$ 的形式。根据 $\mathrm{Markov}(\alpha,\beta)$ 的稳态分布可以得出以下等式：

$$\begin{cases}\beta\pi_{(0,1)}=(1-\beta)(\pi_{(0',2)}+\pi_{(0,2)})+\alpha\sum_{i\geqslant1}\pi_{(i,2)}\\ \beta\sum_i\pi_{(i,j)}=(1-\beta)(\pi_{(0',j+1)}+\pi_{(0,j+1)})+\alpha\sum_{i\geqslant1}\pi_{(i,j+1)},\ \forall j\geqslant2\end{cases}$$

即

$$\beta\pi_{(0,1)}=(1-\beta)(\pi_{(0',2)}+\pi_{(0,2)})+\alpha\sum_{i\geqslant1}\pi_{(i,2)}$$
$$\beta\sum_i\pi_{(i,2)}=(1-\beta)\pi_{(0',3)}+(1-\beta)\pi_{(0,3)}+\alpha\sum_{i\geqslant1}\pi_{(i,3)}$$
$$\cdots=\quad\cdots$$
$$\beta\sum_i\pi_{(i,j)}=(1-\beta)\pi_{(0',j+1)}+(1-\beta)\pi_{(0,j+1)}+\alpha\sum_{i\geqslant1}\pi_{(i,j+1)}$$
$$\cdots=\quad\cdots$$

注意到 $\alpha<\dfrac{1}{2}<1-\beta$，因此

$$\alpha\sum_{i\geqslant1}\pi_{(i,2)}<(1-\beta)\sum_{i\geqslant1}\pi_{(i,2)}$$
$$\alpha\sum_{i\geqslant1}\pi_{(i,3)}<(1-\beta)\sum_{i\geqslant1}\pi_{(i,3)}$$
$$\cdots=\quad\cdots$$
$$\alpha\sum_{i\geqslant1}\pi_{(i,j+1)}<(1-\beta)\sum_{i\geqslant1}\pi_{(i,j+1)}$$
$$\cdots=\quad\cdots$$

结合上述等式，可以得到

$$\sum_i\pi_{(i,2)}>\frac{\beta}{1-\beta}\pi_{(0,1)}$$
$$\sum_i\pi_{(i,3)}>\frac{\beta}{1-\beta}\sum_i\pi_{(i,2)}>\left(\frac{\beta}{1-\beta}\right)^2\pi_{(0,1)}$$
$$\cdots$$
$$\sum_i\pi_{(i,j)}>\left(\frac{\beta}{1-\beta}\right)^{j-1}\pi_{(0,1)}$$
$$\cdots$$

$$(3.1)$$

因此

$$\mathrm{ER}_{IM}(\alpha, \beta) = \sum_{s \in \mathbb{S}} \sum_{\tilde{s} \in \mathbb{S}} \boldsymbol{P}[\boldsymbol{s}, \tilde{\boldsymbol{s}}] \cdot \boldsymbol{r}_{IM}[\boldsymbol{s}, \tilde{\boldsymbol{s}}] \cdot \pi_{\boldsymbol{s}}$$

$$= \pi_{(0',0)} \cdot \beta + \pi_{(1,0')} \cdot \frac{1 - \alpha + 3\beta}{2} + \pi_{(0,0')} \cdot \frac{1 + 3\beta}{2}$$

$$+ \left[(\pi_{(0',2)} + \pi_{(0,2)}) \cdot (1 - \beta) + \sum_{i \geqslant 1} \pi_{(i,2)} \cdot \alpha \right] \cdot 2$$

$$+ \sum_{j \geqslant 3} \left[(\pi_{(0',j)} + \pi_{(0,j)}) \cdot (1 - \beta) + \sum_{i \geqslant 1} \pi_{(i,j)} \cdot \alpha \right]$$

$$= \pi_{(0',0)} \cdot \beta + \pi_{(1,0')} \cdot \frac{1 - \alpha + 3\beta}{2} + \pi_{(0,0')} \cdot \frac{1 + 3\beta}{2} + \pi_{(0,1)} \cdot \beta \cdot 2$$

$$+ \sum_{j \geqslant 3} \left[(\pi_{(0',j)} + \pi_{(0,j)}) \cdot (1 - \beta) + \sum_{i \geqslant 1} \pi_{(i,j)} \cdot \alpha \right]$$

$$> \pi_{(0',0)} \cdot \beta + \pi_{(1,0')} \cdot \frac{1 - \alpha + 3\beta}{2} + \pi_{(0,0')} \cdot \frac{1 + 3\beta}{2}$$

$$+ \pi_{(0,1)} \cdot 2\beta + \pi_{(0,1)} \cdot \frac{\beta^2}{1 - 2\beta}$$

将最后一个表达式定义为 $\mathrm{ER}_{IM}^{-}(\alpha, \beta)$，即

$$\mathrm{ER}_{IM}^{-}(\alpha, \beta) := \pi_{(0',0)} \cdot \beta + \pi_{(1,0')} \cdot \frac{1 - \alpha + 3\beta}{2} + \pi_{(0,0')} \cdot \frac{1 + 3\beta}{2}$$

$$+ \pi_{(0,1)} \cdot 2\beta + \pi_{(0,1)} \cdot \frac{\beta^2}{1 - 2\beta}$$

可以得到 $\mathrm{ER}_{IM}^{-}(\alpha, \beta) = h_2(\alpha, \beta)\pi_{(0,0)}$，其中

$$h_2(\alpha, \beta) = \alpha\beta(1 - \alpha - \beta) + 2\alpha\beta \cdot \frac{1 - \alpha + 3\beta}{2}$$

$$+ \beta(1 - \alpha - \beta) \cdot \frac{1 + 3\beta}{2} + 2\beta^2 + \frac{\beta^3}{1 - 2\beta}$$

容易验证当 $\alpha = \beta$ 时，$h_2(\alpha, \beta) > h_1(\alpha, \beta)$ 成立。所以有

$$\mathrm{ER}_{IM}(\alpha, \beta) > \mathrm{ER}_{IM}^{-}(\alpha, \beta) > \mathrm{ER}_{SM}(\alpha, \beta)$$

即

$$\mathrm{RREV}_{IM}(\alpha, \beta) > \mathrm{RREV}_{SM}(\alpha, \beta)$$

至此完成了证明的第一部分。

现在考虑 Markov(α, β) 的稳态分布不存在的情况。注意，Markov(α, β) 是不可约的（irreducible），所以 Markov(α, β) 中的每个状态都是零常返的（null recurrent）。换句话说，每个状态的期望回归时间是无穷。如果 Markov(α, β) 的第一步是从 $(0,0)$ 转移到了 $(1,0)$，那么在期望意义下，在有限步后会回到 $(0,0)$，因为 $\alpha < 1/2 < 1 - \alpha$。相反，如果 Markov$(\alpha, \beta)$ 的第一步是从 $(0,0)$ 转移到 $(0,1)$，由于 $(0,0)$ 是零常返，在期望意义下，这个马尔可夫奖励过程会在该分支状态中走无穷步 $\bigcup_x \bigcup_{y \geq 2}(x, y)$。在这无穷步中，诚实矿池和自私矿池没有奖励，但是远见矿池有大约 αT 的奖励，其中 T 是步数。当 $T \to \infty$，$\text{RREV}_{IM}(\alpha, \beta) \to 1$。该结果完成了证明的第二部分。

3.5　挖矿博弈与均衡

在本节中，我们考虑系统中包含 n 个策略矿池的场景，并研究其纳什均衡。具体来说，在竞争交互的过程中，诚实矿池和自私矿池可能会意识到远见矿池的存在，并学习到该策略。这样，所有玩家将处于同一理性层级。值得一提的是，即使系统中不存在自私矿池，远见挖矿策略仍然是一个良定义的策略，可以直接被矿池采用。在系统中不存在自私矿池的情况下，远见矿池的行为看起来类似于自私矿池。我们考虑每个矿池的策略集为诚实遵循系统规则或采取远见挖矿策略，并在 3.5.1 节中严格定义其策略空间，在 3.5.2 节中给出效用函数，在 3.5.3 节中进一步刻画纳什均衡。

3.5.1　策略空间

考虑系统中总共存在 n 个矿池，并用符号 $[n]$ 表示集合 $\{1, 2, \cdots, n\}$。每个矿池的算力占比记作 $\{m_1, m_2, \cdots, m_n\}$，因此有 $\sum_{i=1}^{n} m_i = 1$。每个矿池 i 会安排一个卧底矿工到其他所有矿池中监测他们的状态，更具体地说，监测每个矿池是否在隐藏区块，如果是，要监测到具体隐藏了多少区块。基于此，每个矿池 i 都可以采用远见挖矿策略。

在挖矿博弈中，每个矿池的策略空间包含两个：改良诚实挖矿和远见挖矿，分别用 RHonest 和 Insightful 代表。其中远见挖矿策略与我们之前定义的完全一样，而改良诚实挖矿策略则是诚实挖矿的改良版本：采取改良诚实挖矿策略的矿池会始终在最长的公链后挖矿，一旦挖到新的区块，会立刻发布；如果有人隐藏了区块，改良诚实矿池会通过卧底矿工发现这一行为，此时在面对两条相同长度的子链时，采用改良诚实挖矿策略的矿池会清楚地选择诚实分支，而不是等概率地随机选择其一。

值得一提的是，在这个挖矿博弈中，任何时候最多只有一个矿池在隐藏区块，这是因为一旦有矿池采取远见挖矿策略、成功挖出了第一个区块并且将其隐藏，其他矿池无论采取改良诚实挖矿策略还是远见挖矿策略，这一轮竞争中都将不再隐藏区块。这使得我们可以清晰地分析出期望收益函数，并且完成完整的均衡刻画。

3.5.2　期望收益函数

对于任意纯策略组合 (strategy profile) $(x_1, x_2, \cdots, x_n) \in \{\text{RHonest}, \text{Insightful}\}^n$，本节将给出期望收益函数 $\text{ER}_i(x_1, x_2, \cdots, x_n)$ 的表达式。

引理 3.1　对于一个 n 玩家的挖矿博弈 $(m_1, m_2, \cdots, m_n)$，我们用 $(x_1, x_2, \cdots, x_n)$ 表示一个纯策略组合。令 c 表示一个与 $(m_1, m_2, \cdots, m_n)$ 和 $(x_1, x_2, \cdots, x_n)$ 有关的值[①]，$Q \subseteq [n]$ 表示采取 Insightful 策略的矿池集合，于是有

$$\text{ER}_i(x_1, x_2, \cdots, x_n) = \begin{cases} c \cdot (f(m_i) + m_i \cdot \sum_{j \in Q} 2m_j(1 - m_j)), & i \in Q \\ c \cdot (m_i + m_i \cdot \sum_{j \in Q} 2m_j(1 - m_j)), & i \notin Q \end{cases} \quad (3.2)$$

其中 $f(y) := y^2 \cdot (2 - 3y)/(1 - 2y)$。

证明　令 $Q = \{q_1, q_2, \cdots, q_k\}$ 表示采取远见挖矿策略的矿池集合，他们的算力分别是 $\{m_{q_1}, m_{q_2}, \cdots, m_{q_k}\}$，其他矿池会采用改良诚实挖矿策略。图 3.3 展示了博弈过程中的状态转移图。最顶端的状态 0 是初始状态，意味着所有矿池对最长链有一个共识，其他状态由两部分组成，分别是一个符号 $y \in \mathbb{N}^+ \cup \{0'\}$ 和一个矿池编号 (q_k)，代表矿池 q_k 隐藏了 y 个区块且其他矿池公开了它们的所有区块。特别地，$0'(q_k)$ 表示有两条长度都是 1 的子链，其中一条由 q_k 持有，另一条由 q_k 以外的某个矿池持有。

首先，分析远见矿池的期望收益。为了表述方便，以矿池 $q_k \in Q$ 为例（对应图 3.3 的右侧部分）。考虑如下情况：远见矿池 q_k 以 m_{q_k} 的概率挖出来第一个区块并且将其私藏，其他所有矿池 $[n] \setminus \{q_k\}$ 会监测到这一行为并且在另一条分支上进行挖矿。用 π_s 表示 s 状态在稳态分布下的稳态概率，可以得到以下等式：

$$\begin{cases} m_{q_k} \pi_0 = \pi_{0'(q_k)} + (1 - m_{q_k}) \pi_{2(q_k)} \\ (1 - m_{q_k}) \pi_{1(q_k)} = \pi_{0'(q_k)}; \\ m_{q_k} \pi_{i(q_k)} = (1 - m_{q_k}) \pi_{i+1(q_k)}, \forall i \geqslant 1 \end{cases}$$

---

① c 的具体形式不会影响下一节中矿池相对收益的计算。

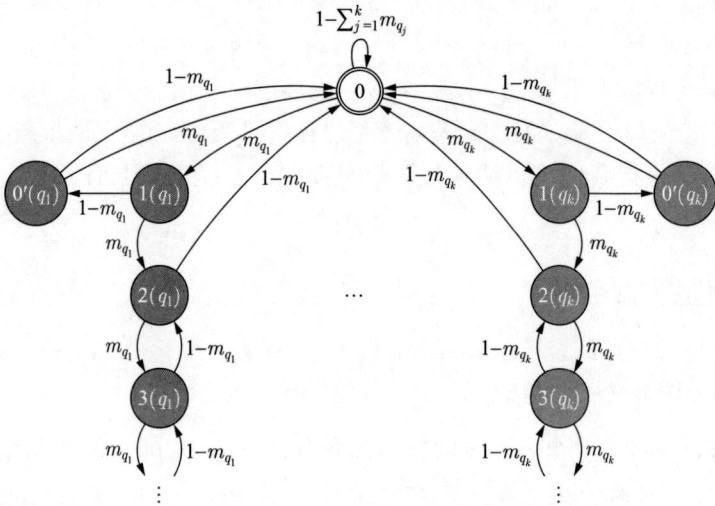

图 3.3 挖矿博弈中的状态转移图

这些等式可以推出

$$
\begin{cases}
\pi_{0'(q_k)} = m_{q_k}(1 - m_{q_k})\pi_0 \\
\pi_{i(q_k)} = m_{q_k}\left(\dfrac{m_{q_k}}{1 - m_{q_k}}\right)^{i-1}\pi_0, \ \forall i \geqslant 1
\end{cases}
$$

进一步，可以计算出 q_k 矿池在这条分支上的期望收益为

$$
\pi_{0'(q_k)} \cdot m_{q_k} \cdot 2 + \pi_{2(q_k)} \cdot (1 - m_{q_k}) \cdot 2 + \sum_{i=3}^{\infty} \pi_{i(q_k)} \cdot (1 - m_{q_k}) \cdot 1
$$

这等于

$$
\pi_0 \cdot \left[2m_{q_k}^2(1 - m_{q_k}) + \frac{m_{q_k}^2(2 - 3m_{q_k})}{1 - 2m_{q_k}}\right]
$$

而其他矿池作为一个整体在这个分支上可以得到的期望收益为

$$
\pi_{0'(q_k)} \cdot (1 - m_{q_k}) \cdot 2 = \pi_0 \cdot 2m_{q_k}(1 - m_{q_k})^2
$$

因此，矿池 $i \neq q_k$ 在期望意义下可以得到 $\pi_0 \cdot 2m_{q_k}(1 - m_{q_k})^2 \cdot \dfrac{m_i}{1 - m_{q_k}} = \pi_0 \cdot 2m_i m_{q_k}(1 - m_{q_k})$ 的收益。类似地，矿池 q_k 也可以从其他远见矿池 q_j （$q_j \in Q$ 且 $q_j \neq q_k$ ）的分支中得到 $\pi_0 \cdot 2m_{q_k}m_{q_j}(1 - m_{q_j})$ 的期望收益。综合两类情况，远见矿池 q_k 的预期收益为

$$\pi_0 \cdot \left[\frac{m_{q_k}^2 (2 - 3m_{q_k})}{1 - 2m_{q_k}} + 2m_{q_k} \sum_{q_j \in Q} m_{q_j}(1 - m_{q_j}) \right]$$

接下来，我们分析采取 RHonest 策略的矿池 $i \notin Q$ 的预期收益。该预期收益也分为两部分。其一，当远见矿池挖出第一个区块时，矿池 i 有可能获得一些奖励，设矿池 i 的算力为 m_i，根据前述分析，在这个情况下矿池 i 预期收益为 $\pi_0 \cdot [2m_i \sum_{q_j \in Q} m_{q_j}(1 - m_{q_j})]$。另一方面，矿池 i 会以 m_i 的概率挖出第一个区块，此时他将立刻广播该区块并获得相应奖励，在这种情况下矿池 i 的期望收益为 $\pi_0 \cdot m_i$。总结两种情况，矿池 i 的预期收益为

$$\pi_0 \cdot \left[m_i + 2m_i \sum_{j \in Q} m_j(1 - m_j) \right]$$

引理 3.1 中出现的 c 其实为 π_0，其具体值取决于 $m_1, m_2, \cdots, m_n$ 和 $(x_1, x_2, \cdots, x_n)$。

证毕。

3.5.3　均衡刻画

给定一个策略组合 x，我们将除矿池 i 以外的策略组合记作 x_{-i}。本节给出均衡刻画定理3.2。

定理 3.2　对于一个包含 n 个玩家的挖矿博弈 $(m_1, m_2, \cdots, m_n)$，不失一般性，假设 $m_1 \geqslant m_2 \geqslant \cdots \geqslant m_n$。其纯策略纳什均衡 $(x_1, x_2, \cdots, x_n)$ 有以下 3 种情况。

(1) $(x_1 = \cdots x_n = \text{RHonest})$ 是一个纳什均衡，当且仅当 $m_1 \leqslant 1/3$ 成立；

(2) $(x_1 = \text{Insightful}, x_2 = \cdots x_n = \text{RHonest})$ 是一个纳什均衡，当且仅当 $m_1 \geqslant 1/3$、$m_2 \leqslant g(m_1)$ 成立；

(3) $(x_1 = x_2 = \text{Insightful}, x_3 = \cdots x_n = \text{RHonest})$ 是一个纳什均衡，当且仅当 $m_1 \geqslant 1/3$、$m_2 \geqslant g(m_1)$ 成立，其中 $g(y) := \dfrac{-y^3 + 2y^2 + y - 1}{2y^2 + 4y - 3}$。

证明(1)　令 x 表示所有矿池都采用 RHonest 策略的策略组合。如果所有矿池都遵循策略组合 x，那么对于每个矿池 i，有 $\text{ER}_i(x) = m_i$，因此 $\text{RREV}_i(x) = m_i$。

如果矿池 i 偏离策略组合 x 而选择 Insightful 策略，有 $\text{ER}_i(x_{-i}, \text{Insightful}) = f(m_i) + 2m_i^2(1 - m_i)$，以及对于任何其他矿池 $j \neq i$，$\text{ER}_j(x_{-i}, \text{Insightful}) =$

$m_j + 2m_j m_i (1 - m_i)$。此时相对收益函数：

$$\text{RREV}_i(x_{-i}, \text{Insightful}) = \frac{f(m_i) + 2m_i^2(1 - m_i)}{1 - m_i + f(m_i) + 2m_i(1 - m_i)}.$$

因此 x 是一个纳什均衡，当且仅当对于任意的 $i \in [n]$，都满足 $\text{RREV}_i(x_{-i}, \text{Insightful}) \leqslant \text{RREV}_i(x)$，即

$$\frac{f(m_i) + 2m_i^2(1 - m_i)}{1 - m_i + f(m_i) + 2m_i(1 - m_i)} \leqslant m_i, \quad \forall i \in [n]$$

$$\Longleftrightarrow f(m_i) \leqslant m_i, \quad \forall i \in [n]$$

$$\Longleftrightarrow m_i \leqslant 1/3, \quad \forall i \in [n]$$

结合 $m_1 \geqslant m_2 \geqslant \cdots \geqslant m_n$，定理 3.2 (1) 得证。

证明 (2)　设 $(x_1, x_2, \cdots, x_n)$ 为 $(\text{Insightful}, \text{RHonest}, \cdots, \text{RHonest})$，即矿池 1 采取 Insightful 策略，其他矿池采取 RHonest 策略。如果所有矿池都遵循该策略组合 x，那么矿池 1 的相对收益函数为

$$\text{RREV}_1(x) = \frac{f(m_1) + 2m_1^2(1 - m_1)}{1 - m_1 + f(m_1) + 2m_1(1 - m_1)}.$$

从定理 3.2 (1) 我们得知，$\text{RREV}_1(x) \geqslant \text{RREV}_1(x_{-1}, \text{RHonest})$ 当且仅当 $m_1 \geqslant 1/3$。这意味着"矿池 1 没有动机偏离该策略组合 x，当且仅当 $m_1 \geqslant 1/3$"。

现在我们只需证明"矿池 $i \neq 1$ 没有动机偏离，当且仅当 $m_i \leqslant g(m_1)$"。一方面，我们注意到，当所有矿池都遵循策略组合 x 时，对所有 $i \neq 1$，

$$\text{RREV}_i(x) = \frac{m_i + m_i \cdot 2m_1(1 - m_1)}{1 - m_1 + f(m_1) + 2m_1(1 - m_1)} \tag{3.3}$$

另一方面，当矿池 i 偏离、选择 Insightful 策略时，有

$$\text{ER}_i(x_{-i}, \text{Insightful}) = f(m_i) + 2m_i[m_1(1 - m_1) + m_i(1 - m_i)]$$

并且对于任何 $j \neq i$ 的矿池，

$$\text{ER}_j(x_{-i}, \text{Insightful}) = m_j + 2m_j[m_1(1 - m_1) + m_i(1 - m_i)]$$

这样一来，相对收益函数变为

$$\text{RREV}_i(x_{-i}, \text{Insightful})$$

$$= \frac{f(m_i) + 2m_i[m_1(1 - m_1) + m_i(1 - m_i)]}{f(m_1) + f(m_i) + 1 - m_1 - m_i + 2[m_1(1 - m_1) + m_i(1 - m_i)]}$$

因此

$$\text{RREV}_i(x_{-i}, \text{Insightful}) \leqslant \text{RREV}_i(x) \iff m_i \leqslant \frac{-m_1^3 + 2m_1^2 + m_1 - 1}{2m_1^2 + 4m_1 - 3}$$

即 $m_i \leqslant g(m_1)$。

定理 3.2 (2) 得证。

在证明定理 3.2 (3) 之前，需要指出，在证明的意义上，引理 3.2 是一个更自然的命题。我们将证明引理 3.2 和定理 3.2 (3) 本质上是等价的。然而，在定理 3.2 中，给定 (1) 和 (2) 的陈述后，相较于引理 3.2，(3) 的陈述更为直观，因此我们在定理陈述时采用 (3) 的表述。

引理 3.2 对于一个包含 n 个玩家的挖矿博弈 $(m_1, m_2, \cdots, m_n)$（其中 $m_1 \geqslant m_2 \geqslant \cdots \geqslant m_n$），策略组合 $(x_1 = x_2 = \text{Insightful}, x_3 = \cdots x_n = \text{RHonest})$ 是纳什均衡，当且仅当 $m_1 \geqslant g(m_2)$ 和 $m_2 \geqslant g(m_1)$。

证明 设 $(x_1, x_2, \cdots, x_n)$ 为 $(\text{Insightful}, \text{Insightful}, \text{RHonest}, \cdots, \text{RHonest})$，即前两个矿池采用 Insightful 策略，其他矿池采用 RHonest 策略。

为了证明这个引理，我们将证明 "$m_1 \geqslant g(m_2)$ 和 $m_2 \geqslant g(m_1)$" 等价于 "每个矿池 $i \in [n]$ 都没有动机改变其策略"。由定理 3.2 的 (2) 的证明可知，$m_1 \geqslant g(m_2)$ 等价于 $\text{RREV}_1(x) \geqslant \text{RREV}_1(x_{-1}, \text{RHonest})$，$m_2 \geqslant g(m_1)$ 等价于 $\text{RREV}_2(x) \geqslant \text{RREV}_2(x_{-2}, \text{RHonest})$。所以我们只需要证明 "$m_1 \geqslant g(m_2)$ 和 $m_2 \geqslant g(m_1)$" 等价于 "对于每个矿池 $i \in [n] \setminus \{1, 2\}$，$\text{RREV}_i(x) \geqslant \text{RREV}_i(x_{-i}, \text{Insightful})$"。

对于矿池 $i \in \{3, 4, \cdots, n\}$，有

$$\text{RREV}_i(x_i) = \frac{f(m_i) + 2m_i[m_1(1-m_1) + m_i(1-m_i)]}{f(m_1) + f(m_i) + 1 - m_1 - m_i + 2[m_1(1-m_1) + m_i(1-m_i)]}$$

和

$$\text{RREV}_i(x_{-i}, \text{Insightful})$$

$$= \frac{f(m_i) + 2m_i \left[\displaystyle\sum_{j \in \{1,2,i\}} m_j(1-m_j) \right]}{1 + \displaystyle\sum_{j \in \{1,2,i\}} (f(m_j) - m_j) + 2\left(1 - \displaystyle\sum_{j \in \{1,2,i\}} m_j \right) \left[\displaystyle\sum_{j \in \{1,2,i\}} m_j(1-m_j) \right]}$$

那么，得知 $\text{RREV}_i(x) \leqslant \text{RREV}_i(x_{-i}, \text{Insightful})$ 当且仅当

$$m_i \leqslant \frac{1 - m_1 - 2m_1^2 + m_1^3 - m_2 + 4m_1^2 m_2 - 2m_1^3 m_2 - 2m_2^2 + 4m_1 m_2^2 + m_2^3 - 2m_1 m_2^3}{3 - 4m_1 - 2m_1^2 - 4m_2 + 4m_1 m_2 + 4m_1^2 m_2 - 2m_2^2 + 4m_1 m_2^2}$$

其中右表达式定义为 $h(m_1, m_2)$。

此外，有

$$m_1 + m_2 + h(m_1, m_2) \geqslant 1$$

对所有满足 $m_1 \geqslant g(m_2)$, $m_2 \geqslant g(m_1)$ 和 $0 \leqslant m_2 \leqslant m_1 \leqslant 1/2$ 的 m_1 和 m_2 都成立。这意味着 $h(m_1, m_2) \geqslant 1 - m_1 - m_2 \geqslant m_i$。

所以有 $\mathrm{RREV}_i(x) \leqslant \mathrm{RREV}_i(x_{-i}, \mathrm{Insightful})$，因此策略组合 x 是纳什均衡。

下面给出定理 3.2 (3) 的证明：

证明(3) 给定引理 3.2，我们只需证明在给定 $0 \leqslant m_2 \leqslant m_1 \leqslant 1/2$ 的情况下，有 "$m_1 \geqslant g(m_2)$, $m_2 \geqslant g(m_1)$" 和 "$m_1 \geqslant 1/3$, $m_2 \geqslant g(m_1)$" 是等价的。

首先注意到，给定 $m_1 \geqslant m_2$，当 $m_1, m_2 \in [0, 1/2]$ 且 $m_2 \geqslant g(m_1)$ 时，有 $m_1 \geqslant g(m_1)$。这可以得到 $m_1 \geqslant 1/3$。

所以只需要证明，给定 $m_1 \geqslant m_2$ 和 $m_1, m_2 \in [0, 1/2]$，当 $m_1 \geqslant 1/3$，$m_2 \geqslant g(m_1)$ 时，$m_1 \geqslant g(m_2)$ 成立。下面通过简单的分类讨论证明这一点。

情况 1：$m_1 \geqslant 0.35$。对于 $0 \leqslant m_2 \leqslant 1/2$，$g(m_2) \leqslant 0.35$，因此 $m_1 \geqslant g(m_2)$。

情况 2：$m_1 \leqslant 0.35$。此时 $m_1 \in [1/3, 0.35]$，有 $m_2 \geqslant g(m_1) \geqslant g(0.35) \geqslant 0.33$。注意到 $g(m_2)$ 在 $[0.33, 1/2]$ 上递减，要证明 $m_1 \geqslant g(m_2)$，只需简单验证当 $m_1 \in [1/3, 0.35]$ 时 $m_1 \geqslant g(g(m_1))$ 成立。

下面给出针对定理 3.2 的理解和讨论。首先，在定理 3.2 (1) 中，给定其他矿池采用 RHonest 策略，矿池 i 要决定自己选择采用 RHonest 策略还是 Insightful 策略。注意，如果矿池 i 采用 Insightful 策略，那么它将会是系统中唯一一个可能隐藏区块的矿池，并且一旦它隐藏区块，所有其他矿池都会与之对抗。这样的情况对应提出自私挖矿攻击的工作中 $\gamma = 0$ 的情况[①]，在他们的分析中，也得到了 $1/3$ 的阈值。其次，对于定理 3.2 中的情况 (2) 和 (3)，相应的均衡结果更有趣，因为系统中可能存在多个策略性矿池，且收益函数更为复杂（但不失清晰性）。注意，对于 $g(\cdot)$ 函数，当 $m_1 > 1/3$ 时，$g(m_1) < 1/3$ 始终成立。如果矿池 1 采取诚实策略，那么其他矿池（如矿池 2）的收益将与其拥有的算力（即 m_2）成正比。但当矿池 1 采取 Insightful 策略时（此时 $m_1 \geqslant 1/3$），矿池 2 的收益（即 3.3 式）是小于 m_2 的。因此，在已经有人采用 Insightful 策略的情况下，矿池 2 更容易采用 Insightful 策略，因此相应的算力阈值将低于原来的 $1/3$，具体值为 $g(m_1)$。

总结定理 3.2，其可以为矿池挖矿的均衡刻画提供如下 3 个推论。

推论 3.1 任何一个 n 玩家的挖矿博弈 $(m_1, m_2, \cdots, m_n)$ 都存在一个纯策略纳什均衡。

推论 3.2 对于一个 n 玩家的挖矿博弈 $(m_1, m_2, \cdots, m_n)$，如果 $m_1 \leqslant 1/3$，那么策略组合 $(\mathrm{RHonest}, \cdots, \mathrm{RHonest})$ 是一个纳什均衡。

[①] γ 表示诚实矿工在面对两条长度相同的子链时，会选择自私分支的比例。

推论 3.3　对于任何一个 n 玩家的挖矿博弈 $(m_1, m_2, \cdots, m_n)$，均衡状态下最多只有两个矿池采取远见挖矿策略。

3.6　模拟实验

在这一章中，我们通过对挖矿过程进行模拟实验直观阐释和验证上文中的理论结果。

3.6.1　远见挖矿与自私挖矿对比实验

本节中的模拟实验主要评估远见挖矿策略的性能。考虑系统中存在 3 个玩家：诚实矿池、自私矿池和远见矿池，我们使用离散时间马尔可夫随机游走过程模拟它们之间的交互。每一步会有一个矿池生成区块，概率与其算力成正比，其他矿池则根据自己的策略做出响应。我们的模拟实验在运行 2000000000 步后结束，然后计算他们在这个过程中的相对收益，每个矿池的相对收益定义为主链上该矿池生成区块的占比。

回顾一下，α 和 β 分别代表自私矿池和远见矿池的算力占比。首先，我们关注远见矿池和自私矿池拥有相同算力的场景，即 $\alpha = \beta$。图 3.4 (a) 展示了当自私矿池和远见矿池的算力在 $(0.25, 0.5)$ 区间时的相对收益。可以看出，远见矿池总会比自私矿池获得更多的收益。这与定理 3.1 的理论结果完全一致。令人惊讶的是，当它们的算力大于 $1/3$ 时（即 $\alpha = \beta > 1/3$），远见矿池可以获得几乎所有的收益。为了更加清楚地对比，我们在图 3.4 (b) 中展示了在远见矿池采取诚实挖矿策略的情况下他们的相对收益，此时远见矿池的收益将遭受重大损失，并且随着算力的增加而迅速降低。通过对比图 3.4 (a) 和图 3.4 (b) 可以看出，面对自私挖矿攻击时，远见挖矿策略可以极大地帮助矿池扭转局面。

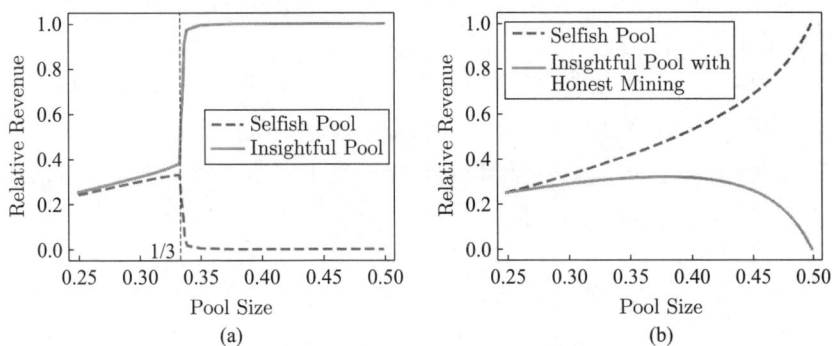

图 3.4　自私矿池与同算力的远见矿池竞争时的相对收益

　　然后探索 $\alpha > \beta$ 的场景，考虑是否更少的算力也可以让远见矿池获得更高的收益。这里，我们研究了两种关于"更高收益"的两种定义：一种是前面提到的相对收益，对应图 3.5 中的虚线，它展示了 $\mathrm{RREV}_{IM}(\alpha, \beta) > \mathrm{RREV}_{SM}(\alpha, \beta)$ 的阈值；另一种是单位相对收益，图 3.5 中的实线表示相应的阈值，在这个值之上有 $\dfrac{\mathrm{RREV}_{IM}(\alpha, \beta)}{\beta} > \dfrac{\mathrm{RREV}_{SM}(\alpha, \beta)}{\alpha}$。从这两条曲线可以看出，单位相对收益的阈值低于相对收益的阈值，两条曲线有相似的走势，它们都在 $\beta = \alpha$ 这条线之下。这一实验结果表明，借助远见挖矿策略，即使拥有更少的算力，也可以获得更高的收益。

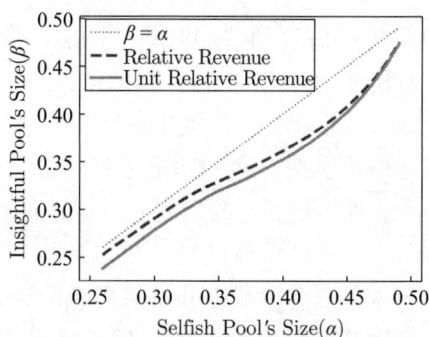

图 3.5　算力阈值，当远见矿池的算力高于该阈值时，可以获得比自私矿池更多的相对收益或单位相对收益

3.6.2　最优远见挖矿实验

　　本节探索更强有力的远见挖矿策略。我们将远见挖矿策略建模为决策问题，赋予其更大的决策空间，并通过马尔可夫决策过程解决它。首先给出问题的描述。

　　动作空间。远见矿池可以采取以下操作之一：

　　(1) *诚实行为*。 远见矿池放弃其远见分支，转而在诚实子链上挖矿。此操作任何时刻都可行。

　　(2) *自私行为*。 远见矿池放弃其远见分支，在自私子链上挖矿。仅当远见矿池发布隐藏区块、触发自私矿池发布其自私子链时，此操作才可行。

　　(3) *超越诚实分支*。 远见矿池在其远见分支上发布刚好足以超越诚实子链的区块。只有在远见分支严格比诚实子链长的情况下，此操作才可行。

　　(4) *超越自私分支*。 远见矿池在其远见分支上发布刚好足以超过自私子链的区块。只有当远见分支严格长于自私子链时，此操作才可行。

　　(5) *等待*。 远见矿池继续在其隐藏链上挖矿而不发布任何区块。此操作任何时刻都可行。

（6）匹配。　当有新区块发布时，远见矿池发布刚好等于公开最长链长度的区块，以造成分叉。只有当远见分支不短于公开最长链时，此操作才可行。

状态空间。系统状态被定义为一个四元组 $(l_h, l_s, l_i, \text{fork})$。前 3 个元素 l_h, l_s, l_i 分别表示诚实分支、自私分支和远见分支的长度。特别地，$l_s = -1$ 表示诚实矿池和自私矿池在同一个分支上挖矿。最后一个元素 fork 有 3 个可能的取值，包括 relevant、irrelevant 和 active，它描述了系统中刚刚发生的事件：当诚实矿池刚刚生成了一个区块时，fork = relevant；当远见矿池刚好匹配诚实分支时，fork = active；否则 fork=irrelevant。

转移与奖励。转移矩阵和奖励矩阵总结见表 3.2。我们真正关心的是远见矿池的相对收益，所以用 $(\text{reward}_h + \text{reward}_s, \text{reward}_i)$ 表示期望收益。如果 $l_s = -1$，则定义 $l_s^* := l_h$，否则定义 $l_s^* := l_s$。

表 3.2　决策问题中转移和奖励矩阵的描述

状态 × 行为	转移后的状态	概率	奖励	条件
$(l_h, l_s, l_i, \text{fork})$, adopt	$(0, l_s^* - l_h, 0, \text{irrelevant})$	1	$(l_h, 0)$	$l_i < l_h$
	$(0, 0, 0, \text{irrelevant})$	1	$(l_s, 0)$	$l_i \geqslant l_h, l_s = l_i + 1 \geqslant 2$
	$(0, l_s - l_i, 0, \text{irrelevant})$	1	$(l_i, 0)$	$l_i \geqslant l_h, l_s \geqslant l_i + 2$
$(l_h, l_s, l_i, \text{fork})$, override$_s$	$(0, 0, l_i - l_s - 1, \text{irrelevant})$	1	$(0, l_s + 1)$	$l_i > l_s$
$(l_h, l_s, l_i, \text{fork})$, wait	$(l_h + 1, l_h + 1, l_i, \text{relevant})$	α	$(0,0)$	$l_s = -1$
	$(l_h, l_s + 1, l_i, \text{relevant})$	α	$(0,0)$	$l_s \neq -1$
	$(l_h, l_s, l_i + 1, \text{active})$	β	$(0,0)$	fork = active
	$(l_h, l_s, l_i + 1, \text{irrelevant})$	β	$(0,0)$	fork $\neq$ active
	$(l_h + 1, l_h + 1, l_i, \text{relevant})$	$1 - \alpha - \beta$	$(0,0)$	$l_s^* \leqslant l_h$
	$(l_s, l_s, l_i, \text{relevant})$	$1 - \alpha - \beta$	$(0,0)$	$l_s = l_h + 2$
	$(l_h + 1, -1, l_i, \text{relevant})$	$1 - \alpha - \beta$	$(0,0)$	$l_s = l_h + 1$
	$(l_h + 1, l_s, l_i, relevant)$	$1 - \alpha - \beta$	$(0,0)$	$l_s > l_h + 2$
$(l_h, l_s, l_i, \text{fork})$, match†	$(l_h + 1, l_h + 1, l_i, \text{relevant})$	α	$(0,0)$	$l_s = -1$
	$(l_h, l_s + 1, l_i, \text{relevant})$	α	$(0,0)$	$l_s \neq -1$
	$(l_h, l_s, l_i + 1, \text{active})$	β	$(0,0)$	fork = active
	$(l_h, l_s, l_i + 1, \text{irrelevant})$	β	$(0,0)$	fork $\neq$ active
	$(1, 1, l_i - l_h, \text{relevant})$	$(1 - \alpha - \beta)/2$	$(0, l_h)$	$l_s^* \leqslant l_h$
	$(l_h + 1, l_h + 1, l_i, \text{relevant})$	$(1 - \alpha - \beta)/2$	$(0,0)$	$l_s^* \leqslant l_h$
	$(l_s, l_s, l_i, \text{relevant})$	$1 - \alpha - \beta$	$(0,0)$	$l_s = l_h + 2$
	$(l_h + 1, -1, l_i, \text{relevant})$	$1 - \alpha - \beta$	$(0,0)$	$l_s = l_h + 1$
	$(l_h + 1, l_s, l_i, \text{relevant})$	$1 - \alpha - \beta$	$(0,0)$	$l_s > l_h + 2$

注：$\dagger$ 动作 match 只在 fork $\neq$ irrelevant 和 $l_i \geqslant l_h$ 时才可行。

注意，这个 MDP 可能有无限多个状态。因此，做模拟实验时，我们通过将每个分支的最大长度设置为 50 将这个 MDP 截断为有限状态。由于这个 MDP 的目标函数不是线性的，我们应用近似技术解这个平均回报马尔可夫决策过程，以学习最优远见挖矿策略。

图 3.6 展示了最优远见挖矿策略下自私矿池和远见矿池的相对收益，它与图 3.4 (a) 非常类似。对比两张图可以发现，当算力小于 1/3 时，最优远见挖矿策略可以帮助远见矿池获得比原始远见挖矿策略更多的收益。通过分析学习到的策略可以得知，在矿池博弈过程中，当远见分支被超越时，再试着坚持一段时间是比立即放弃更好的选择。

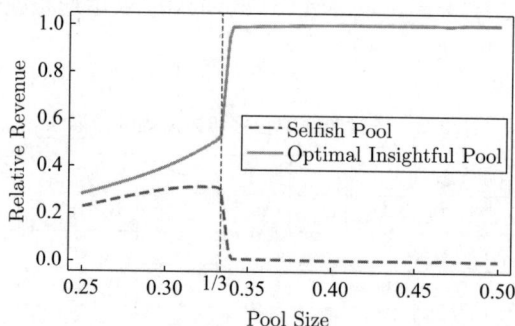

图 3.6 最优远见挖矿策略下自私矿池与远见矿池的相对收益

3.6.3 均衡可视化

本节通过模拟实验来可视化定理 3.2 中的均衡结果。对于挖矿算力为 $m_1 \geqslant m_2 \geqslant \cdots \geqslant m_n$ 的 n 个矿池，第一个玩家的均衡策略仅取决于自己的挖矿算力（即 m_1）。对于 $i \in \{3, 4, \cdots, n\}$ 的玩家，在任何情况下，他们在均衡中总是诚实的（以下称为诚实矿池）。然而，第二个矿池的策略是由 m_1 和 m_2 共同决定的。为了清楚地理解，图 3.7 可视化了他们的均衡策略和收益函数。

对于图 3.7 (a)~(c)，X 轴是最大矿池的算力 m_1，取值范围是 $(0, 0.5)$，Y 轴是第二大矿池的算力 m_2。基于 $m_2 \leqslant m_1$ 的假设，m_2 的取值范围在 $0 \sim m_1$。这 3 个图的 Z 轴分别对应最大矿池的相对收益（即 RREV_1）、所有诚实矿池的相对收益和第二大矿池的相对收益（即 RREV_2）。可以看出，RREV_1 和 RREV_2 都随着 m_2 的增加而增大，而所有诚实矿池的相对收益则急剧下降。一个有趣的现象是，这 3 张图的曲面具有相同的结构：当 $m_1 \leqslant 1/3$ 时，它们实际上是 3 个平面。这是因为 $m_1 \leqslant 1/3$ 时，均衡状态下所有矿池都将进行诚实挖矿，因此每个玩家的收入与其算力成正比。

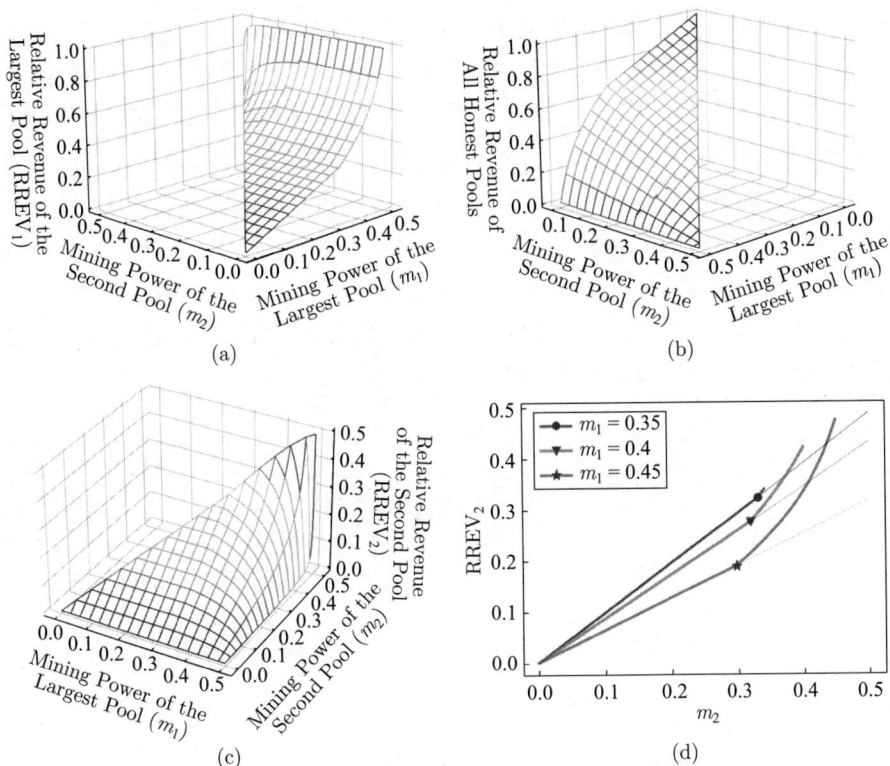

图 **3.7** 不同算力分布下矿池的相对收益

当 $m_1 > 1/3$ 时,如前所述,第二大矿池会根据其算力 m_2 的值采取不同的策略。为了清楚地理解,图 3.7 (d) 以二维图的形式进一步展示了它的相对收益。图中的 3 条线分别对应最大矿池的 3 个算力值(即 $m_1 = 0.35, 0.4, 0.45$)。对于每条线,X 轴表示第二大矿池的算力 m_2,它的实际取值范围是 $(0, m_1)$,Y 轴表示它的相对收益 RREV_2。如图所示,RREV_2 都是先线性增长,然后突然指数型增长,线上的标记代表拐点,在拐点后第二大矿池会选择采用远见挖矿策略。通过比较可以发现,随着 m_1 的增加,第二个矿池采取远见挖矿策略的阈值不断降低。

3.7 本章总结与讨论

本章探讨了区块链中的矿池挖矿策略以及挖矿的均衡情况。虽然在区块链中,往矿池中插入卧底矿工的行为在区块截留攻击的背景下已经被广泛讨论,但我们首次将这一安插卧底的行为和自私挖矿攻击结合,不仅扩展了矿池对抗自私挖矿攻击的策略空间，同时也能从矿池认知层次上推断出挖矿均衡成果。我们提出的远见挖矿策略告诉我们，额外信息带来的远见力使矿池获得了更多的收益。

当然，除远见挖矿策略外，还有一些其他挖矿策略也值得进一步探索。例如，一个可能的想法是：回想一下，卧底矿工实际上可以从矿池管理员发布的新任务中提取到最新隐藏区块的哈希值。有了这一信息，尽管区块的完整内容尚不清楚，其他矿池仍可以直接在最新区块后面进行挖矿①。通过这一策略，所有矿池都可以遵循最长链，这使得自私挖矿无效。换句话说，自私矿池隐藏区块与诚实地放出区块没有区别，这对区块链系统极为有利。然而，这样的策略可能不是理性矿池的最佳选择，仍然需要进一步研究。

---

① 类似的想法在其他场景中被讨论过，策略性矿工可以在新区块的有效性被验证之前，就直接在该区块后进行挖矿。为了避免潜在的冲突，矿工可以选择在自己构造的区块中不包含任何交易，从而只追求赢得区块奖励的收益。我们的讨论主要集中在卧底矿工对抗自私挖矿策略的场景。

第4章 赞助搜索拍卖中的私有数据操纵

4.1 引言

赞助搜索拍卖（Sponsored Search Auction，SSA）是指搜索引擎将广告位出售给广告商的商业化模式。当用户在搜索引擎上搜索关键词时，除自然的搜索结果外，搜索引擎有时还会向用户显示广告。每当用户点击广告时，相应的广告商会向搜索引擎支付费用。不同的广告位具有不同的点击率。SSA 机制是指广告商通过出价（bid）争夺优质广告位，卖方根据他们的出价确定广告位的分配和每个广告商的付款。

谷歌，作为最成功的搜索引擎，其拍卖协议长期以来采用广义二价（Generalized Second-Price，GSP）拍卖作为其 SSA 机制。在 GSP 中，出价者根据其出价的降序排列被分配广告位，并按照排序后的出价列表中比他们自己的出价低一级的每次点击价格收费。尽管许多其他 SSA 机制也被提出，但 GSP 在谷歌早期在赞助搜索市场取得成功的竞争中持续发挥作用，并已成为赞助搜索拍卖中最常用的机制，可以说是所有赞助搜索拍卖的鼻祖。

然而，理论上，GSP 有两个缺点：第一，它不是激励相容协议；第二，它没有最大化 SSA 机制中卖方的收益。针对激励相容的特性，已有工作为 GSP 中的买家设计了一个前瞻性最佳报价方案，最终收敛到一个前瞻纳什均衡，并证明了该均衡中每个参与者的效益函数值，包括卖家的总收益，都和典型的 VCG（Vickrey-Clarke-Groves）机制相同。这一结果恰好与拍卖理论中的收益等价定理相符合。

最大化 SSA 机制中卖方收益的方案由广义 Myerson 拍卖给出。然而，这一拍卖机制依赖买卖多方关于广告商对广告位的价值分布的共同知识。现实中，广告商的价值分布通常是私有信息，不由卖方已知，但这些分布可以从历史数据中估算，比如通过之前拍卖中广告商的竞价。这些数据在每天重复进行数百万次的赞助搜索拍卖中当然是丰富的。通过使用数据估算广告商的价值分布，搜索引擎应该能实施近似 Myerson 拍卖并在理论上获得比 GSP 更多的收益。那么，为什么即便有极为优秀的经济学家的参与，搜索引擎在实践中仍然不使用 Myerson 拍卖呢？事实上，理论研究表明，Myerson 拍卖的样本复杂性（sample complexity）是一个适度的多项式。在今天的大规模 SSA 中，这个样本数量应该是很容易获得的。此外，实验也证明了使用过去的数据优化收益在实践中是可行的。因此，我们不清楚数据短缺是否为 Myerson 拍卖在 SSA 市场不受欢迎的真正原因。

在这一章中，我们提出 Myerson 拍卖并不受欢迎的另一个解释：广告商可能通过提供"假"数据虚报其价值分布。Myerson 拍卖的分配规则和付款规则关键取决于买家的价值分布。如果广告商策略性地提交与其价值不相等的出价，那么搜索引擎将从这些出价中获得一些与广告商真实分布不同的分布。这些虚假分布可能误导 Myerson 拍卖，致使广告商获得更高的效用，而搜索引擎的收益较少。另外，GSP 则永远不会受到广告商策略性出价行为的影响，因为其分配和付款规则不依赖于价值分布。这或许可以解释为什么在实践中 Myerson 拍卖不如 GSP 受欢迎。

研究结果　为了了解广告商的虚假行为是否为 Myerson 拍卖不受欢迎的原因，我们提出并研究了一个搜索引擎（卖家）和广告商（买家）之间的两阶段博弈：首先，卖家宣布一个拍卖，比如 Myerson 拍卖，其分配和支付规则可能取决于买家的价值分布。然后，每个买家向卖家提交一个分布，该分布与他们真实的分布可能不同。在这两个步骤之后，机制利用买家提交的分布实施拍卖，买家和卖家分别获得其效用和收益。正如前面讨论的，对于买家来说，这个两阶段博弈可能是不促真（truthful）的，因为他们可能通过操纵提交的分布获得更高的效用。我们将这个博弈称为"私有数据操纵（Private Data Manipulation，PDM）博弈"。

我们分析了 PDM 博弈中的买家均衡。我们证明了博弈中 Myerson 拍卖（Mye）带来的均衡结果等同于广义一价拍卖（Generalized First-Price auction，GFP）所带来的均衡结果。后者拍卖类似于 GSP，只是出价者按原出价付费。具体而言，在 Mye 下 PDM 博弈的均衡存在与 GFP 下 PDM 博弈均衡的一个一一映射；买家在两个相应均衡下获得相同的效用，卖家在两个相应均衡下获得相同的收益。这一结果意味着，具有 Mye 的 PDM 博弈对于买家来说确实是不促真的。买家的策略性行为导致 Myerson 拍卖退化为 GFP 拍卖。由此，我们对买家虚假行为是 Myerson 拍卖不受欢迎的原因的猜测得到了支持。

随后，我们将上述"Mye=GFP"结果与经典的收益等价定理相结合，得出结论：如果买家的真实价值是独立且同分布的，那么 Mye、GFP 和 VCG 拍卖都是等价的。在进一步的假设下，这 3 个拍卖也等价于 GSP（见图 4.1）。这一系列的等价结果再次在一定程度上解释了为什么 Myerson 拍卖在实践中没有 GSP 那么受欢迎：由于买家对价值分布的操纵，Mye 基本上和 GSP 是一样的。

技术细节　在技术层面上，我们对 PDM 模型下 Mye 和 GFP 之间等价关系的证明推广了以往工作的证明。这些工作证明了在单物品场景中 PDM 模型下 Mye 和一价拍卖的等价性，其中的证明利用了 Mye 的期望收益等于虚拟福

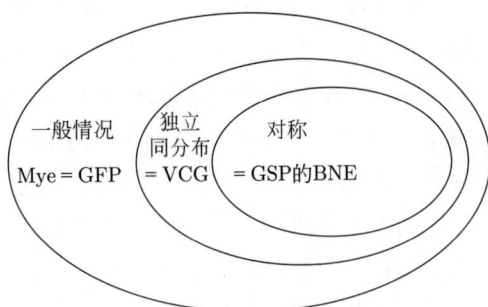

图 4.1　在 PDM 下各拍卖的等价性

利（virtual welfare）的期望值这一事实，因此每个买家的期望效用等于其福利减去其虚拟福利。当买家可以向卖家提交任何分布时，提交的分布的虚拟价值（virtual value）可以看作一价拍卖中的出价。这一方法建立了两个拍卖之间的等价性。他们的方法事实上可以推广到任何单参数拍卖环境，包括 SSA。因此，我们将呈现并证明任何单参数环境下 Mye 和 GFP 的等价性。Mye、GFP、VCG 和 GSP 在 PDM 模型下的进一步等价关系将仅在 SSA 环境下呈现，因为 GSP 拍卖是特定于 SSA 场景下的。

主要观点　通过以上结论，一个可能的观点是 Mye 和 GFP（以及在进一步的假设下的 VCG、GSP）之间的等价性意味着在 SSA 中学习数据对卖家是无用的，因为买家可以操纵数据。然而，有一点需要注意：尽管我们表明 Myerson 拍卖容易受到数据操纵的影响，但尚可能存在其他拍卖形式，其对数据操纵具有鲁棒性，并且能在 PDM 模型中产生比 Mye 更多的收益。在 PDM 模型中找到对于卖家的最优拍卖是本章讨论范围之外的一个有趣的开放问题。本章的主要观点是：在基于数据的决策时，决策者应该注意到数据可能被相关方操纵。这适用于包含赞助搜索拍卖的所有基于数据的决策场景。

本章组织　在 4.2 节，我们介绍赞助搜索拍卖模型、单参数拍卖环境和私有数据操纵博弈。在 4.3 节，我们得出 Myerson 拍卖和广义一价拍卖在 PDM 博弈中等价的主要结果。在 4.4 节，我们呈现在 PDM 模型下 Mye、GFP、VCG 和 GSP 之间的一系列等价关系（见图 4.1）。4.5 节包含一些额外的讨论。

4.2　模型

在赞助搜索拍卖中有一个搜索引擎（卖家/拍卖主）向 n 个广告商（买家/出价者）销售 m 个广告位（ad slots）。每个广告位 j 都有一个点击率或质量 $\gamma_j \geqslant 0$。

这意味着广告被用户点击的概率仅取决于广告位的位置，而不取决于广告的内容。这个假设是赞助搜索拍卖相关文献中的经典假设。如果点击率还可以依赖广告内容，那么这个拍卖就不符合我们将考虑的单参数环境，而最大化收益的拍卖可能不再是 Myerson 拍卖。放宽这个假设超出了本章的范围。

每个出价者 i 对每次点击或每个单位质量都有一个愿意支付的价值 $v_i \geqslant 0$。每个广告位最多可以分配给一个出价者，每个出价者最多可以分配给一个广告位。如果出价者 i 被分配到广告位 j，她获得的利润为 $v_i\gamma_j$。不失一般性，我们假设 $\gamma_1 \geqslant \gamma_2 \geqslant \cdots \geqslant \gamma_m$。我们使用 $\boldsymbol{v}_{-i} = (v_1, v_2, \cdots, v_{i-1}, v_{i+1}, \cdots, v_n)$ 表示不包含 v_i 的价值向量。拍卖开始时，每个出价者 i 对单位质量的价值 v_i 都是从分布 F_i 中抽取的。与传统的假设分布 F_i 是公共知识的贝叶斯设定不同，这里假设 F_i 是出价者 i 自己知道的，而拍卖主和其他出价者不知道。我们假设分布 F_i 是独立的。我们使用 $\boldsymbol{F} = \prod_{i=1}^{n} F_i$ 表示联合分布，$\boldsymbol{F}_{-i} = \prod_{j \neq i} F_j$ 表示没有 F_i 的联合分布。我们将分布 F_i 称为"先验信息"。

分位数表示 价值分布可以用两种方式表示：价值表示和分位数（quantile）表示。假设价值 v 遵循分布 G。我们用 $G(\cdot)$ 表示累积分布函数（Cumulated Distribution Function，CDF），$G(x) = \mathrm{Pr}_G[v < x]$，用 $g(\cdot)$ 表示相应的概率密度函数（Probability Distribution Function，PDF）（如果存在）。我们将 v 称为分布 G 的价值表示。另一种表示方法是使用分位数。给定分布 G，分位数 $q = q(v) = 1 - G(v)$ 是买家拥有至少 v 价值的概率。我们将分位数 q 视为在区间 $[0, 1]$ 中均匀分布的随机变量，并将其映射到值的函数 $v(\cdot) : [0, 1] \to \mathbb{R}_+$ 定义为 $v(q) = G^{-1}(1 - q)$。显然，$v(q)$ 对于 q 是单调非增的。

在本章中，我们将使用 CDF $G(\cdot)$ 或值函数 $v(\cdot)$ 表示分布。

虚拟价值 虚拟价值的定义如下：给定价值 $v \sim G$，其相应的虚拟价值为 $v - \dfrac{1 - G(v)}{g(v)}$。将虚拟价值写为分位数的函数，有：

$$
\begin{aligned}
v(q) - \frac{1 - G(v(q))}{g(v(q))} &= v(q) - \frac{q}{g(v(q))} \\
&= v(q) - \frac{q}{g(G^{-1}(1-q))} = v(q) + q(G^{-1}(1-q))' \\
&= v(q) + qv'(q)
\end{aligned}
$$

虚拟价值的另一种定义是首先定义收益曲线（revenue curve）$R(q) = qv(q)$，然后将分位数 q 处的虚拟价值写为 $R(q)$ 的导数：

$$
R'(q) = v(q) + qv'(q)
$$

因此，也可以用 $\phi(q) = R'(q)$ 表示虚拟价值。如果 $\phi(q)$ 对于 q 是单调非增的，或者等价地说，$R(q)$ 是凹的，则我们称分布 G 是正则（regular）的。

引理 4.1　对于任何单调非增函数 $\phi : [0,1] \to \mathbb{R}$，存在唯一的分布 $v(\cdot)$，其虚拟价值函数为 $\phi(\cdot)$。

证明　由于单调非增函数是 Riemann 可积的，因此可以对 ϕ 进行积分，得到收益曲线 $qv(q) = \int_{x=0}^{q} \phi(x)\mathrm{d}x$，然后除以 q 得到所需的分布 $v(\cdot)$。尽管在 $\phi(q)$ 的不连续点上 $[qv(q)]'$ 是未定义的，但我们仍然可以将其定义为 $\phi(q)$，因为不连续点的测度为零，不会影响出价者的期望效用。

4.2.1　单参数环境

为了简单起见，我们从具体的赞助搜索设定转换到更一般的单参数环境。有 n 个出价者和一个可行分配的集合 $A \subseteq \mathbb{R}_+^n$，其中 $\boldsymbol{a} = (a_1, a_2, \cdots, a_n)$ 是可行分配。出价者 i 的分配是 a_i，而其他出价者的分配由 $\boldsymbol{a}_{-i}$ 表示。假设 A 是向下封闭的（downward-closed），即对于每个 i 和任何 $\boldsymbol{a} = (a_i, \boldsymbol{a}_{-i}) \in A$，都有 $(0, \boldsymbol{a}_{-i}) \in A$。赞助搜索设置是 a_i 表示分配给 i 的广告位质量的特殊情况。

每个出价者 i 对每单位分配的价值为 $v_i \sim F_i$。与先验分布 $\boldsymbol{F} = \prod_{i=1}^{n} F_i$ 相关的机制 $\mathcal{M}$ 包括一个分配规则 $\boldsymbol{X} : \mathbb{R}_+^n \to A$ 和一个支付规则 $\boldsymbol{P} : \mathbb{R}_+^n \to \mathbb{R}_+^n$。出价者提交出价 $\boldsymbol{b} = (b_i, \boldsymbol{b}_{-i})$ 表示他们每单位愿意支付的金额，然后出价者 i 被分配 $X_i(\boldsymbol{b})$ 单位，支付价格 $P_i(\boldsymbol{b})$，获得的效用为 $X_i(\boldsymbol{b})v_i - P_i(\boldsymbol{b})$。假设其他出价者真实出价，我们用 $x_i(v_i) = \mathbf{E}_{\boldsymbol{v}_{-i} \sim \boldsymbol{F}_{-i}}[X_i(v_i, \boldsymbol{v}_{-i})]$ 表示期望分配，$p_i(v_i) = \mathbf{E}_{\boldsymbol{v}_{-i} \sim \boldsymbol{F}_{-i}}[P_i(v_i, \boldsymbol{v}_{-i})]$ 表示期望支付。

我们说机制 $\mathcal{M}$ 是贝叶斯激励兼容（Bayesian Incentive Compatible，BIC）的，如果满足以下约束：

$$v_i x_i(v_i) - p_i(v_i) \geqslant v_i x_i(v_i') - p_i(v_i'), \quad \forall v_i, v_i', i$$

我们说机制 $\mathcal{M}$ 是贝叶斯个体理性（Bayesian Individually Rational，BIR）的，如果满足以下约束：

$$v_i x_i(v_i) - p_i(v_i) \geqslant 0, \quad \forall v_i, i$$

此外，我们假设 $p_i(0) = 0$。

命题 4.1　如果分配规则和支付规则满足以下条件，那么机制 $\mathcal{M}$ 是 BIC 和 BIR 的：

- $X_i(v_i, \boldsymbol{v}_{-i})$ 在 v_i 中是单调非减的。

- $P_i(\boldsymbol{v}) = v_i X_i(\boldsymbol{v}) - \displaystyle\int_0^{v_i} X_i(u, \boldsymbol{v}_{-i}) \mathrm{d}u。$

命题 4.2　在 BIC 和 BIR 机制 $\mathcal{M}$ 中，如果出价者真实出价，那么出价者 i 的期望支付等于他的期望虚拟福利：

$$\mathbf{E}_{q_i}[p_i^{(\mathcal{M},\boldsymbol{F})}(q_i)] = \mathbf{E}_q[\phi_i(q_i) x_i^{(\mathcal{M},\boldsymbol{F})}(q_i)] \tag{4.1}$$

因此，期望收益等于总虚拟福利的期望值：

$$\sum_{i=1}^n \mathbf{E}_{q_i}[p_i^{(\mathcal{M},\boldsymbol{F})}(q_i)] = \mathbf{E}_{\boldsymbol{q}}\Big[\sum_{i=1}^n \phi_i(q_i) X_i^{(\mathcal{M},\boldsymbol{F})}(\boldsymbol{q})\Big] \tag{4.2}$$

Myerson 拍卖（Mye）　正如我们将在 4.3.1 节中展示的，如果先验 F 对卖方是已知的，则在单参数环境中，在 BIC 和 BIR 约束下能最大化卖方期望收益的拍卖是经典 Myerson 拍卖的拓展。为了简单起见，我们也称之为 Myerson 拍卖（Mye）。Mye 是先验相关的。

广义一价拍卖（GFP）　广义一价拍卖是单物品一价拍卖的推广。通常，"广义一价拍卖"特指赞助搜索设置中的拍卖。在这里，我们使用这个名称表示更一般的单参数环境。GFP 的分配规则由 $\boldsymbol{X}(\boldsymbol{b}) \in \arg\max_{\boldsymbol{a} \in A} \sum_{i=1}^n b_i a_i$ 定义，其中 $\arg\max$ 中包含一些关于如何处理平局的规则，而支付是 $P_i(\boldsymbol{b}) = b_i X_i(\boldsymbol{b})$。与 Mye 不同，GFP 是先验无关的且不是 BIC 的。

4.2.2　私有数据操纵博弈

当在实践中使用依赖先验的拍卖，如 Mye 时，会出现一个问题：拍卖主并不能获得真实的先验信息 F。拍卖主可能试图从历史上出价者提交的数据/出价中学习先验信息，但如果出价者知道拍卖主正在学习，则这些数据可能会被操纵。我们将操纵过程解释如下：从 F_i 中抽取的任何值 v_i 都映射到一个出价 $\hat{v}_i$，其遵循另一个分布 $\hat{F}_i$。我们将出价分布 $\hat{F}_i$ 称为操纵分布。有了足够的数据后，拍卖主学到了操纵分布 $\hat{\boldsymbol{F}} = \prod_{i=1}^n \hat{F}_i$，并设计了基于 $\hat{\boldsymbol{F}}$ 的拍卖。在本章中，我们将使用带有 ^ 的术语表示操纵过的数据（例如，$\hat{F}_i$ 表示分布，$\hat{\phi}_i(\cdot)$ 表示其虚拟价值函数）。

对于任何可能包含先验信息的机制 $\mathcal{M}$，我们定义以下两阶段博弈，通常称之为私有数据操纵（PDM）博弈：

- （第一阶段）在拍卖开始前，拍卖主宣布机制 $\mathcal{M}$。
- （第二阶段）每个出价者 i 通过出价 $\hat{v}_i$ 报告 $\hat{F}_i$，其中 $\hat{v}_i \sim \hat{F}_i$。

- （结果）拍卖主使用操纵分布 $\hat{F} = \prod_{i=1}^{n} \hat{F}_i$ 作为先验运行 $\mathcal{M}$，根据 $\mathcal{M}$ 对每个出价者进行分配和收费。

在 PDM 博弈的第二阶段，出价者对在第一阶段宣布的机制进行策略回应。它们的策略集定义如下。

定义 4.1 (策略集)　令 $S = \prod_{i=1}^{n} S_i$ 表示所有出价者的策略集，其中 S_i 是出价者 i 的策略集。一个策略 $s_i \in S_i$ 包括:

- 操纵分布，用 CDF $\hat{F}_i(\cdot)$ 或从分位数到价值的函数 $\hat{v}_i(\cdot) : [0,1] \to \mathbb{R}_+$ 表示。
- $\sigma_i(\cdot) : [0,1] \to [0,1]$，$[0,1]$ 的排列，满足 $\sigma_i(\mathrm{Uni}[0,1]) = \mathrm{Uni}[0,1]$。出价者 i 在真实值为 $v_i(\sigma_i(q_i))$ 时出价 $\hat{v}_i(q_i)$。

引入 $\sigma_i(\cdot)$ 是必要的，因为 $\hat{v}_i(\cdot)$ 只定义了整体出价分布，但并未描述如何将值映射到出价，$\sigma_i(\cdot)$ 允许出价者在保持分布 $\hat{v}_i(\cdot)$ 不变的同时任意选择映射。

一旦拍卖主宣布了机制 $\mathcal{M}$，且出价者选择了他们的操纵策略，我们便可以计算每个出价者 i 的（期望）效用，如下所示:

$$U_i(s_1, s_2, \cdots, s_n) = \mathbf{E}_{q_i} \left[v_i(\sigma_i(q_i)) \cdot x_i^{(\mathcal{M}, \hat{F})}(q_i) - p_i^{(\mathcal{M}, \hat{F})}(q_i) \right] \qquad (4.3)$$

我们强调，$x_i^{(\mathcal{M}, \hat{F})}(q_i)$ 是当出价者 i 的出价是 $\hat{v}_i(q_i)$，其他人的出价 $\hat{\boldsymbol{v}}_{-i}$ 遵循 $\hat{\boldsymbol{F}}_{-i}$ 时的中期（interim）分配。

假设 PDM 博弈中的出价者以纳什均衡策略进行博弈，该策略定义如下。

定义 4.2 (纳什均衡)　如果出价者 i 的操纵策略 $\boldsymbol{s} = (s_1, s_2, \cdots, s_n)$ 是一个纳什均衡，那么对于任何策略 $t_i \in S_i$，任何 i 都有 $U_i(s_i, \boldsymbol{s}_{-i}) \geqslant U_i(t_i, \boldsymbol{s}_{-i})$。

我们在引理 4.2 中显示，对于先验无关的拍卖，其分配和支付规则不依赖于先验分布，PDM 设置下的出价者行为与传统的贝叶斯设置下的出价者行为在策略上是等价的。在传统的贝叶斯设置下，出价者的策略是一个值到出价的映射 $\pi_i : \mathbb{R}_+ \to \mathbb{R}_+$。策略总集（profile）$\boldsymbol{\pi} = (\pi_1, \pi_2, \cdots, \pi_n)$ 被称为 $\mathcal{M}$ 的贝叶斯纳什均衡，如果每个出价者 i 都没有从其策略 π_i 中单方面偏离的动机:

$$\mathbf{E}_{\boldsymbol{v} \sim \boldsymbol{F}}[X_i(\boldsymbol{\pi}(\boldsymbol{v}))v_i - P_i(\boldsymbol{\pi}(\boldsymbol{v}))] \geqslant \mathbf{E}_{\boldsymbol{v} \sim \boldsymbol{F}}[X_i(\pi_i'(v_i), \boldsymbol{\pi}_{-i}(\boldsymbol{v}_{-i}))v_i - P_i(\boldsymbol{\pi}(\boldsymbol{v}))], \ \forall \pi_i', \forall i$$

用 $\pi_i^s : \mathbb{R}_+ \to \mathbb{R}_+$ 表示由 PDM 博弈中的策略 s_i 引起的值到出价的映射，即当他的真实值为 $v_i(q)$ 时，i 出价 $\pi_i^s(v_i(q)) = \hat{v}_i(\sigma_i^{-1}(q))$。

引理 4.2　对于任何先验无关的拍卖 $\mathcal{M}$，在 PDM 模型下 $\mathcal{M}$ 的纳什均衡为 $(s_1, s_2, \cdots, s_n)$ 当且仅当在传统的贝叶斯设置下 $\mathcal{M}$ 的贝叶斯纳什均衡为 $(\pi_1^s, \pi_2^s, \cdots, \pi_n^s)$。

引理 4.2 成立，因为操纵分布不影响 $\mathcal{M}$ 的分配和支付规则。

4.3　私有数据操纵模型中拍卖等价性

在这一节中，我们展示当出价人能操纵其价值分布时，Myerson 的最优拍卖和广义一价拍卖是等价的。我们考虑 PDM 中的 Myerson 拍卖，它是一种自然的选择，因为对于拍卖主来说，在给定报告的价值分布的情况下，其基于所有可用信息提取最大的收益。然而，我们证明在 PDM 博弈中，最初的最优拍卖退化为广义一价拍卖，其根本不使用任何私有数据。我们首先回顾最优拍卖的运作方式。

4.3.1　Myerson 拍卖

单参数环境中的 Myerson 最优拍卖（Mye）是单物品环境下 Myerson 拍卖的推广。用 $\boldsymbol{F} = \prod_{i=1}^{n} F_i$ 表示给定的先验。如果 F_i 是正则的，根据命题 4.2，通过选择对每个出价向量 $\boldsymbol{v}(\boldsymbol{q})$ 最大化虚拟福利的分配，可以使收益最大化。形式上，

$$\boldsymbol{X}^{(\text{Mye},\boldsymbol{F})}(\boldsymbol{q}) \in \arg\max_{\boldsymbol{a} \in A} \sum_{i=1}^{n} a_i \phi_i(q_i)$$

根据命题 4.1 计算支付。这样的机制是 BIC 的，根据命题 4.1，因为当 v_i 增加时，其虚拟价值 $\phi(q_i(v_i))$ 不会减少，所以分配 X_i 是单调不减的。

此外，为了最大化虚拟福利，Mye 永远不会向虚拟价值为非正的出价人分配正单位；这会在不违反可行性约束的情况下弱化虚拟福利，因为 A 是向下封闭的。也就是说，我们设置一个保留价格 r_i，使得出价人 i 的虚拟价值为零，并且只分配给出价高于其各自保留价格的出价人。当存在多个值使得 $\phi_i^v(r_i) = 0$ 时，我们选择最大的保留价格 r_i，因此，

$$\phi_i(q_i) \leqslant 0 \implies X_i^{(\text{Mye},\boldsymbol{F})}(q_i, \boldsymbol{q}_{-i}) = 0, \ \forall \boldsymbol{q}_{-i} \tag{4.4}$$

对于非正则分布 F_i，Myerson 拍卖将首先对其进行"熨烫"（ironing），将其转换为正则分布 $\overline{F}_i$，然后根据 $\overline{F}_i$ 运行拍卖。

4.3.2　Mye 和 GFP 之间的等价性

现在我们分析在 PDM 博弈中，出价人在 Mye 的纳什均衡下将如何行为。注意，由于真实分布 $\boldsymbol{F}$ 不可用，Mye 必须依赖出价人报告的分布 $\hat{\boldsymbol{F}}$ 分配物品和收费。

首先，我们声明在不失一般性的情况下，出价人的最佳响应策略集可以受到以下限制：

引理 4.3　对于任意的 i，任意的 $\boldsymbol{s}_{-i}$，选择满足以下属性的策略 $s_i = (\hat{v}_i(\cdot), \sigma_i(\cdot))$ 最大化出价人 i 的效用。

1. 恒等排列：$\sigma_i(q_i) = q_i$。
2. 单调性（虚拟价值）：$\forall q_i < q_i'$，$\hat{\phi}_i(q_i) \geqslant \hat{\phi}_i(q_i')$。
3. 非负虚拟价值：$\hat{\phi}_i(q_i) \geqslant 0$。

性质 1 和性质 2 的证明　对于性质 1，由于 (4.3) 中的支付项不依赖于 σ_i，为了最大化效用，我们只需要最大化第一项，即积分形式的 $\int_0^1 \left[v_i(\sigma_i(q_i)) \cdot x_i^{(\mathrm{Mye}, \hat{\boldsymbol{F}})}(q_i) \right] \mathrm{d}q_i$。根据 Mye 的分配规则，$x_i^{(\mathrm{Mye}, \hat{\boldsymbol{F}})}(q_i)$ 在 q_i 上是单调非增的，所以通过 Hardy–Littlewood 不等式，有：

$$\int_0^1 \left[v_i(\sigma_i(q_i)) \cdot x_i^{(\mathrm{Mye}, \hat{\boldsymbol{F}})}(q_i) \right] \mathrm{d}q_i \leqslant \int_0^1 \left[v_i(q_i) \cdot x_i^{(\mathrm{Mye}, \hat{\boldsymbol{F}})}(q_i) \right] \mathrm{d}q_i$$

恒等排列 $\sigma_i(q_i) = q_i$ 可以最大化这个积分。

对于性质 2，如果 $\hat{F}_i$ 是正则的，则 $\hat{\phi}_i$ 的单调性由 $\hat{F}_i$ 的正则性得出。对于不正则的 $\hat{F}_i$，考虑 Myerson 拍卖的熨烫过程。在这里，出价人 i 的虚拟价值函数不再定义在 $\hat{F}_i$ 上，而是定义在 $\overline{F}_i$ 上，这是一个正则分布。因此，单调性仍然成立。

在证明性质 3 之前，我们对出价人的策略集进行特征化并简化一些符号。通过性质 1，可以省略 $\sigma_i(\cdot)$ 并假设 s_i 由 $\hat{v}_i(\cdot)$ 唯一确定，也就是说，出价人将始终对值 $v_i(q)$ 出价 $\hat{v}_i(q)$。通过性质 2，我们只需要考虑具有单调虚拟价值函数 $\hat{\phi}_i$ 的策略。引理 4.1 告诉我们，任何单调虚拟价值函数 $\hat{\phi}_i$ 都可确定一个唯一的分布 $\hat{v}_i(\cdot)$。因此，我们可以仅使用虚拟价值函数 $\hat{\phi}_i$ 表示一个策略 s_i。引理 4.1 还暗含着，只要 $\hat{\phi}_i$ 是单调的，"策略 $\hat{\phi}_i$" 就都是有效的。使用命题 4.2 将期望支付写为期望虚拟福利，出价人 i 的期望效用变为

$$\mathcal{U}_i(\hat{\phi}_i, \hat{\phi}_{-i}) = \mathbf{E}_{q_i} \left[x_i^{(\mathrm{Mye}, \hat{\boldsymbol{F}})}(q_i) \left(v_i(q_i) - \hat{\phi}_i(q_i) \right) \right] \tag{4.5}$$

性质 3 的证明　假设 $\hat{\phi}_i(\cdot)$ 是单调非增的（性质 2）。假设 $\hat{\phi}_i(\cdot)$ 在 $[w_i, 1]$（或 $(w_i, 1]$）内取负值，那么我们定义另一个虚拟价值函数 $\widetilde{\phi}_i(\cdot)$ 取以下值：

$$\widetilde{\phi}_i(q_i) = \begin{cases} \hat{\phi}_i(q_i) & \text{如果 } q_i < w_i \\ \hat{\phi}_i(q_i) \cdot \mathbb{I}[\hat{\phi}_i(q_i) > 0] & \text{如果 } q_i = w_i \\ 0 & \text{如果 } q_i > w_i \end{cases}$$

注意，$\widetilde{\phi}_i(\cdot)$ 也是单调非增的。

当 $\hat{\phi}_i(q_i) \leqslant 0$ 时，根据 Mye 的分配规则 (4.4)，$X_i^{(\mathrm{Mye},\hat{F})}(\boldsymbol{q})$ 和 $X_i^{(\mathrm{Mye},\hat{F}_i \times \hat{F}_{-i})}(\boldsymbol{q})$ 都为 0。当 $\hat{\phi}_i(q_i) = \widetilde{\phi}_i(q_i) > 0$ 时，根据 Mye 的分配规则，所有出价人的两个分配都是相同的。这意味着，当出价人 i 从策略 $\hat{\phi}_i(\cdot)$ 切换到策略 $\widetilde{\phi}_i(\cdot)$ 时，没有出价人的分配发生变化。出价人的期望效用也不会发生变化。因此，出价人 i 可以切换到非负的策略 $\widetilde{\phi}_i(\cdot)$。

现在，我们可以不失一般性地假设 $\hat{\phi}_i(\cdot)$ 总取非负值。这使我们能将 $\hat{\phi}_i(\cdot)$ 与广义一价拍卖中的出价策略相关联，如下所述。回顾 4.2.1 节中 GFP 中的分配规则 $X_i^{\mathrm{GFP}}(\boldsymbol{b})$，该规则最大化 $\sum\limits_{i=1}^{n} a_i b_i$，令

$$x_i^{\mathrm{GFP}}(b_i(q_i)) = \mathbf{E}_{\boldsymbol{q}_{-i}}\left[X_i^{\mathrm{GFP}}\left(b_i(q_i), \boldsymbol{b}_{-i}(\boldsymbol{q}_{-i})\right)\right]$$

表示相应的期望中期分配。

接下来我们写出出价人 i 在 GFP 中的效用。由于 GFP 不是 BIC 的，我们使用一个分位数到出价的映射 $b_i : [0,1] \rightarrow \mathbb{R}_+$ 表示出价人 i 的策略。对于值 $v_i(q_i)$，出价人 i 出价 $b_i(q_i)$，获得 $X_i(b_i(q_i), \boldsymbol{b}_{-i}(\boldsymbol{q}_{-i}))$ 单位的分配，每单位支付 $b_i(q_i)$。因此，出价人 i 的期望效用是：

$$\begin{aligned}
\mathcal{U}_i^{\mathrm{GFP}}(b_i, \boldsymbol{b}_{-i}) &= \mathbf{E}_{q_i, \boldsymbol{q}_{-i}}\left[X_i^{\mathrm{GFP}}\left(b_i(q_i), \boldsymbol{b}_{-i}(\boldsymbol{q}_{-i})\right)\left(v_i(q_i) - b_i(q_i)\right)\right] \\
&= \mathbf{E}_{q_i}\left[x_i^{\mathrm{GFP}}(b_i(q_i))\left(v_i(q_i) - b_i(q_i)\right)\right]
\end{aligned} \tag{4.6}$$

一个关键的观察是：出价人 i 在具有 Mye 的 PDM 中的期望效用 (4.5) 可以以完全相同的方式写出：

$$\mathcal{U}_i^{\mathrm{Mye}}(\hat{\phi}_i, \hat{\phi}_{-i}) = \mathbf{E}_{q_i}\left[x_i^{\mathrm{GFP}}(\hat{\phi}_i(q_i))\left(v_i(q_i) - \hat{\phi}_i(q_i)\right)\right] \tag{4.7}$$

这是因为 $X_i^{(\mathrm{Mye},\hat{F})}(\boldsymbol{q}) = X_i^{\mathrm{GFP}}(\hat{\phi}(\boldsymbol{q}))$ 根据定义是相同的（假设 GFP 中的并列情况与 Mye 中的虚拟福利最大化中并列情况的处理方式相同）。

我们现在准备展示本节的主要结果。如果策略 s_i 满足引理 4.3 中的 3 个性质（恒等置换、单调性和非负虚拟价值），则我们称其为 PDM 中的正常策略。

定理 4.1 (Mye=GFP)　PDM 下的 Myerson 拍卖等效于广义一价拍卖。具体而言，PDM 的所有正常策略总集 $\boldsymbol{s} = (s_i, s_{-i})$ 与 GFP 的所有非增策略总集 $\boldsymbol{b} = (b_i, b_{-i})$ 之间存在一一对应关系，使得每个出价人的期望效用和期望支付以及拍卖主的期望收益相同。

证明　我们可以等同 s_i 和 $\hat{\phi}_i$，因为每个正常策略 s_i 都有一个单调非增且非负的虚拟价值函数 $\hat{\phi}_i$；根据引理 4.1，每个单调非增且非负的 $\hat{\phi}_i$ 都确定了唯

一的正常策略 s_i。因此，通过为每个 i 设置 $\hat{\phi}_i = b_i$，建立了正常 $\boldsymbol{s}$ 和单调 $\boldsymbol{b}$ 之间的一一对应关系。

然后通过上述观察 (4.6) 和 (4.7)，有：

$$\mathcal{U}_i^{\mathrm{GFP}}(b_i, \boldsymbol{b}_{-i}) = \mathcal{U}_i^{\mathrm{Mye}}(\hat{\phi}_i, \hat{\boldsymbol{\phi}}_{-i})$$

此外，对于任何 $\boldsymbol{v}(\boldsymbol{q})$，两个拍卖中的分配都相同：$X_i^{(\mathrm{Mye}, \hat{\boldsymbol{F}})}(\boldsymbol{q}) = X_i^{\mathrm{GFP}}(\boldsymbol{b}(\boldsymbol{q}))$。通过从期望效用中减去价值项，得出两个拍卖中的期望支付（从而是期望收益）是相同的。

推论 4.1　PDM 的正常策略总集 $\boldsymbol{s}$ 是 Mye 在 PDM 下的纳什均衡，当且仅当相应的单调策略向量 $\boldsymbol{b}$ 是 GFP 的贝叶斯纳什均衡。

4.4　赞助搜索拍卖中的等效性

在本节中，我们将注意力集中在更多的赞助搜索拍卖机制上。首先介绍一些必要的概念。

回顾，γ_j 是广告位/物品 j 的质量，v_i 是出价人 i 的每单位质量的价值。令 b_i 是出价人 i 的出价，$X_{ij}(\boldsymbol{b})$ 表示将物品 j 分配给出价人 i 的概率，$P_i(\boldsymbol{b})$ 表示在给定出价向量 $\boldsymbol{b} = (b_1, b_2, \cdots, b_n)$ 的情况下，出价人 i 的支付。我们使用 $\mathcal{M} = (\boldsymbol{X}, \boldsymbol{P})$ 表示由分配矩阵和支付向量组成的机制 $\mathcal{M}$（都作为出价向量的函数），其中 $\boldsymbol{X} = (X_{ij})_{n \times m}$ 和 $\boldsymbol{P} = (P_1, P_2, \cdots, P_n)$。分配给出价人 i 的向量是 $\boldsymbol{X}_{i \cdot}$。我们在这里假设出价人对物品的价值是可加的。令 $X_i = \sum_j X_{ij} \gamma_j$ 是分配给出价人 i 的总质量。令 $v_i(\boldsymbol{X}) = v(\boldsymbol{X}_{i \cdot}) = \sum_j X_{ij} \cdot v_i \gamma_j = v_i \cdot \sum_j X_{ij} \gamma_j = v_i X_i$。$v_i(\boldsymbol{X})$ 是由 $\boldsymbol{X}$ 给出的拍卖结果中 i 的总价值。

在赞助搜索拍卖中，如果每个出价人最多分配一个广告位，每个广告位至多分配给一个出价人，那么我们说该拍卖是可行的（feasible）。其等价于以下约束：

$$(\text{单位需求}) \quad \sum_{j=1}^{m} X_{ij}(\boldsymbol{b}) \leqslant 1, \quad \forall \boldsymbol{b}, i$$

$$(\text{避免过度分配}) \quad \sum_{i=1}^{n} X_{ij}(\boldsymbol{b}) \leqslant 1, \quad \forall \boldsymbol{b}, j$$

$$(\text{不可分的广告位}) \quad X_{ij}(\boldsymbol{b}) \in \{0, 1\}, \quad \forall \boldsymbol{b}, i, j$$

在本章的其余部分，我们将它们称为可行性约束。

不难验证，上述定义的赞助搜索拍卖设置是一个单参数环境：$X_i(\boldsymbol{b}) = \sum_j X_{ij}\gamma_j$ 是基于质量的等价分配规则；可行性约束形成一个向下封闭的可行域。因此，在赞助搜索拍卖设置中，基于先验的最优收益拍卖是 4.3.1 节中广义 Myerson 拍卖的一个特例：具有第 i 高正虚拟价值的出价人获得第 i 个广告位，并且支付遵循 Myerson 拍卖的支付规则（命题 4.1）。

4.4.1　先验无关拍卖

这里介绍一些在实践中广泛使用的先验无关的赞助搜索拍卖。将出价人的出价按非增顺序排序，$b_1 \geqslant b_2 \geqslant \cdots \geqslant b_n$。令 $\gamma_1 \geqslant \gamma_2 \geqslant \cdots \geqslant \gamma_m$ 表示广告位的质量。

- 广义一价拍卖（GFP）：在 GFP 中，每个出价人 $i \in [m] = \{1, 2, \cdots, m\}$ 得到第 i 个广告位，支付 $b_i \cdot \gamma_i$。
- 广义二价拍卖（GSP）：在 GSP 中，每个出价人 $i \in [m]$ 得到第 i 个广告位，支付 $b_{i+1} \cdot \gamma_i$。
- VCG 拍卖：在 VCG 拍卖中，每个出价人 $i \in [m]$ 得到第 i 个广告位，支付 $\sum_{j=i+1}^{m+1} b_j \cdot (\gamma_{j-1} - \gamma_j)$。（这里令 $\gamma_{m+1} = 0$。）VCG 拍卖是激励相容的：在均衡中，出价人真实地出价其价值。

4.4.2　赞助搜索拍卖中的 PDM 博弈

现在我们关注在赞助搜索拍卖中进行的 PDM 博弈，并研究涉及各种赞助搜索拍卖（Mye、GFP、GSP、VCG）的等价现象。

我们说一个贝叶斯纳什均衡（Bayes Nash equilibrium，BNE）是有效（efficient）的，如果对于任何价值向量 $\boldsymbol{v}$ 和相应的出价向量 $\boldsymbol{b} = \boldsymbol{b}(\boldsymbol{v})$，得到的分配 $\boldsymbol{X}(\boldsymbol{b})$ 是可行的，并且最大化社会福利 $\sum_i v_i X_i$。当买家具有独立同的连续分布时，我们说 BNE 是对称的，如果买家使用相同的出价策略。下面首先介绍一些以往文献中给出的命题。

命题 4.3　在 GFP 中，当有 n 个具有独立同的连续值分布的出价人时，只有一个 BNE，而且这个 BNE 是对称且有效的。

命题 4.4　在 GSP 中，当有 n 个具有独立同的连续值分布的出价人时，如果存在对称 BNE，则它是有效的。

命题 4.5 (经典的收益等价定理) 对于任何两个都具有有效 Bayes-Nash 均衡的机制，如果买家在这两个机制中都在价值为 0 时支付 0，那么这两个机制有相同的期望收益。

现在我们准备展示我们的等价结果。首先，由于赞助搜索拍卖是一个单参数环境，根据定理 4.1，立即得出定理 4.2。

定理 4.2 在赞助搜索拍卖情景下的 PDM 博弈中，Mye 等效于 GFP。

下面我们证明当买家具有独立同的价值时，Mye、GFP 和 VCG 在所有情况下都是等效的，而 GSP 在某些情况下也等效于它们。

定理 4.3 当买家具有独立同的连续价值时，Mye、GFP 和 VCG 在 PDM 下的各自均衡中是收益等效的。

证明 我们只需要展示 GFP 和 VCG 之间的等效性。根据引理 4.2，我们知道 GFP 在 PDM 下的均衡与传统的 BNE 完全相同。根据命题 4.3，我们知道 GFP 的均衡是有效的。由于 VCG 也是有效的，根据命题 4.5，GFP 和 VCG 在收益上是等效的。

GFP 和 VCG 在买家具有独立但非相同分布的情况下可能不等效。

例 4.1 假设有一个物品和两个买家。买家 1 的值 v_1 在 $\left[0, \dfrac{1}{1+z}\right]$ 内均匀随机，买家 2 的值 v_2 在 $\mathcal{U}\left[0, \dfrac{1}{1-z}\right]$ 内均匀随机，其中 $z \geqslant 0$。在均衡中，出价者的逆出价函数为

$$v_1 = b_1^{-1}(b) = \frac{2b}{1 + z(2b)^2}, \quad v_2 = b_2^{-1}(b) = \frac{2b}{1 - z(2b)^2}$$

较大出价的 CDF $G_{\mathrm{FP}}(b)$ 为

$$G_{\mathrm{FP}}(b) = \Pr[b_1(v_1) \leqslant b] \cdot \Pr[b_2(v_2) \leqslant b] = \frac{(1 - z^2)(2b)^2}{1 - z^2(2b)^4}$$

这是关于 z 的递减函数。因此，当 $z > 0$ 时，GFP 的收益比第二高价拍卖好。

定理 4.4 当买家具有独立同的连续值时，Mye、GFP 和 VCG 在其各自的均衡下在 PDM 下是收益等效的。

证明 我们只需展示 GFP 和 VCG 之间的等效性。根据引理 4.2，我们知道 GFP 在 PDM 下的均衡与传统的 BNE 相同。根据命题 4.3，GFP 的对称均衡必须是有效的。然后根据命题 4.5，我们知道 GFP 与 VCG 在收益上是等效的。

最后，我们通过两个例子展示 GSP 可能没有对称均衡，甚至在买家具有独立同的值的情况下可能存在非对称均衡。我们的关于 GSP 的等效性结果在这两种情况下不成立。

例 4.2 考虑 3 个买家，其值来自 $\mathrm{Uni}[0,1]$，有两个质量为 $(1, \gamma_2)$ 的广告位。对称 BNE 存在的充分必要条件是 $\gamma_2 \leqslant 0.75$。

例 4.3 考虑 3 个买家，其值来自 $\mathrm{Uni}[1,2]$，有 3 个质量为 $\left(1, \frac{1}{2}, \frac{1}{2}\right)$ 的广告位。存在一个非对称均衡: $b_1(v_1) = v_1$, $b_2(v_2) = b_3(v_3) = 0$。显然，买家 1 处于均衡状态。要查看买家 $i = 2, 3$ 是否处于均衡状态，假设 i 的值为 $v_i > 0$。如果 i 出价 $b \leqslant 1$，那么它的效用为 $\frac{1}{2} v_i - 0$; 如果 i 出价 $b > 1$，那么它的效用将为

$$v_i \Pr[v_1 \leqslant b] + \frac{1}{2} v_i \Pr[v_1 > b] - \int_1^b v_1 \mathrm{d}v_1$$

$$= \frac{1}{2} b v_i - \frac{b^2 - 1}{2} \leqslant \frac{1}{2} v_i$$

4.5 本章总结与讨论

本章以赞助搜索拍卖为例研究了一种重复拍卖场景，其中卖家向多个买家出售多个物品。卖家使用的机制的分配和定价策略可能取决于出价人提交的价值分布。出价人通过选择某些分布进行提交来做出最佳响应。我们表明，当卖家使用 Myerson 拍卖时，该拍卖在对提交的分布真实且最大化收益方面的能力将被削弱，因为出价人将不会真实地提交分布，而是选择一个操纵的分布，以便他们获得与广义一价拍卖相同的效用，卖家获得与广义最高价拍卖相同的收益。在特定的赞助搜索拍卖场景中，具体而言，在额外的假设下，Mye 和 GFP 进一步等同于 VCG 和 GSP。

我们的结果一定程度上可以解释为什么 Myerson 拍卖在实践中不如 GFP 和 GSP 受欢迎。广告商对数据/分布的操纵消除了 Myerson 拍卖在最大化收益方面的优势。

本章提供了一种机制设计和数据驱动决策的新视角。总体而言，我们认为这是一个非常重要的方向，充满了挑战和机遇。我们现在讨论一些可能的扩展和开放问题。

- 对相关价值的扩展：在这项工作中，我们假设出价人具有独立的价值。当出价人的价值相关时，Crémer-McLean 拍卖可以从出价人那里提取全部剩余价值，如果出价人的相关价值分布是离散的并且满足条件概率矩阵具有完全秩。如果在 PDM 框架中使用 Crémer-McLean 拍卖，并要求出价人报告的相关分布必须满足 Crémer-McLean 条件，那么我们可以证明 Crémer-McLean 拍卖在 PDM 下也等效于一价拍卖。然而，由于

Crémer-McLean 拍卖比 Myerson 拍卖更复杂且不太实用，因此我们认为在 PDM 博弈中探索其他针对相关值的简化和更实用的拍卖更有意义。

- 重新审视在 PDM 设置下"促真性"的概念：我们已经证明了在 PDM 下传统的促真性拍卖（如 Mye）可能是不促真的，如果拍卖是先验依赖的。另一方面，传统促真的先验独立拍卖，如 VCG，在 PDM 下仍然是促真的。我们能否刻画在 PDM 下的所有促真机制的集合？是否存在比 Mye/GFP 更优收益的促真机制？在 PDM 下，我们是否仍然可以"不失一般性"地将注意力限制在根据揭示原则的促真机制上，以优化收益？

- 半先验依赖拍卖：设计"半先验依赖"的拍卖是获得比 Mye/GFP 更高收益的可能途径之一，其中出价人 i 的分配和支付规则不依赖 i 的报告分布，但可能依赖其他出价人的报告。例如，一个具有个性化保留价的二价拍卖，其中每个出价人的保留价是由其他出价人的分布确定的，与原始的 Myerson 拍卖相同，因此在出价人具有独立同的正则分布的情况下是最优的。对于一般的分布而言，什么是最优的半先验依赖拍卖？

- 参数化学习：如果卖家只能对分布的参数进行学习，并使用 Mye，而出价人通过参数化分布做出响应，那么 Mye 和一价拍卖收益的关系如何？一些工作回答了这一问题。

- 与更多机制的联系：是否可以找到更多先验依赖机制在 PDM 之外的等同性/比较结果，特别是对于更实用的机制，例如匿名定价和匿名保留价等？

- 将 PDM 框架应用于多参数拍卖环境以及其他贝叶斯博弈：一些工作已经进行了这样的尝试。

- 离散值空间和出价空间：我们的"Mye=GFP"结果适用于任意价值空间，但仅适用于连续的出价空间。"Mye=GFP=VCG=GSP"结果依赖于连续价值空间和出价空间。离散出价空间在实际中具有实际动机，值得研究。

此外，我们也可以考虑将本章的结果拓展到自动出价的场景下。下面对自动出价场景及其所依托的互联网广告市场进行简单的介绍。

近年来，互联网的迅猛发展为许多传统市场的固有模式带来翻天覆地的变化，并将传统经济行为中不同的部分、要素以一种前所未见的方式加以重新融合。其中，一个最显著的例子是广告市场。在我们刻板的理解中，广告传播的媒介往往是报纸、电视节目或者广告牌等物理实体，但日益增长的互联网世界逐渐取代了这些方式，并成为各类广告的全新的、规模巨大的虚拟载体。更细化一步分类，互联网广告以最早的搜索引擎广告开始，随着互联网各类应用服务的诞生逐渐演化出多种多样的形式，包括网络游戏中的嵌入广告、短视频前的广告、社交媒体推送中的插入广告，等等。

　　需要特别指出的是，互联网广告相比于传统的媒介而言拥有 3 个显著的特点：①成本低；②体量大；③推送精准。下面以微信朋友圈中的广告为例，分别对这 3 点进行论述。

　　成本低。对于传统的包括电视节目和广告牌的广告传播媒介而言，利用这种方式传播广告的成本是很大的。从而，对于一些微型小型公司的广告商而言，采用这种方式对产品进行宣传所需要的成本往往过大以至于难以接受。以往，这类广告商可能会在报纸、杂志上的广告版面上进行宣传，以达到降低成本的目的。但这类版面往往受关注度较低，导致广告效果十分有限。而对于微信朋友圈的广告而言，这一问题得到了很好的解决。具体来说，由于微信朋友圈这一虚拟载体本身不需要印刷成本和发布成本，从而以此为媒介进行宣传的成本是较低的，为百至千条一元的价格。这种价格即使是规模非常小的公司也可以接受。此外，由于微信朋友圈已经成为当下人们日常生活中必不可少的社交手段，所以这上面的广告被受众群体所错过的概率比较低。即使受众群体将广告草草划过，也会在潜意识中留下一定的印象。相应地，广告带来的效果也会更好。

　　体量大。传统的广告受到传播媒介的限制，往往无法在较短的时间周期内打出大量的广告以提高受众。比如，报纸、杂志上的广告展示频率受到相应媒体的发行量和发行周期的限制。电视广告的展示频率受到电视台节目安排的限制。大型广告牌更受到路段单位时间内通行量的限制。但对于微信朋友圈的广告来讲，由于微信朋友圈的用户数量极大，广告商在成本充足的前提下几乎不用担心广告的投放量和影响力不足。此外，广告商也可以选择在多种互联网广告平台上同时投放广告，比如在微信朋友圈外选择各类短视频、长视频平台、小型网络游戏平台等，从而大大加大广告的受众量。其中，一个经典的例子是各类编程语言的"提高班""训练营"之类的广告，几乎成为高校学生群体茶余饭后的笑谈，可见其影响力之大。

　　推送精准。这可能是互联网广告相对于传统广告而言的一个最大优势。传统的广告媒介采取的宣传思路往往是"广撒网"，即通过在大量的报纸、杂志、电视台上发布广告内容，而让更多的群体了解自己的产品或者服务。这种宣传方式的一个重大弊端在于广告商往往无法精确控制广告的期望受众。虽然广告商可以通过选择刊登广告的载体的类别间接筛选广告受众，如产品与杂志或电视节目的主题相关，但是我们仍然需要认为这种筛选是粗糙的。举例而言，一种农业相关的杂志的订阅者可能会同时包含观赏花卉种植人员和粮食种植人员。而相应地，如花卉营养液之类的广告发布在这一杂志上可能会让无关受众（粮食种植人员）接收到这一信息。相对而言，由于微信朋友圈可以通过各种手段收集用户的信息，做出比较精准的用户人物画像，所以相应的广告推送内容就会更为精准。

我们需要特别指出的是，上述互联网广告的 3 点优势往往是相辅相成的。比方说，因为这些广告的精准推送，所以广告商不需要为无关的用户群体接收相应内容而买单，广告投放成本大大降低。而大规模的投送也可以降低单位广告的成本。

以上是从广告商的视角看互联网广告模式和传统广告模式的不同，下面将视角切换至广告平台，看广告平台是如何将一个广告位分配给众多广告商中的其中一个的。目前，不同的广告平台分配广告位的方式尽管在细节上可能有所不同，但大体的模式是类似的。下面以 Google Ads 为例进行介绍。当一个潜在广告位出现，或用户即将提交一个广告请求时，广告平台将会在所有对这一广告请求感兴趣的广告商中发起一个拍卖。拍卖中，每个广告商将会对相应广告位进行出价，象征着其愿意为广告位支付的最高价格。广告平台将按照所有广告商的出价以及广告质量等因素综合排序，排序最高的广告商就获得了这一广告位的展示权，并进行相应的计价。当下，广告平台的计价方式往往是按照转换次数计价，这可以简单理解为用户点击广告的次数。考虑到在大量的样本下广告被点击的次数与其展示的次数往往成正比关系，在数学上，我们将按照转换次数计价与按照展示次数计价看成等价的。同样，我们也可以忽略不同的广告商之间广告质量这一主观因素的差异，而认为广告的归属和计价仅与每个广告商的出价相关。从而，单个互联网广告位的分配问题可以抽象为微观经济学中被广泛研究的拍卖问题。

然而，互联网广告的拍卖场景又与传统的拍卖场景有显著的不同，主要可以归结为以下 3 点：①短时间内需要大量出价。就像我们提到的，互联网广告的一个重要特点是其体量巨大。换句话说，在短时间内，一个广告商可能需要同时在多个广告位拍卖上进行出价；整体上，一个广告商一天内参与的拍卖数量可能数以万计。这导致广告商没有能力自己长期控制每一个拍卖上的出价。这一特点是传统的拍卖场景不具备的。②广告商受到多种约束。首先，广告商会受到一段时间内的预算约束。其次，考虑到需求的不同，广告商还可能受到每次转化费用（Cost-Per-Action，CPA）或者支出回报率（Return-On-Average-Spend，ROAS）[①]的限制。这些约束是传统的拍卖场景不会着重考虑的。③广告商的目标多样。不同广告商投放广告的最终目标可能有很大的不同。举例而言，有些广告商可能希望最大化转化量，而另外的广告商可能希望最大化转化价值。这与传统的拍卖场景中考虑广告商的拟线性收益（quasi-linear utility）有很大的不同。在这些广泛的需求下，自动出价（automated bidding，auto-bidding）服务应运而生。

事实上，自动出价服务是广告平台为广告商提供的一种出价服务。在这一应用下，广告商只需要向广告平台提供自己的预算限制、目标 CPA 限制和目标

---

① ROAS 限制指广告商要求自己所获得的转化价值和支付费用的比值不小于某个给定值。

ROAS 限制，以及希望优化的目标，自动出价服务会在这些需求下帮助广告商在每次拍卖中自动出价。我们依然以 Google Ads 中提供的"智能出价"产品为例，具体在图 4.2 中展示。这里，如同图中显示的，Google Ads 提供了多种服务，包括在目标 ROAS 限制下的、目标 CPA 限制下的、最大化转化价值的，以及最大化转换量的。其中，第二个与第三个结合能满足希望最大化收益的广告商的需求；而第一个与第四个结合能满足希望最大化销量的广告商的需求。

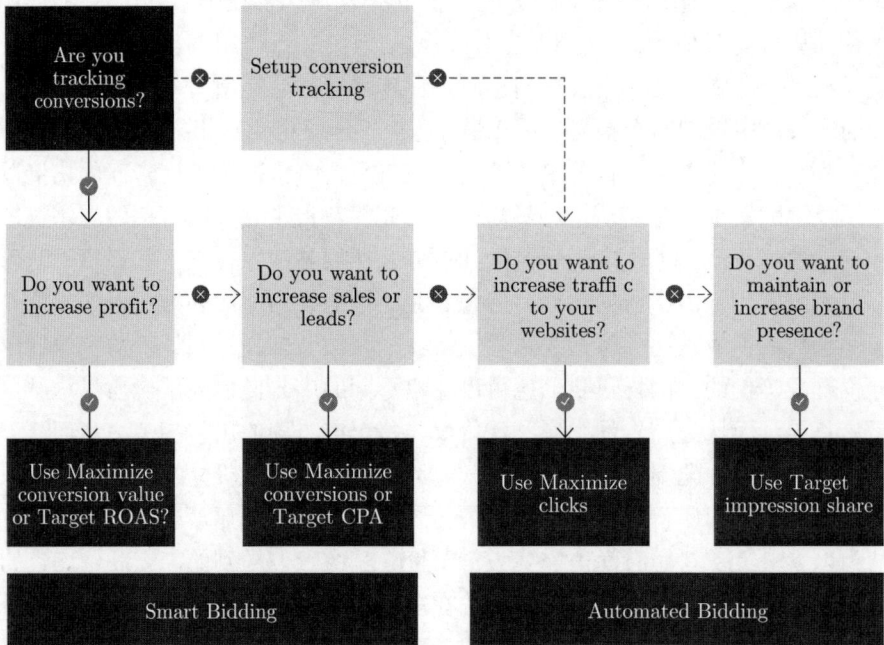

图 4.2　Google Ads 中的"智能出价"产品

随着自动出价服务在工业上的广泛应用，相应的理论问题也在学界，尤其是在研究算法博弈论的科学家中得到高度重视。

在自动出价场景下，我们考虑是否可以将本章的主要结果进行延拓。一些工作考虑了在收益最大化买家受到预算限制时不同的拍卖机制在 PDM 博弈下的等价性。这些结果是建立了折价一价拍卖和最优拍卖的等价性。我们好奇上述结果能否进一步扩展到对于受到 ROI 限制的或是价值最大化的买家上。然而难点在于，这些情况下的最优拍卖本身已经难以刻画。此外，这些工作考虑的买家收益是贝叶斯模型下的事前（ex ante）收益。一个有趣的问题是以上工作的结果对事后（ex post）收益是否也同样成立。

第 2 部分

信息论方法

第5章 基于信息论的最优赛制设计

5.1 引言

本章将通过探讨现实游戏或节目中的信息流，聚焦于信息论视角下的赛制设计优化，将深入分析一系列非完全信息博弈下的信息流情境，并借助实证和理论研究成果，探究如何通过信息论手段优化信息流，以提升观众的观赛体验。

近年来，全球直播行业迅猛发展，尤其是直播游戏领域。这一领域不仅包括电子竞技（例如《英雄联盟》《刀塔 2》《反恐精英: 全球攻势》《Apex 英雄》），还涵盖体育节目（如足球、网球）和其他游戏（如象棋、扑克以及虚拟赌场游戏）。在 Twitch.tv 这样的平台上，电子竞技及其相关内容占据高达 24.2% 的观看时间。据 2016 年的数据显示，约有 6.09 亿人观看视频游戏，总时长超过 50 亿小时。

尽管这些直播节目广受欢迎，但它们的质量参差不齐。一些研究认为，观众对这些直播内容的感知质量可能部分源自其中的惊喜元素。一种捕捉这种惊喜效果的方法是分析节目中的信息流。例如，在比赛开始前，观众可能对谁会获胜只有模糊的预测。随着比赛的进行，他们对可能的赢家有了更清晰的认识，最终在游戏结束时获取明确的胜者。信息流实际上衡量了观众在整个游戏过程信念的不确定性，一种简化的考虑方式即将信息流定义为对胜利者的预测变化。直观上讲，惊喜可以被视为信息流随时间的波动程度。

因此，不难想到游戏或节目的设计者可以通过刻意设置信息流的释放来提升观众的惊喜。但是，从这一初步理论开始到真正将这一设想应用于实践存在两大关键挑战："为什么"以及"怎么做"。首要的挑战是为什么设计者需要设置适当的信息流，即如何量化观众的惊喜与其感知质量之间的关系。而另一个挑战，则是设计者如何设计信息流，才能最大化观众的惊喜。

对于"为什么"，历史研究要么是在理论上假设更高的观众的期望惊喜提升其对内容的感知质量，要么是通过统计模型构建理论上的信息流，并间接测量观众的感知质量。在 5.3 节中，我们将通过实证工作验证观众的惊喜与其感知质量之间的关系：真正从观众中收集一手数据以量化这种相关关系的强度，并为感知质量模型的发展提供新的见解。具体而言，我们将根据用户的实时信念计算游戏中的惊喜程度，并研究惊喜的程度和发生时间与感知质量之间的关系。

而对于"怎么做",先前的研究并没有提供任何可用的或普适的工具用于一般的节目设计。游戏或节目的设计者只能用各模块建模后的数值模拟观众的期望惊喜,并在若干种信息流设计中选择数值结果最好的一种。本章为此给出一类理论解决方案,不仅可以高效地计算最优信息流设计,还能在具有良好结构的问题上得到最优信息流设计的理论结果。在 5.4 节和 5.5.3 节中,我们将介绍这一解决方案的应用,其考虑了两类具体游戏场景,即"问答游戏"和"魁地奇",以及一大类信息流设计问题:"游戏改变者"的收益设计。游戏改变者是一种具有高奖励的特殊轮次或单位,可能被对决双方中的一方获得,使得落后方有翻盘的机会。这两类游戏场景能在很大程度上描述现有的直播节目。本章建立的理论框架将给出这两类场景中"游戏改变者"的最优收益设计。

解决了这两个关键挑战之后,我们将目光从高度抽象的节目转移到现实的游戏设计中。我们在 5.6 节考虑了《英雄联盟》和《刀塔 2》这两个受众最广的 MOBA 类游戏。在进行适当的建模之后,本章分析了这类游戏中的游戏改变者的设计。在《英雄联盟》中游戏改变者是纳什男爵,而在《刀塔 2》中游戏改变者是肉山。结果表明理论最优的游戏改变者奖励和其现实中的设定非常接近,这强有力地支持了本章的理论框架。

相关工作

从 Ely 等对悬念和惊喜给出清晰的模型定义开始,一系列文章研究了惊喜对人们观看体验的影响,不仅包括网球、足球、橄榄球等传统体育项目,也包括《英雄联盟》等电子竞技项目。这些研究通常是从现有数据使用统计模型构建信念曲线,例如,Bizzozero 等通过明确使用网球的得分系统模拟某一方获胜的概率。类似地,其使用了一个游戏内模型,该模型还利用了由赛前赔率估计的队伍实力信息。Lucas 等分析了世界杯期间的推文,并使用情绪变化衡量惊喜。这些研究还使用不同的代理衡量感知质量。

其他工作专注于如何调整规则以提高游戏的公平性。本章主要关注的是观众的整体惊喜,惊喜和公平之间可能存在权衡,一个更令人惊喜的游戏可能对两个玩家来说不那么平衡。

对于 MOBA 游戏建模,Yang 等使用提取的图形和模式序列进行建模,Rioult 等和 Drachen 等使用团队的历史数据进行建模。这些研究主要集中在利用模型预测比赛结果。另一方面,我们关注的是整体惊喜与"游戏改变者"的奖励之间的关系。因此,本章提供了一个更抽象的模型来描述游戏。

5.2 预备知识

本节正式给出一些重要名词和符号的定义，以及如何在经验与理论分析中使用它们。为了方便起见，我们仅讨论两队对战这一常见的游戏或节目情景。

信念序列 在游戏或节目中，受试者 s 按时间顺序有一系列信念更新（图 5.1 中的蓝点），形成一个随机长度的信念序列：

$$\mathcal{B} = [(t_0, p_0), (t_1, p_1), \cdots, (t_n, p_n)],$$

其中 n 是受试者 s 更新其在游戏中的信念的次数，每个 $t_i (i \in [0, n])$ 是受试者更新其信念的时间，而每个 p_i 是受试者对于其中一方获胜概率的信念。例如，$t_0 = \text{start}$ 表明受试者 s 在游戏开始时报告了其先验信念 p_0。然后受试者 s 在时刻 t_1 将自己的信念从 p_0 更新到 p_1，以此类推。为了方便，让 $t_{n+1} = \text{end}$。对于所有 $0 \leqslant i \leqslant n$，在 $[t_i, t_{i+1})$ 期间，受试者 s 的信念仍然是 p_i。

一个受试者 s 对一场比赛的信念序列可以生成其信念曲线 $p^s : [\text{start}, \text{end}) \mapsto [0, 1]$ 表示受试者 s 在整个比赛中的持续信念，其中 $p^s(t)$ 是受试者 s 对时刻 t 蓝队获胜概率的信念（图 5.1）。

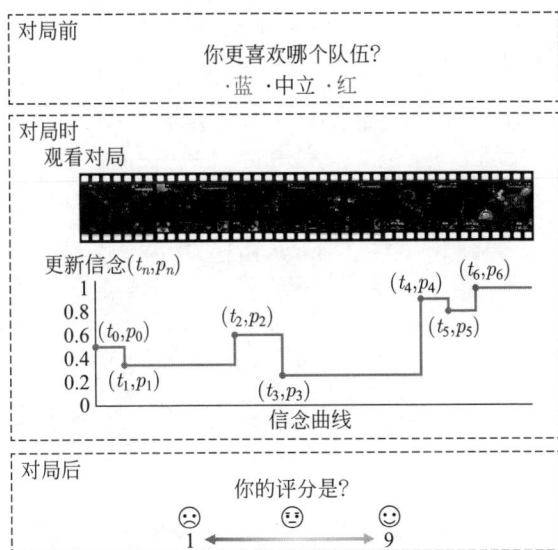

图 5.1 流程概述：图 5.1 以《英雄联盟》的一个对局说明了工作流程。对局在两队（蓝队和红队）之间进行。平台在对局前询问受试者对团队的偏好。受试者实时观看对局，并根据对局更新他们的信念。对局结束后，受试者对对局进行评分

定义 5.1 (信念曲线) 受试者 s 的信念曲线为 $p^s : [\text{start}, \text{end}) \mapsto [0, 1]$，其中
$$p^s(t) = p_i \quad \text{当} \ t \in [t_i, t_{i+1}) \ \text{对于任意} \ 0 \leqslant i \leqslant n \ .$$

信息流是所有可能信念曲线的集合。

中位数信念曲线　是在经验分析中使用的概念，为了减少非理性主体总是报告极端信念 (例如 0% 或 100%) 所造成的偏差，使用中位数曲线衡量惊喜量。图 5.2 为中位数曲线和惊喜量的说明。

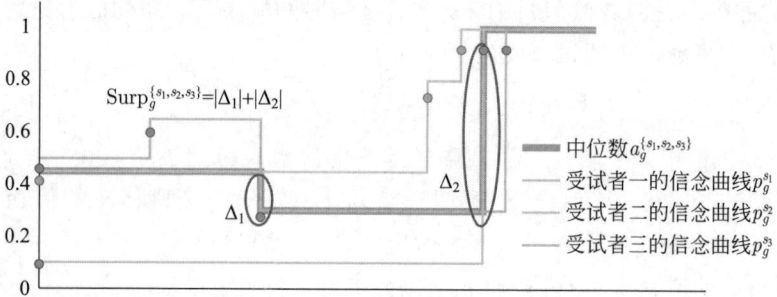

图 5.2　惊喜：有 3 个受试者 s_1、s_2 和 s_3，他们的信念曲线分别是绿色、黄色和蓝色。我们将他们的曲线聚合成一条中值曲线，即受试者的信念的中位数。惊喜量定义为变化的总和，即 $|\Delta_1| + |\Delta_2|$

定义 5.2 (中位数信念曲线)　对于由一组受试者集合 S 观看的游戏，我们定义中位数曲线 $a^S : [\text{start}, \text{end}] \mapsto [0, 1]$ 为游戏 g 中所有受试者集合 S 中的信念曲线的中位数，即

$$\forall t \in [\text{start}, \text{end}], a^S(t) = \text{median}(\{p^s(t) | s \in S\})$$

图 5.3 显示了来自数据集的 3 场不同比赛的中位数信念曲线。

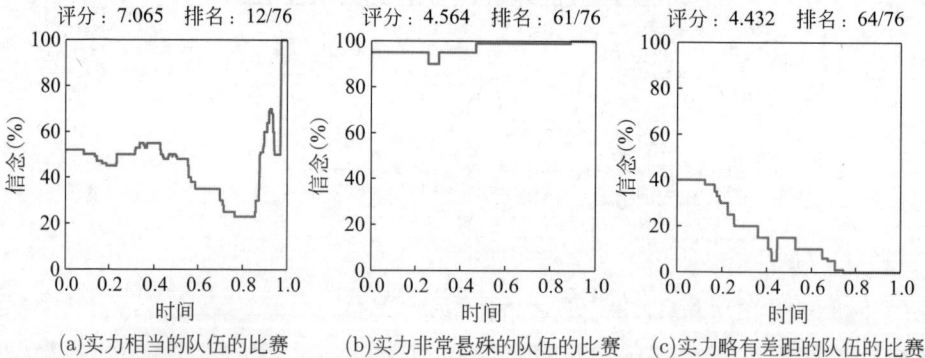

(a)实力相当的队伍的比赛　(b)实力非常悬殊的队伍的比赛　(c)实力略有差距的队伍的比赛

图 5.3　英雄联盟中 3 场对局的中位数曲线：图 5.3 显示了 3 场不同评价的对局的中位数曲线。图 5.3(a) 中的对局拥有非常高的评价：这场对局是在两个实力相当的队伍之间进行的。对局中有几次逆转。图 5.3(b) 中的对局评价较低：其中一队最终获得冠军，而另一队是公认的弱队，受试者一开始就相信前者会赢，结果也满足了他们的期望。图 5.3(c) 中的对局评价也很低：到对局中期，其中一队已经基本控制了局面，使得直到游戏结束也没有什么大的惊喜

贝叶斯信念序列　是在理论分析中使用的概念。在理论分析中，假定受试者是完美贝叶斯的，因此受试者的信念是可以被建模的。使用贝叶斯信念构造的信念曲线被称为贝叶斯信念序列。因此，可以在贝叶斯信念序列中忽略受试者 s 和时刻 t，即将信念序列 $\mathcal{B} = [(0, p_0), (1, p_1), \cdots, (n, p_n)]$ 简写为 $\mathcal{B} = [p_0, p_1, \cdots, p_n]$，其中 p_i 为时刻 i 时的信念，轮数 n 是一个常数或者一个随机变量，取决于具体的游戏。

惊喜　在经验分析中，本章使用中位数信念曲线衡量节目的惊喜；而在理论分析中，使用贝叶斯信念曲线衡量节目的惊喜。直观地看，信念曲线波动剧烈表明这个游戏具有高度的惊喜。仿照历史工作，惊喜量被定义为信念曲线变化的总和。

定义 5.3 (惊喜)　给定一个信念序列 $\mathcal{B} = [(t_0, p_0), (t_1, p_1), \cdots, (t_n, p_n)]$，定义这个序列的惊喜量为 $\Delta_{\mathcal{B}} = \sum_{i=0}^{n-1} |p_{i+1} - p_i|$。此外，在理论分析中，使用记号 $\Delta_{\mathcal{B}}^i$ 代表时刻 i 时产生的惊喜，即 $\Delta_{\mathcal{B}}^t = |p_i - p_{i-1}|$。

5.3　量化观众的惊喜和对感知质量的关系

本节介绍一项详细的实证研究来回答为什么游戏或节目的设计者应当设计适当的信息流来提高惊喜。为此设计了信息流启发平台（见图 5.4），收集受众的持续信念和事后评分。具体来说，受试者被要求观看直播游戏，并尽可能频繁地更新他们对游戏结果的信念。该平台对报告信息流的受试者进行金钱奖励：报告越准确，报酬就越高。受试者随后也会对其观看的游戏质量进行评价。利用信息流启发平台进行了一项针对 2020 年英雄联盟世界锦标赛的研究。[①]

(a)对局前　　　　　　　(b)对局中　　　　　　　(c)对局后

图 5.4　信息流启发平台主体界面

[①] 2020 年英雄联盟世界锦标赛是《英雄联盟》的第十届世界锦标赛，《英雄联盟》是 Riot Games 开发的电子游戏电子竞技锦标赛。比赛于 9 月 25 日至 10 月 31 日在中国上海举行。对局共 74 轮，每场对局 30～40min。

5.3.1　数据收集方式

本小节首先详细描述用于收集原始数据的信息流启发平台，进而介绍针对 2020 年英雄联盟世界锦标赛收集的原始数据。

信息流启发平台　每一场英雄联盟游戏都是两队之间的对局，为了方便起见，称呼其为红队和蓝队。对于每一场对局，我们旨在从每个受试者那里收集 3 种类型的信息：他们对队伍的偏好，他们对蓝队获胜概率的实时信念，以及他们对对局的质量评价。具体来说，每个对局都有 3 个阶段：对局前、对局中和对局后。在对局之前，受试者报告他们对队伍的偏好，还报告了他们对蓝队获胜概率的先验信念。在对局过程中，受试者随时更新他们对获胜概率的实时信念。对局结束后，他们用李克特量表（Likert scale）报告他们对游戏的评分，即从 1 到 9，"你对这局对局的质量评分为多少？"

激励措施　对于每个对局，受试者会根据他们的整体预测准确性获得现金奖励。为了测量整体预测精度，二次评分规则被用于测量每个时刻 t 的预测精度，并对 $[\text{start}, \text{end}]$ 上的二次评分进行积分，以获得受试者的最终得分。

形式上，每个受试者得到一个分数，这个分数取决于他的信念曲线。当对局结束时，蓝队最终获胜的结果 o 为 0（蓝队失败）或 1（蓝队获胜）。受试者 s 在 t 时刻的二次得分为 $1 - (p^s(t) - o)^2$。受试者 s 的总体二次得分为

$$\text{Score}(p^s) = \frac{1}{\text{end} - \text{start}} \int_{\text{start}}^{\text{end}} (1 - (p^s(t) - o)^2) \mathrm{d}t$$

例如，考虑一场对局，开始时间是 00:00，结束时间是 00:50，最后红队获胜。受试者报告了他开始时对蓝队获胜概率的先验信念为 40%。然后他在 00:25 时将自己的信念更新为 80%，在 00:30 时将自己的信念更新为 50%，在 00:40 时将自己的信念更新为 0%。那么，他的分数是 $[(1 - 0.4^2) \times (25 - 0) + (1 - 0.8^2) \times (30 - 25) + (1 - 0.5^2) \times (40 - 30) + (1 - 0^2) \times (50 - 40)] \times (1/50) = 0.806$。

对于受试者 s，在每个时刻 t，当 $p^s(t)$ 是他在 t 时刻的真实信念时，期望二次得分达到最大值。因此，受试者的最终分数的期望在其每个时刻均真实汇报其信念时达到最大值，这意味着分数是激励相容的。但是，这会导致非固定成本。为了确定预算，计算所有受试者的平均分数 $\overline{\text{Score}}$ 并平移每个受试者获得的奖励。具体来说，受试者 s 的奖励是 $(1 + \text{Score}(p^s) - \overline{\text{Score}}) \dfrac{B}{M}$，其中 M 表示对局中受试者的数量。有了上述平移过程，游戏的总奖励固定为 B。此外，奖励总是非负的，并且与原始分数具有相同的激励性质。

5.3.2　原始数据和初步结果

数据属性　前文所述的平台被用于分析 LOL S10，该对局集合包括 76 个独立对局。实验招募了 107 名受试者，均为中国大学本科生。对于每个对局，一个参与链接被发送给所有受试者。受试者可以根据自己的喜好参与任意多或任意少的对局的汇报。此外，实验并没有限制参与每个对局汇报的受试者。总共获得 4566 个观察样本，一个观察样本由一个特定的受试者参与一个特定的对局组成。5 名受试者参加了全部 76 个对局。其中 3 名受试者只参与一次。受试者参与的平均对局数量为 42.67。

探索性数据分析　受试者在每场对局中的平均得分为 0.817。受试者在每个对局中的平均支付额为 10.26 元人民币，总支付额为 46850 元人民币。信念更新频率中位数为 5 次，平均值为 5.87 次。68% 的受试者主修理工科。所有受试者都报告说他们有观看 LOL 直播的经验。对于每个对局，实验测量受试者的数量、平均评分、持续时间、峰值时间、前半时间和后半时间的惊喜、峰值惊喜、结束惊喜和整体惊喜。峰值时间衡量的是对局中最令人惊喜的时间，其定义为具有最大惊喜量的 150s 时间区间。峰值惊喜定义为在峰值时间内产生的惊喜量。约束惊喜被定义为在对局最后 150s 内产生的惊喜。

表 5.1 显示了原始数据参数的平均值、最小值和最大值。注意，平均而言，后半时间的惊喜是前半时间的两倍。图 5.5 显示了原始数据参数的直方图。观察到最频繁的峰值时间在 20~30min。这与对局的关键部分相对应，即杀死第一个纳什男爵。纳什男爵出现在对局的第 20min，并且通常在 20~30min 被杀死，从而使杀死其的团队获得持久的优势。纳什男爵是英雄联盟游戏的游戏改变者，关于游戏改变者的更多讨论参见 5.4 节。

表 5.1　数据汇总统计

参数	平均值	最小值	最大值
受试者数量	59.974	28	83
平均评分	5.709	3.6	8.235
持续时间（分钟）	32.039	18.817	45.317
峰值时刻（分钟）	23.950	2.6	44.042
前半时间惊喜	0.262	0.04	0.675
后半时间惊喜	0.531	0.01	1.445
峰值惊喜	0.278	0.09	0.79
结束惊喜	0.162	0	0.725
整体惊喜	0.793	0.15	1.75

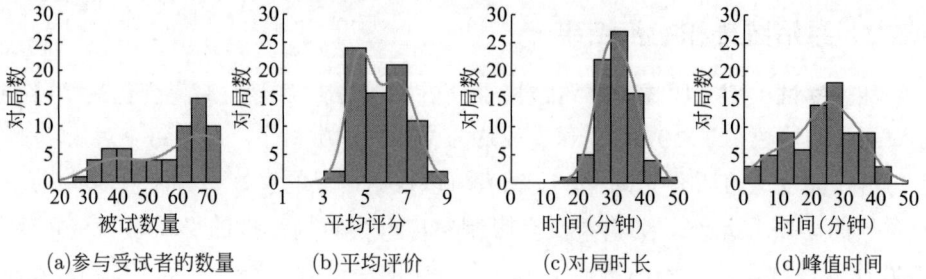

图 **5.5**　所有游戏的多个统计数据直方图

图 5.6(a) 显示了每场对局前半和后半惊喜的散点图。分数是根据对局的精彩程度划分的，以对局的平均评分衡量。可以看到，这些值是负相关的。图 5.6(b) 是每场对局的峰值惊喜和结束惊喜的散点图。这些值正相关。我们还发现 19.7% 的对局的峰值时间是终局时间。

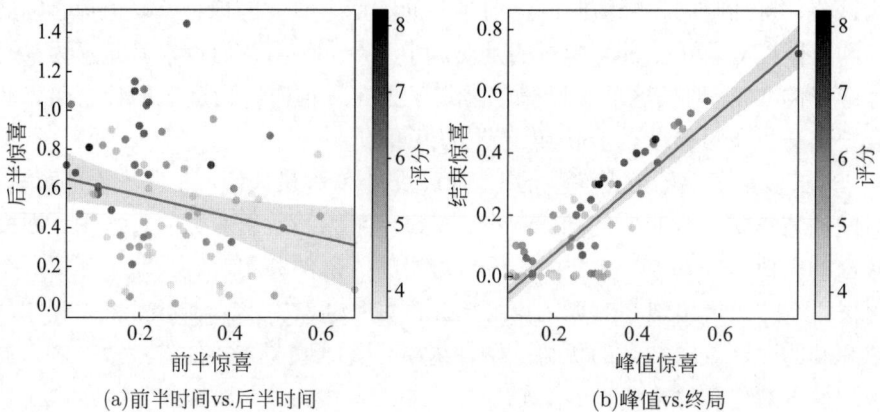

图 **5.6**　不同时间惊喜之间的关系：每个点代表一场对局，并以其平均评分为颜色。图中还显示了线性回归线

图 5.7 显示了随时间变化的惊喜程度。短对局往往没有太多的惊喜，这也许是因为取得优势的队伍迅速结束了对局。长对局往往在开始时没有多少惊喜，可能因为此时两支队伍势均力敌，但在长对局的最后阶段会有大量的惊喜。

5.3.3　主要结论

首先，受试者的评分与对局中惊喜程度之间的关系的分析。我们发现平均评分与惊喜程度显著正相关（图 5.8(a)，表 5.2，列 1）。进一步将游戏分成两部分，前半时间和后半时间，并观察两部分的差异。在后半时间，评分与惊喜量之间存

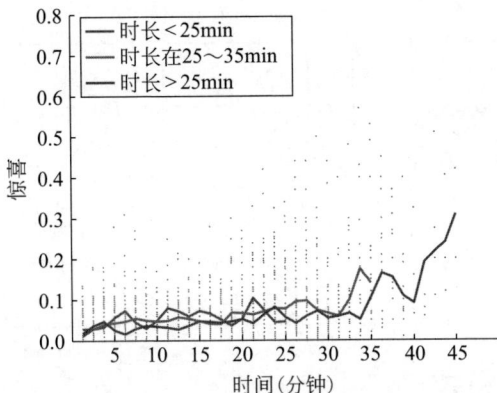

图 5.7　随时间变化的惊喜：将时间离散化，每次以该时间为中心计算 150s 时间间隔内的惊喜量。图中的每个点代表在某一对局和某一时间间隔中的惊喜量。圆点的颜色表示相应对局的持续时间。一共有 3 种颜色，红色表示对应的对局持续时间少于 25min，绿色表示持续时间为 25~35min，蓝色表示持续时间超过 35min。带有颜色的线代表同一颜色的对局在特定时间的平均惊喜量

在显著的正相关关系（图 5.8(c)，表 5.2，列 3），而在前半时间，这种相关性为负相关关系（图 5.8(b)，表 5.2，列 2）。将前半时间惊喜和后半时间惊喜一起回归时，这个结果仍然存在（图 5.8(b)，表 5.2，列 4）。

表 5.2　线性回归：不同时间段的惊喜和对对局的评分

	(1)	(2)	(3)	(4)
Surprise	1.214***			
	(0.399)			
1st half		−2.921***		−2.100**
surprise		(0.911)		(0.846)
2nd half			1.743***	1.533***
surprise			(0.368)	(0.366)
Constant	4.746***	6.473***	4.783***	5.444***
	(0.340)	(0.269)	(0.227)	(0.345)
N	76	76	76	76
adj. R^2	0.099	0.110	0.222	0.273

注: 因变量为评分。列 1、2、3 中的自变量分别为惊喜、上半时间惊喜、下半时间惊喜，列 4 中的自变量分别为上半时间惊喜和下半时间惊喜。标准误差报告在括号内。***、** 和 * 分别表示在 1%、5% 和 10% 水平上具有统计学显著性。

重要的是，后半时间惊喜比整体惊喜更能预测平均评分：后半时间惊喜的系数值为 1.743，而整体惊喜的系数值为 1.214。此外，当使用后半时间惊喜时，调

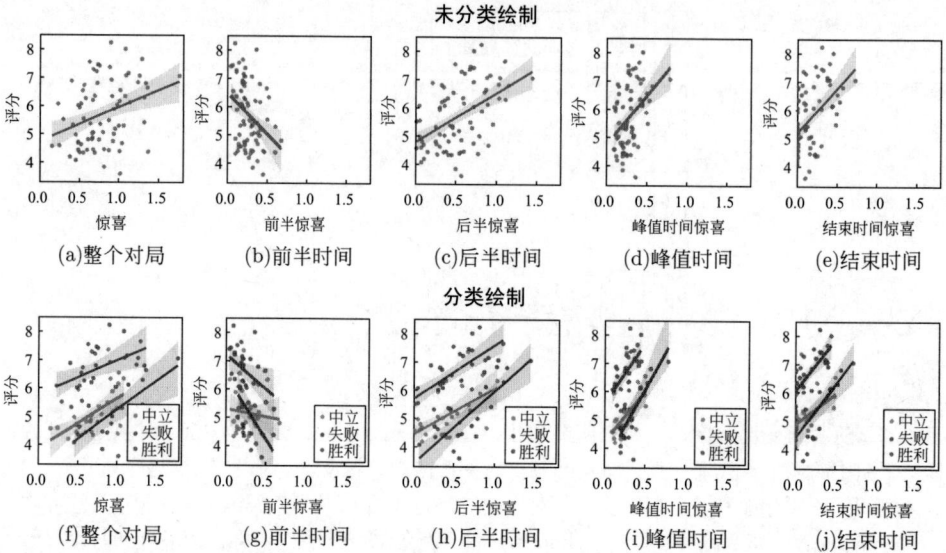

图 5.8 惊喜与评分之间的关系：图中每个点代表一个对局。纵轴是受试者的平均评分。横轴是整个对局的惊喜量（a，f）、前半时间惊喜（b，g）、后半时间惊喜（c，h）、峰值惊喜（d，i）和结束惊喜（e，j）。在分类绘制中，对局被分为 3 类，红点代表大多数受试者喜欢的队伍胜利，蓝点代表大多数受试者喜欢的队伍失败，灰点代表大多数受试者中立。分类绘制的结果与未分类绘制相似。

整后的 R^2 值也比使用整体惊喜时更大。一种可能性是，实验对象会更看重对局后半时间的观看体验。这一结果表明，优化信息披露策略时，优化目标应考虑时间因素，更强调后期惊喜。

对该结果的一个可能的解释是峰值效应。也就是说，人们对一种体验的判断主要基于他们在最紧张的时刻和结束时的感受，而不是基于他们在体验中所有时刻的感觉总和。因此，我们进一步分析了数据中峰值惊喜和结束惊喜的影响（见5.3.2节中的定义）。结果表明，两者都与平均评价高度相关，而最终惊喜的相关性最高（见表5.3）。注意，结束惊喜甚至比后半时间惊喜更多 (结束惊喜调整后的 R^2 值为 0.232，大于后半时间惊喜调整后的 R^2 值 0.222)。

其次，我们观察到，当受试者喜欢的队伍胜利（失败）时，他们的评分显著增加（减少）。在游戏中，玩家的偏好是同质的，例如，当一支受欢迎的队伍对阵一支不受欢迎的队伍时，这种个人偏好导致的评分偏见会导致游戏的平均评分不公平地高（低），这取决于游戏的结果。因此，游戏可以被分为 3 类：胜利、失败和中立。胜利（失败）类别包括大多数受试者更喜欢的队伍胜利（失败）的游戏。中立类别包括大多数人保持中立的游戏（受试者也可以在他们的团队偏好中保持中立），结果见图 5.8(f)～图 5.8(j) 和表 5.4。同样，在这 3 类游戏中也观察到类似的结果。

表 5.3　线性回归：峰值惊喜和评价

	(1)	(2)	(3)
Peak surprise	3.459***		−0.582
	(0.947)		(1.637)
End surprise		3.146***	3.497***
		(0.647)	(1.183)
Constant	4.746***	5.200***	5.304***
	(0.290)	(0.156)	(0.335)
N	76	76	76
adj. R^2	0.141	0.232	0.223

注: 因变量为评分。列 1、2 中的自变量分别为峰值惊喜、结束惊喜。列 3 中的自变量为峰值惊喜和结束惊喜。峰值惊喜表示在峰值时间内的惊喜量。结束惊喜表示在过去 150s 内产生的惊喜。标准误差报告在括号内。***、** 和 * 分别表示在 1%、5% 和 10% 水平上具有统计学显著性。

表 5.4　线性回归：不同对局中的惊喜和评价

	(1) all	(2) win game	(3) lose game	(4) neutral game
Surprise	1.692***	1.211***	2.088***	1.760***
	(0.293)	(0.489)	(0.557)	(0.507)
Win	1.498***			
	(0.198)			
Lose	−0.376			
	(0.232)			
Constant	3.928***	5.783***	3.162***	3.879***
	(0.251)	(0.389)	(0.585)	(0.385)
N	76	27	19	30
adj. R^2	0.575	0.165	0.420	0.276

注: 列 1 为总体结果。列 2 是指大多数人喜欢的队伍获胜的对局。列 3 是指大多数人喜欢的队伍输掉的对局。列 4 是指没有大多数人喜欢的队伍的对局。因变量是评价分数。列 1 中的自变量是惊喜，以及获胜（失败）的虚拟值，即大多数人喜欢的团队是否赢（输）了游戏。列 2、3、4 中的自变量分别是意外度。标准误差报告在括号内。***、** 和 * 分别表示在 1%、5% 和 10% 水平上具有统计学显著性。

除了惊喜程度，下面探讨了其他可能影响观众平均评分的因素。

翻盘程度 翻盘程度是 1 减去游戏中赢家的最小获胜概率。这一特征表征了结果的惊喜程度。系数值为 1.737，R^2 值为 0.029。

优势方转换次数 优势方转换次数是胜率超过 50% 的队伍发生变化的次数。这个特性描述了具有优势变化的团队。系数值为 -0.677，R^2 值为 0.017。

垃圾时间 垃圾时间是在对局结束前连续一段时间内，胜出者获胜概率大于 p 的时间占整个对局时间的比例。p 是 $0.5 \sim 1$ 的参数。这一特性描述了结束前不令人惊喜的时间。直观上，垃圾时间与结束惊喜相关，与评分负相关。结果表明，当系数值为 -1.524，R^2 值为 0.175 时，$p = 0.7$ 的评分预测性能最好。

在以上 3 个因素中，垃圾时间是最相关的因素，但效果仍然不如结束惊喜。

5.4 在"答题竞赛"中设计最优"游戏改变者"

5.3 节通过实证分析证明了惊喜和观众对节目的评级之间的强烈相关性，那么，在游戏或节目的设计中，一个重要的目标就是最大化观众的期望惊喜。在这个优化目标下，我们希望有一套理论来指导设计游戏或节目的若干参数，以达到最大的期望惊喜，而不是仅依赖大量的随机尝试。本节将构建一个理论框架，并通过在两类游戏场景中理论分析最优的"游戏改变者"，建立一套完整的分析手段来解决现实节目或游戏中的信息流设计问题。

5.4.1 游戏模型

游戏改变者 前面的实验数据告诉我们，一边倒的比赛往往缺乏惊喜，可能无法点燃观众的热情。这就是为什么很多竞争系统倾向匹配具有相当技能水平的玩家。然而，玩家的限制有时会使这种理想无法实现，从而导致不平衡的对局。为了应对不平衡的对局，许多游戏和节目设置了一个重要单位，我们将其称为"游戏改变者"。赢得"游戏改变者"的团队将获得大量优势，使得落后玩家的翻盘成为可能。"游戏改变者"非常常见，例如《刀塔 2》中的肉山，英雄联盟中的纳什男爵，以及之后要讨论的两个游戏：答题竞赛中的最后一轮，以及在魁地奇游戏中的金色飞贼。

游戏场景：答题竞赛 答题竞赛是一种非常常见且受到欢迎的电视节目。在答题竞赛游戏中，两个玩家依次进行固定轮数的对战。每个非最后一轮的轮次都有相同的分数，而最后一轮的获胜者将得到额外的分数，最终累积分数较多的玩家获胜。很多确定时间的游戏都可以被抽象为一个答题竞赛的形式。Mind King

是微信上一个非常受欢迎的双人智力游戏。游戏包含 5 轮，在每一轮中，每个玩家根据回答的正确性和速度获得分数。最后一轮得分加倍。自 2015 年以来，印地赛车将每赛季的最后一场比赛中积分翻了一番。钻石联赛是一个田径联赛，从 2010 年到 2016 年，钻石联赛的冠军在一个赛季的 7 场比赛中通过积分制确定，而最后一场比赛的积分会翻倍。

问题建模　对答题游戏的建模是显而易见的，因为它本身就拥有清晰的轮次。游戏有两个玩家（称为红队和蓝队）和固定的轮数 $1 \sim n$。第 $1 \sim n-1$ 轮的获胜玩家将获得 1 分，第 n 轮的获胜玩家将获得 x 分的奖励，其中 x 是非负整数。n 轮结束后，得分较高的玩家获胜。图 5.9 给出了问题建模的形式化描述。本节希望求得最优奖励 x，使得平局不可能出现，并且使得观众的期望惊喜最大。

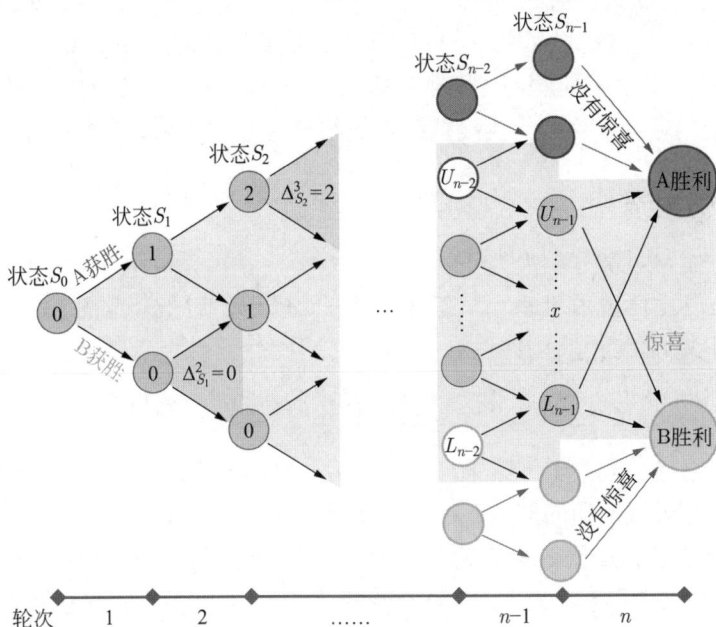

图 5.9　问题建模

以下是在分析中使用的记号：记 $H_i \in \{+, -\}$ 为第 i 轮的结果，其中 $H_i = +$ 表示蓝队获胜，$H_i = -$ 表示红队获胜。记 $\mathcal{H}^{(i)} = \{H_j\}_{j \in [i-1]}$ 为第 $1 \sim i$ 轮的历史，对于所有 $i \leqslant n-1$，随机变量 $S_i := \mathrm{COUNT}(\mathcal{H}^{(i)})$ 被定义为蓝队在前 i 轮中获胜的轮数，称为 i 轮后的状态。

先验信念　衡量惊喜需要模拟观众的信念。观众对谁会赢的信念取决于观众对每一轮中两队选手获胜机会的先验信念，注意这个信念可能会随着比赛的进行而更新。从直觉上看，在玩家认为两名玩家的能力是高度不对称的游戏中（例如强者对战弱者），应该设置较大的 x，否则较弱的玩家可能在游戏早期会被淘汰。相反，如果两名玩家完全势均力敌，且总回合数为奇数，则应当设置 $x = 1$。下面考虑先验信念的 2 种特殊情形，然后介绍一般情形。

第一种情形是，观众对每个竞争者每一轮获胜的概率有一个固定不变的信念，称其为确定情形。最优奖励的大小取决于对两名玩家能力水平差异的信念。第二种情形是，观众对两名玩家的能力一无所知[①]，我们称之为均匀情形。具体来说，玩家的先验被建模为均匀分布，并据此得出最优奖励大小。均匀情形的一个推广是对称情形，此时观众有一定数量的先验知识，但先验知识没有指向一个玩家更强。

对于一般的情形，使用 Beta 分布 $\mathcal{B}e(\alpha, \beta)$ 模拟观众对蓝队在每轮中获胜概率 p 的先验。Beta 分布家族足够丰富，可以涵盖各种重要的场景，包括均匀情形（$\alpha = \beta = 1$）、对称情形（$\alpha = \beta$）和确定情形（$\alpha = \lambda p, \beta = \lambda(1 - p), \lambda \to \infty$）。Beta 分布的一个关键性质是，如果 p 服从一个 Beta 分布，则对于一个正面朝上的概率为 p 的硬币，在观察到投掷硬币的结果后，p 的后验仍然服从 Beta 分布。

5.4.2 技术概览

解决方案可以被分割为 3 个步骤。

步骤 1（主要技术引理） 证明固定 n、α、β，对于任意的 x，存在一个常数 C，使得观众的期望惊喜

$$\mathrm{E}[\Delta_{\mathcal{B}}(x)] = \mathrm{E}[\Delta_{\mathcal{B}}^{n-1}(x)] * C + \mathrm{E}[\Delta_{\mathcal{B}}^{n}(x)]$$

因此，x 的选择只取决于倒数第二轮和最后一轮的惊喜之间的权衡。这大大简化了分析，因为最后两轮的信念存在一个渐近的形式表达式。

步骤 2（最后及倒数第二轮） $\Delta_{\mathcal{H}^{(i-1)}}^{i}$ 被定义为，假定历史 $\mathcal{H}^{(i-1)}$，第 i 轮产生的期望惊喜量。$\Delta_{S_{i-1}}^{i}$ 是第 i 轮产生的惊喜量，假设蓝队在第 $i-1$ 轮中赢得 S_{i-1} 轮。推论 5.1 表明 $\Delta_{\mathcal{H}^{(i-1)}}^{i}$ 只取决于历史的状态，即对于任何历史 $h \in \{+ -\}^{i-1}$，$\Delta_{S_{i-1}=\mathrm{COUNT}(h)}^{i} = \Delta_{\mathcal{H}^{(i-1)}=h}^{i}$。

在最后一轮中，注意到当蓝队和红队之间的差值严格大于 x 时，无论谁赢得最后一轮，整个比赛的结果都不会改变，并且在最后一轮中不会产生惊喜。定义 $L_{n-1} := \dfrac{n - x}{2}$ 以及 $U_{n-1} := \dfrac{n + x - 2}{2}$，则只有状态 $S_{n-1} \in [L_{n-1}, U_{n-1}]$ 时最

---

① 值得注意的是，这不同于确定情形，即两个玩家都有相同的获胜机会。原因是确定情形下不存在信念更新，而均匀情形下存在信念更新。

后一轮制造惊喜。因此，在第 n 轮中产生的期望总惊喜是

$$\mathrm{E}[\Delta_{\mathcal{B}}^{n}(x)] = \overbrace{\sum_{j=L_{n-1}}^{U_{n-1}} \mathrm{Pr}[S_{n-1}=j] * \Delta_{S_{n-1}=j}^{n}}^{\text{最后一轮}}$$

在任何状态 $S_{n-1}=j \in [L_{n-1}, U_{n-1}]$ 中，谁赢了最后一轮谁就赢得了整个竞争，对于所有 $\Delta_{S_{n-1}=j}^{n}$ 的分析是相同的。同样，在倒数第二轮中，定义 $L_{n-2} := \dfrac{n-x-2}{2}$ 和 $U_{n-2} := \dfrac{n+x-2}{2}$。类似地，只有状态 $S_{n-2} \in [L_{n-2}, U_{n-2}]$ 时倒数第二轮产生惊喜。(L_{n-2}, U_{n-2}) 中的状态是类似的。然而，与最后一轮不同的是，端点 L_{n-2}，U_{n-1} 的状态需要不同的分析，因此将分析分为 3 部分：

$$\mathrm{E}[\Delta_{\mathcal{B}}^{n-1}(x)] = \overbrace{\mathrm{Pr}[S_{n-2}=L_{n-2}] * \Delta_{S_{n-2}=L_{n-2}}^{n-1}}^{\text{倒数第二轮（在点 } L_{n-2}\text{）}}$$

$$+ \overbrace{\mathrm{Pr}[S_{n-2}=U_{n-2}] * \Delta_{S_{n-2}=U_{n-2}}^{n-1}}^{\text{倒数第二轮（在点 } U_{n-2}\text{）}}$$

$$+ \overbrace{\sum_{j=L_{n-2}+1}^{U_{n-2}-1} \mathrm{Pr}[S_{n-2}=j] * \Delta_{S_{n-2}=j}^{n-1}}^{\text{倒数第二轮（在 } L_{n-2} \text{ 和 } U_{n-2} \text{ 之间）}}$$

步骤 3（局部最大值）　计算最优奖励 x 需要分析 $\mathrm{E}[\Delta_{\mathcal{B}}(x)]$ 随 x 如何变化。对于轮数有限的情形，由于要求奖励 x 是与 n 具有相同奇偶性的整数，因此仅需计算当 x 增加/减少 2 时观众的期望惊喜函数 $\mathrm{E}[\Delta_{\mathcal{B}}(x)]$ 的变化。观察发现该式只有一个局部最大值（因此也是全局最大值）。对于轮数渐近的情形，计算 $\mathrm{E}[\Delta_{\mathcal{B}}(x)]$ 对 x 的导数，发现它只有一个零解，这个解是局部（也是全局）最大值。

5.4.3　结果简述

表 5.5 显示了对于任何有限轮数和随着轮数渐近增加时，在每种先验情形下（对称、确定和一般）的最优奖励大小。注意，对于对称情形和渐近确定情形，存在封闭形式的公式。图 5.10 显示了渐近情形下的最优奖励。对于较小的 $\alpha - \beta$，它类似于对称情形（纵轴）；类似地，对于较大的 $\alpha - \beta$，它类似于确定情形（横轴）。因此，特殊情形的结果可用来近似一般情形。该结果提供了两个观察。

表 5.5　x 的最优取值

	对称情形 $\alpha = \beta$	确定情形 $\alpha = \lambda p, \beta = \lambda(1-p), \lambda \to \infty$	一般情形
轮数有限的情形	$\mathrm{RD}\left(\dfrac{n-1}{2\alpha\mathbb{H} - \dfrac{n-1}{n+2\alpha-1}}\right)$	$\mathrm{RD}(F(x)=0\text{的解})$ $\approx n\dfrac{\alpha-\beta}{\alpha+\beta}$	$O(n)$ 时间复杂度算法
轮数渐近的情形	$n\dfrac{1}{2\alpha\mathbb{H}-1} \approx \dfrac{\dfrac{n}{2\alpha}}{\ln\left(\dfrac{n}{2\alpha}\right)}$	$n\dfrac{(\alpha-\beta)\mathbb{H}+1}{(\alpha+\beta)\mathbb{H}-1} \approx n\dfrac{\alpha-\beta}{\alpha+\beta}$	$n*(G(\mu)=0 \text{ 的解})$

在不失一般性的前提下，假设 $\alpha \geqslant \beta$，这意味着 $p \geqslant \dfrac{1}{2}$

$\mathrm{RD}(x) :=$ 最接近 x 的整数，它与 n 具有相同的奇偶性[a]

$$\mathbb{H} = \mathbb{H}_{\alpha+\beta}(n-1) := \sum_{i=1}^{n-1}\frac{1}{i+\alpha+\beta-1}, \quad F(x) := (2np-n-(x-1))p^{x-1} + (n-2np-(x-1))(1-p)^{x-1},$$

$$x \in [1, n+1]^b$$

$$G(\mu) := (1+\mu)^{\alpha-\beta}\left(\frac{(\alpha-\beta)\mathbb{H}+1}{(\alpha+\beta)\mathbb{H}-1} - \mu\right) + (1-\mu)^{\alpha-\beta}\left(\frac{(-\alpha+\beta)\mathbb{H}+1}{(\alpha+\beta)\mathbb{H}-1} - \mu\right), \mu \in (0,1)$$

[a]当出现平局时，选择较小的那个。

[b]当 $p = \dfrac{1}{2}$ 或 $n \leqslant \dfrac{1}{\left(\dfrac{1}{2}-p\right)\ln\left(\dfrac{1-p}{p}\right)}$ 时，$F(x)$ 只有一个平凡解 $x=1$，最优奖励是 $\mathrm{RD}(1)$，否则，

最优奖励是 $\mathrm{RD}(\tilde{x})$，其中 $\tilde{x}$ 是唯一的非平凡解。

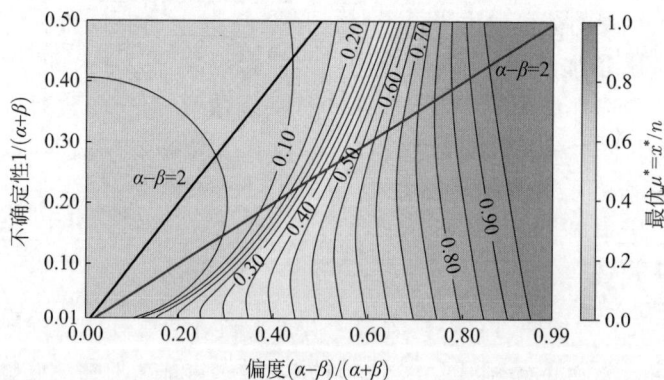

图 5.10　渐近情形下的最优奖励：对于所有 $\alpha\,\beta \geqslant 1$，我们使用 $\dfrac{\alpha-\beta}{\alpha+\beta}$ 测量先验的偏度，使用 $\dfrac{1}{\alpha+\beta}$ 测量先验的不确定性。图中显示了，当 n 足够大时 (这里使用 $n = 10000$)，最优奖励大小与偏度/不确定性之间的关系

观察 1：整体上，更不均匀的对局会带来更大的最优奖励　当匹配更不均匀时，即当先验具有更高的偏度 $\dfrac{\alpha - \beta}{\alpha + \beta}$ 时，最优奖励更大。有趣的是，在某些情形下，最优奖励恰好为 $\dfrac{\alpha - \beta}{\alpha + \beta}n$，即较弱玩家需要追回的期望点数，这被称为"期望领先"。

观察 2：在对称情形下，不确定性越大，最优奖励越高　在对称情形下，先验的不确定性即 $\dfrac{1}{\alpha + \beta} = \dfrac{1}{2\alpha}$ 越大时，最优奖励越大。特别是，均匀情形下的奖励比确定情形下的奖励高。值得注意的是，一般来说，在保持偏度确定的情形下，最优奖励的大小随不确定性的变化不一定是单调的。

5.4.4　技术细节

本节将介绍理论结果背后的技术细节，以及正式的结论。技术细节被分为 Beta 先验的性质、主要技术引理、轮数有限情形的分析，以及轮数渐近情形的分析 4 部分。

1. Beta 先验的性质

首先，需要介绍一些关于 Beta 先验的性质，为之后的分析提供方便。

断言 5.1 (Beta 先验在揭示样本后的后验仍然为 Beta 分布)　如果先验概率 p_0 服从 $B(\alpha, \beta)$，那么在蓝队赢第一轮的条件下，p 的后验分布是 $B(\alpha + 1, \beta)$，在蓝队输第一轮的条件下，p 的后验分布是 $B(\alpha, \beta + 1)$。

$p|S_i$ 是一个随机变量，它是蓝队在每轮中获胜概率 p 在状态 S_i 条件下的后验分布。根据断言 5.1 可以引出以下推论。

断言 5.2 (历史顺序独立)　对于所有 $i \leqslant n - 1$，对于所有历史 $h \in \{+, -\}^i$，$p|(\mathcal{H}^{(i)} = h)$ 遵循分布 $B(\alpha + \mathrm{COUNT}(h), \beta + i - \mathrm{COUNT}(h))$，其中 $\mathrm{COUNT}(h)$ 表示 h 中 $+$ 的个数，即历史中蓝队赢的轮数。

推论 5.1 (状态依赖)　对于所有 $i \leqslant n - 1$，对于所有历史 $h \in \{+, -\}^i$，$p|(\mathcal{H}^{(i)} = h)$ 遵循与 $p|(S_i = \mathrm{COUNT}(h))$ 和 $\Pr[O = 1|\mathcal{H}^{(i)} = h] = \Pr[O = 1|S_i = \mathrm{COUNT}(h)]$ 相同的分布。

也就是说，p 的后验分布只取决于状态，与蓝队获胜的轮数和顺序无关。例如，历史 $++-$ 和历史 $-++$ 诱导相同的后验。上述性质使先前的模型易于处理。在此模型中，最优奖励 x^* 取决于 α, β, n，因此用 $x^*(\alpha, \beta, n)$ 表示。

2. 主要技术引理

下面首先介绍主要技术引理: 无论最后一轮的奖励 x 如何, 前 $n-1$ 轮的期望惊喜都具有固定的相对比率。因此, 可以将整体惊喜重写为最后一轮和倒数第二轮期望惊喜的线性组合, 其中的系数与 x 无关。这能大大简化分析, 因为 x 的选择只取决于最后一轮和倒数第二轮的期望惊喜之间的权衡。

引理 5.1 (主要技术引理)　当蓝队获胜概率的先验分布为 $\mathrm{B}(\alpha, \beta)$ 时, i 轮与 $i+1(i+1<n)$ 轮的意外值之比与最后一轮的点值 x 无关:

$$\frac{\mathrm{E}[\Delta_{\mathcal{B}}^{i}]}{\mathrm{E}[\Delta_{\mathcal{B}}^{i+1}]} = \frac{i+\alpha+\beta}{i+\alpha+\beta-1}$$

因此, 整体惊喜是最后一轮和倒数第二轮惊喜的线性组合,

$$\mathrm{E}[\Delta_{\mathcal{B}}] = \sum_{i=1}^{n} \mathrm{E}[\Delta_{\mathcal{B}}^{i}] = \mathrm{E}[\Delta_{\mathcal{B}}^{n-1}] * (n+\alpha+\beta-2) * \mathbb{H}_{\alpha+\beta}(n-1) + \mathrm{E}[\Delta_{\mathcal{B}}^{n}]$$

其中 $\mathbb{H}_{\alpha+\beta}(n-1) = \sum_{i=1}^{n-1} \dfrac{1}{i+\alpha+\beta-1}$。使用 $\mathbb{H}$ 作为 $\mathbb{H}_{\alpha+\beta}(n-1)$ 的简写。

引理的证明大纲　为了证明这个引理, 首先引入断言 5.3, 它给出了从任何历史 h 开始, 经过单一轮次生成的期望惊喜的表达式 (图 5.11(a))。然后, 该断言被用于分析从任何历史开始的连续两轮, 并显示这两轮产生的期望惊喜 (图 5.11(b)) 具有固定的相对比率, 该比率仅取决于整数 α 和 β。最后, 该结果被扩展到所有可能历史的期望。

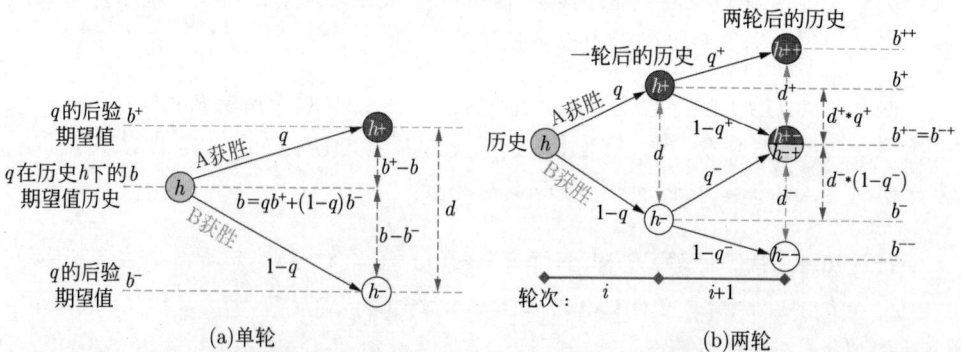

图 5.11　状态和转移

为了简化证明中的符号, 这里引入了 p 的期望、信念值和信念值之间的差异的简写符号:

$$
\begin{cases}
q := \mathrm{E}[p|\mathcal{H}^{(i-1)} = h] \\
q^+ := \mathrm{E}[p|\mathcal{H}^{(i)} = h+] \\
q^- := \mathrm{E}[p|\mathcal{H}^{(i)} = h-]
\end{cases}
\begin{cases}
b := \Pr[O = 1|\mathcal{H}^{(i-1)} = h] \\
b^+ := \Pr[O = 1|\mathcal{H}^{(i)} = h+] \\
b^- := \Pr[O = 1|\mathcal{H}^{(i)} = h-]
\end{cases}
\begin{cases}
d := b^+ - b^- \\
d^+ := b^{++} - b^{+-} \\
d^- := b^{-+} - b^{--}
\end{cases}
$$

类似地，定义 $b^{++}, b^{+-}, b^{-+}, b^{--}$。图 5.11(a) 和图 5.11(b) 形式化地说明了这些符号。

断言 5.3　考虑历史 $\mathcal{H}^{(i-1)} = h$，有 $\Delta^i_{\mathcal{H}^{(i-1)}=h} = d * 2q(1-q)$。

证明　在第 i 轮中产生的期望惊喜为 $\Delta^i_{\mathcal{H}^{(i-1)}=h} = q*(b^+-b)+(1-q)*(b-b^-)$。因为 $\mathcal{B}$ 是一个鞅，所以有

$$
B_i = \mathrm{E}[B_{i+1}|\mathcal{H}^{(i-1)} = h]
$$
$$
b = q * b^+ + (1 - q) * b^-
$$

通过将 b 代入期望惊喜，得到 $\Delta^i_{\mathcal{H}^{(i-1)}=h} = d * 2q(1-q)$。

借助上述断言，当分析连续两轮产生的期望惊喜之间的关系时，只需要分析 d 和 d^+、d^- 之间的关系。由于 Beta 分布的顺序独立性（断言 5.2），历史上的信念条件 $h+-$ 与历史上的信念条件 $h-+$ 相同。因此，d 和 d^+, d^- 之间的关系如图 5.11(b)：$d = d^+ q^+ + d^- (1 - q^-)$ 所示，而这是引理成立的主要原因。之后这些结论将被不加证明地使用。

3. 轮数有限的情形

本节将给出轮数有限情形下的理论和数值结果。为了推导结果，按照概述中介绍的方法，本节将推导出一个可用于研究两种特殊情形（对称情形 $\alpha = \beta$ 和确定情形 $\alpha = \lambda p, \beta = \lambda(1-p), \lambda \to \infty$）的一般公式，并设计一种线性算法在一般情形下求解最优奖励。鉴于空间限制，一部分中间引理将被不加证明地给出，这部分引理的证明往往是直接的（但可能需要较为复杂的初等计算）。

定理 5.1　记 $\mathrm{RD}(x) :=$ 最接近 x 的整数，它与 n 具有相同的奇偶性，以及 $\mathbb{H} = \mathbb{H}_{\alpha+\beta}(n-1) := \sum\limits_{i=1}^{n-1} \dfrac{1}{i+\alpha+\beta-1}$，对于所有 $\alpha \geqslant \beta \geqslant 1$[①]，$n > 1$，

- **对称情形** $\alpha = \beta$

$$
x^*(\alpha, \alpha, n) = \mathrm{RD}\left(\frac{n-1}{2\alpha\mathbb{H} - \dfrac{n-1}{n+2\alpha-1}} \right)
$$

---

① 注意，假设 $\alpha \geqslant \beta$ 不会失去一般性，因为可以交换蓝队和红队。

－ **均匀情形** $\alpha = \beta = 1$

$$x^*(1,1,n) = \mathrm{RD}\left(\frac{n-1}{2\mathbb{H} - \dfrac{n-1}{n+1}}\right)$$

- **确定情形** $\alpha = \lambda p, \beta = \lambda(1-p), \lambda \to \infty$ 让 $F(x) := (2np - n - (x-1))p^{x-1} + (n - 2np - (x-1))(1-p)^{x-1}$, $x \in [1, n-1]$, $F(x) = 0$ 在 $x = 1$ 时,有一个平凡的解

  在 $p > \dfrac{1}{2}$ 和 $n > \dfrac{1}{\left(\dfrac{1}{2} - p\right)\ln\left(\dfrac{1-p}{p}\right)}$ 时,有一个唯一的非平凡解 $\tilde{x}$

$$x^*(\alpha, \beta, n) = \begin{cases} \mathrm{RD}(\tilde{x}), & p > \dfrac{1}{2} \text{ 并且 } n > \dfrac{1}{\left(\dfrac{1}{2} - p\right)\ln\left(\dfrac{1-p}{p}\right)} \\[4mm] \mathrm{RD}(1), & \text{其他} \end{cases}$$

  此外,如果 $p > \dfrac{1}{1 + (a+1)^{-\frac{1}{a}}}$,其中 $a = 2np - n - 2 > 0$[①],则有

$$x^*(\alpha, \beta, n) \in [\mathrm{RD}(2np - n) - 2, \mathrm{RD}(2np - n) + 2]$$

  也就是说,最优奖励在"期望领先"附近。

- **一般情形**存在一个 $O(n)$ 时间复杂度的算法来计算最优奖励 $x^*(\alpha, \beta, n)$。

对于数值结果,基于定理 5.1,图 5.10 绘制了不同情形下 $\tilde{x}$ 的等高线,其中最优 x^* 是 $\mathrm{RD}(\tilde{x})$。虽然 n 只能是正整数,但是图 5.10 也平滑了对于非整数 n 的轮廓。在对称情形下,最优奖励大小随着回合数 n 的增加和不确定性 $\dfrac{1}{2\alpha}$ 的减少而增加。在某些情形下,正如理论预测的那样,最优奖励规模接近"期望领先"。一般情形下,随着 n 的增大,结果越来越接近渐近情形,如图 5.10 所示。

最后,我们提供了额外的数值结果,说明总体惊喜如何取决于设置的奖励大小,如图 5.12 所示。对于不同的设置,以及所有的 x,直接通过反向归纳法计算所有的信念曲线来计算 $\mathrm{E}[\Delta_{\boldsymbol{B}}(x)]$,并根据定理 5.1 对理论最优奖励 $x^* = \mathrm{RD}(\tilde{x})$ 进行了标注。整体惊喜随着奖励大小而变化,在某些情形下(例如,$n = 20$,$p = 0.7$),最优奖励创造的惊喜是普通设置($x = \mathrm{RD}(0)$ 或 $x = \mathrm{RD}(n)$)所创造的惊喜量的两倍。此外,从图 5.12 可以看到曲线只有一个峰值,因此局部和全局最优值是相同的。

---

① $\dfrac{1}{1 + (a+1)^{-\frac{1}{a}}} < \dfrac{1}{1 + e^{-1}}$, 并且当 $a \to +\infty$ 时, 有 $\dfrac{1}{1 + (a+1)^{-\frac{1}{a}}} \to \dfrac{1}{2}$。

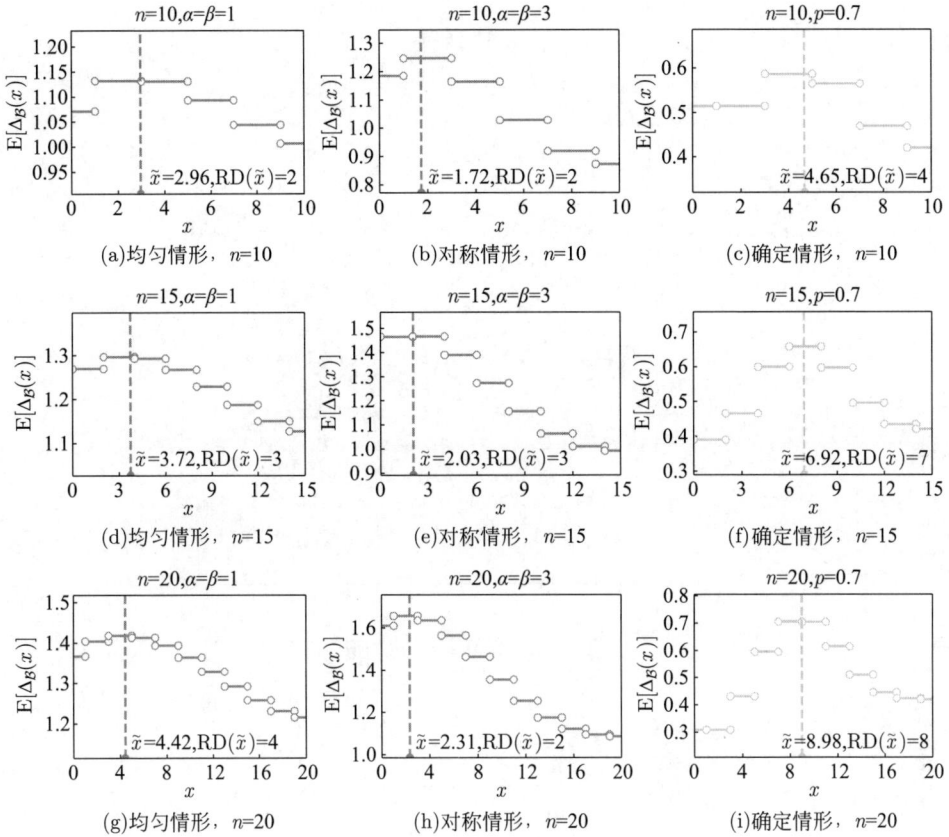

图 5.12　奖励大小与总体惊喜之间的关系

4. 轮数渐近的情形

在渐近情形下，可以用连续积分近似离散求和。定义奖励比率 $\mu := \dfrac{x}{n}$，并使用 μ 的积分近似总体惊喜。如图 5.13 所示，这里可以简化在图 5.9 中引入的 $U_{n-1}\ U_{n-2}\ L_{n-1}\ L_{n-2}$。在渐近情形下，还可以显著地简化 $\Pr[S_{n-1} = j]$，因为根据大数定律，当 n 足够大时，$n-1$ 或 $n-2$ 轮中的状态集中为 pn。因此，假设 p 遵循分布 $\mathrm{Beta}(\theta; \alpha, \beta)$，则有 $\Pr[S_{n-1} = j] \approx \Pr[S_{n-2} = j]$，它与 $\mathrm{Beta}(\theta_j; \alpha, \beta)$ 近似成比例，其中 $\theta_j = \dfrac{j}{n}$①。具体的证明较为繁杂，在此忽略。

---

① $\mathrm{Beta}(\theta; \alpha, \beta)$ 被定义为 Beta 分布的密度函数，即 $\mathrm{Beta}(\theta; \alpha, \beta) = \dfrac{1}{B(\alpha, \beta)} \theta^{\alpha-1}(1-\theta)^{\beta-1}$，其中 $B(\alpha, \beta) = \dfrac{\Gamma(\alpha)\Gamma(\beta)}{\Gamma(\alpha + \beta)}$。

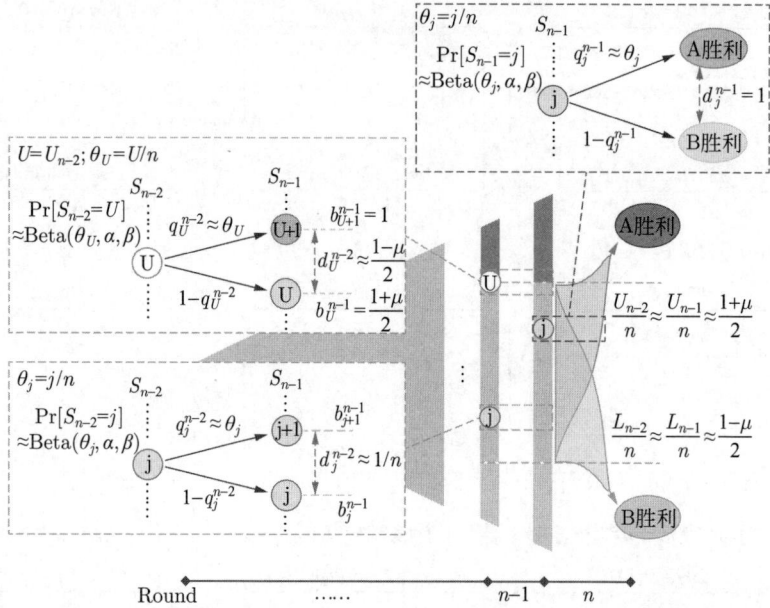

图 5.13　轮数渐近的情形

定理 5.2　对于所有 $\alpha \geqslant \beta \geqslant 1$，存在一个函数 $Z_{\alpha,\beta,n}(\mu)$，使 $\forall \mu \in (0,1)$，$\mathrm{E}[\Delta_{\mathcal{B}}(\mu * n)] = Z_{\alpha,\beta,n}(\mu) * (1 + O(\frac{1}{n}))$。当定义 $\mu^* := \arg\max_{\mu} Z_{\alpha,\beta,n}(\mu)$ 时，

- **对称情形** $\alpha = \beta$

$$\mu^* = \frac{1}{2\alpha\mathbb{H}_{2\alpha}(n-1) - 1}$$

- **确定情形** $\alpha = \lambda p, \beta = \lambda(1-p)$ 固定 p，对于所有足够小的 $\epsilon > 0$，当 $\lambda > O(\log\frac{1}{\epsilon})$ 时，最优 μ^* 在"期望领先"附近，

$$\mu^* \in (\frac{(\alpha - \beta)\mathbb{H} + 1}{(\alpha + \beta)\mathbb{H} - 1} - \epsilon, \frac{(\alpha - \beta)\mathbb{H} + 1}{(\alpha + \beta)\mathbb{H} - 1})$$

$$\approx (\frac{\alpha - \beta}{\alpha + \beta} - \epsilon, \frac{\alpha - \beta}{\alpha + \beta}) = (2p - 1 - \epsilon, 2p - 1)$$

- **一般情形** μ^* 是方程 $G(\mu) = 0$ 并且满足 $\mu^* < \dfrac{(\alpha - \beta)\mathbb{H} + 1}{(\alpha + \beta)\mathbb{H} - 1}$ 的唯一解，其中

$$G(\mu) = (1+\mu)^{\alpha-\beta}\left(\frac{(\alpha - \beta)\mathbb{H} + 1}{(\alpha + \beta)\mathbb{H} - 1} - \mu\right) + (1-\mu)^{\alpha-\beta}\left(\frac{(-\alpha + \beta)\mathbb{H} + 1}{(\alpha + \beta)\mathbb{H} - 1} - \mu\right)$$

5.5　在"魁地奇"中设计最优"游戏改变者"

相对于答题竞赛所代表的固定轮数游戏，另一类游戏或者节目拥有不确定的轮数。这类游戏可能会持续无穷多轮，但拥有有限的期望轮数，游戏将在某一特殊条件达成时结束。轮数的不确定性会给分析带来非常大的麻烦，然而，我们仍然能在一些设定中使用理论框架得到具有广泛价值的结果。魁地奇游戏是这类游戏的一个代表。J.K. 罗琳在《哈利波特》系列小说中创造的魁地奇是一项虚构的运动，其中有一个"游戏改变者"——金色飞贼。在和足球类似的魁地奇比赛中，两队通过将球投掷到对方球门来得分（每球 10 分）。此外，每支队伍都有一名特殊队员被称为找球手，他的任务是抓住金色飞贼。抓住金色飞贼可以提供 150分，并且一旦金色飞贼被抓住，比赛就会立刻结束，得分高的队伍将获胜。可以预见的是，对金色飞贼的高风险追逐是魁地奇比赛中最激动人心的一幕。

5.5.1　游戏模型

魁地奇可被建模为红队和蓝队之间的多轮比赛。比赛的每一轮会决出这一轮的胜者。在每一轮中，以固定概率 q，赢得该轮的队伍将抓住金色飞贼（价值 x 分），否则，赢得该轮的队伍将进球并获得 1 分。当金色飞贼被抓住时，比赛立即结束，得分较高的队伍赢得比赛。为了避免平局，两队得分相同时，抓到金色飞贼的队获胜。本节希望求得金色飞贼的最优价值 x，使得观众的期望惊喜最大。

先验信念　衡量惊喜需要模拟观众的信念。观众对谁会赢的信念取决于观众对每一轮中两队选手获胜机会的先验信念。由于魁地奇游戏轮数的不确定性，在先验信念上仅考虑确定情形，即观众相信蓝队赢得每轮比赛的概率是一个常数 p。

时间齐次马尔可夫链　这一节的分析继承了在 5.3 节中使用的记号：不同的是，随机变量 S_i 被定义为蓝队在前 i 轮中领先的分数（而不是获胜的轮数），称为 i 轮后的状态。此外，在抓住金色飞贼的最后一轮（轮数为 n），特殊定义 $S_n = +\infty$ 表示蓝队最终获胜，$S_n = -\infty$ 表示红队最终获胜，并且使用随机变量 $O \in \{+\infty, -\infty\}$ 表示比赛结果。

定义一列随机变量 $\mathcal{S}^{(i)} = (S_0, S_1, \cdots, S_i)$，并且用 $\mathcal{S}$ 简记 $\mathcal{S}^{(n)}$，其中随机变量 n 是游戏结束的轮数。因为先验信念中每轮的结果是独立的，所以 S_i 的值只取决于 S_{i-1}。因此，$\mathcal{S}$ 是一个马尔可夫链。图 5.14 给出了金色飞贼价值为 0 和1 时的状态转移图示。

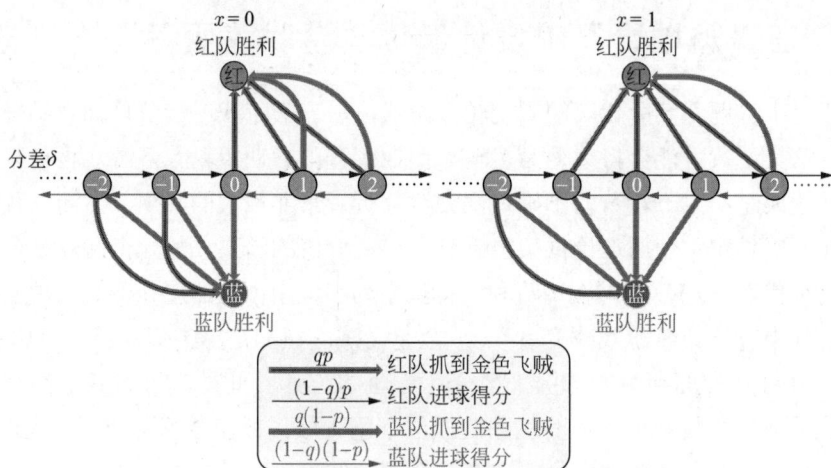

图 5.14　金色飞贼价值为 0 和 1 时的状态转移图示

据此，可以写出马尔可夫链 $\mathcal{S}$ 的转移。对于所有 $i \geqslant 0$，

$$\Pr[S_{i+1} = \delta + 1 | S_i = \delta] = (1 - q) \times p \qquad \text{（蓝队得分）}$$

$$\Pr[S_{i+1} = \delta - 1 | S_i = \delta] = (1 - q) \times (1 - p) \qquad \text{（红队得分）}$$

$$\Pr[S_{i+1} = +\infty | S_i = \delta] = q \times \begin{cases} 0, & \delta < -x \\ p, & -x \leqslant \delta \leqslant x \\ 1, & \delta > x \end{cases} \qquad \text{（蓝队获胜）}$$

$$\Pr[S_{i+1} = -\infty | S_i = \delta] = q \times \begin{cases} 1, & \delta < -x \\ 1 - p, & -x \leqslant \delta \leqslant x \\ 0, & \delta > x \end{cases} \qquad \text{（红队获胜）}$$

图 5.14 中标注有蓝队获胜和红队获胜的转移表示当某一队抓住金色飞贼时发生的转移。当蓝队落后 x 分以上，即 $\delta < -x$ 分时，无论谁抓住金色飞贼，红队都将获胜。当比分在 $-x \sim x$ 时，抓到金色飞贼的队伍赢得比赛。其他情况类似。可以发现转移与当前轮数无关，因此 $\mathcal{S}$ 是一个时间齐次马尔可夫链。在这种情况下，$B_i = \Pr[O = +\infty | \mathcal{S}^{(i)}]$，即 B_i 是蓝队赢得整场比赛的条件概率。由于 $\mathcal{S}$ 是一个时间齐次马尔可夫链，因此立即得到以下的观察结果：

信念只依赖于当前两队之间的比分差，即存在一个序列 $b_\delta, \delta \in (-\infty, \infty)$，使得所有历史 $\mathcal{S}^{(i)} = (S_0, S_1, \cdots, S_i)$，$B_i = \Pr[O = +\infty | \mathcal{S}^{(i)} = (S_0, S_1, \cdots, S_i)] = b_{S_i}$。

基于马尔可夫链 $\mathcal{S}$ 的转移概率，信念的递归关系为

$$b_\delta = (1-q)\left(pb_{\delta+1} + (1-p)b_{\delta-1}\right) + q \times \begin{cases} 0, & \delta < -x \\ p, & -x \leqslant \delta \leqslant x \\ 1, & \delta > x \end{cases}$$

5.5.2　技术概览

我们的方法可以被分割为 3 个步骤。

步骤 1（求解信念递归关系）　首先，将递归关系转换为矩阵乘法的形式。然后利用特征分解求得矩阵的幂，得到 b_δ 关于 b_0, b_1 的表达式。注意，当分差的绝对值 $|\delta|$ 趋近于无穷大时，信念趋近于 1 或 0，即 $\lim\limits_{\delta \to \infty} b_\delta = 1, \lim\limits_{\delta \to \infty} b_\delta = 0$。利用这一极限情况，可以反推 b_0、b_1 的值。将 b_0、b_1 代入 b_δ 的表达式，最后得到一般形式。

步骤 2（从信念到惊喜）　定义 s_δ 作为分差为 δ 时的单轮期望惊喜，并令 v_δ 为访问状态 $S_i = \delta$ 的期望次数，那么期望的总体惊喜是

$$\mathrm{E}[\Delta_{\mathcal{B}}(x)] = \sum_\delta s_\delta \cdot v_\delta$$

为了方便，分别计算抓住金色飞贼产生的惊喜（s_δ^{final}）和得分产生的惊喜（$s_\delta^{\text{non-final}}$）：

$$s_\delta = s_\delta^{\text{final}} + s_\delta^{\text{non-final}}$$

$$s_\delta^{\text{non-final}} = (1-q)\left(p(b_{\delta+1} - b_\delta) + (1-p)(b_\delta - b_{\delta-1})\right)$$

$$s_\delta^{\text{final}} = q \times \begin{cases} 1 - b_\delta, & \delta \geqslant x \\ p(1-b_\delta) + (1-p)b_\delta, & -x \leqslant \delta \leqslant x \\ b_\delta, & \delta \leqslant -x \end{cases}$$

根据马尔可夫链 $\mathcal{S}$ 的转移，有关于 v_δ 的递归关系：

$$v_\delta = (1-q)\left(pv_{\delta-1} + (1-p)v_{\delta+1}\right) + q \times \begin{cases} 0, & \delta \neq 0 \\ 1, & \delta = 0 \end{cases}$$

通过将递归变换为矩阵幂，一般公式可以通过矩阵的特征值分解得到。然后将 s_δ 和 v_δ 代入期望总体惊喜，可以得到期望总体惊喜的封闭形式公式。

步骤 3（求解最优价值）　定义 $\mathrm{Surp}(x) = \mathrm{E}[\Delta_\mathcal{B}(x)]$，$x \geqslant 0$ 为期望总体惊喜的连续泛化。通过分析 $\mathrm{Surp}(x)$ 的一阶导数和二阶导数，可以找到最优价值的上界。数值分析表明，最优解要么为零，要么非常接近上界。

5.5.3　结果简述

定理 5.3　在魁地奇比赛中，可以得到一个关于总体期望惊喜的封闭公式。对于所有 $0 < p \leqslant \dfrac{1}{2}$，$q \in (0,1)$[①]，

- **对称 $p = \dfrac{1}{2}$**：最优价值为零，即 $x^* = 0$；

- **一般 $p < \dfrac{1}{2}$**：最优价值 $x^* \leqslant \lceil U(p,q) \rceil$，其中 $U(p,q) = \max\left\{1, -\dfrac{C_1}{C_2} - \dfrac{1}{\log(\beta)}\right\}$。[②]

  当 p 和 $q \to 0$ 固定时，$U(p,q) = \dfrac{1}{2q}\left(\dfrac{1-p}{p} - 1\right) + O(1)$。

用上界估计最优价值　估计最优价值时应在 0 和 $U(p,q)$ 中选择较好的值。具体来说，定义

$$\tilde{x} := \arg\max_{x = 0, \lfloor U(p,q) \rfloor, \lceil U(p,q) \rceil} \mathrm{E}[\Delta_\mathcal{B}(x)].$$

这可以很容易地用惊喜的封闭形式公式计算。将 $\tilde{x}$ 与真正的最优价值进行数值比较（图 5.15(a)，图 5.15(b)）。在数值研究中，对 $\left(p, \dfrac{1}{q}\right) = ((0, 0.5), [1.1, 100])$ 中的 10^6 个点进行采样在 99.9997% 的点中，$\tilde{x}$ 等于 x^*。因此，在大多数情况下，$\tilde{x}$ 为 x^* 提供了一个相当好的估计。

图 5.15(a) 给出了各种情况下最优价值的轮廓。结果表明，金色飞贼的最优价值随着期望轮数的增加而增加（$\dfrac{1}{q}$ 增加），随着对局变得更加不平衡而减少（p 减少）。存在一个最优价值为零的区域，称为零区。当 $\dfrac{1}{q}$ 减小时，比赛的期望轮数变小，零区变大，此时需要游戏的期望不平衡程度大得多，才能使最优价值大于零。图 5.16 提供了数值结果，说明金色飞贼的价值与期望惊喜之间的关系。在

[①] 这个假设不会失去一般性，因为可以交换两个队伍。

[②] C_1、C_2、β 是 p, q：$\kappa = \sqrt{1 - 4(1-p)p(1-q)^2}$，$\beta = \dfrac{1+\kappa}{2p(1-q)}$，$\hat\beta = \dfrac{1-\kappa}{2(1-p)(1-q)}$，

$C_1 = \dfrac{(1-q)(1-\beta)\left(1-\hat\beta\right)\left(2p + (1-p)\left(1/\beta + \hat\beta\right)\right)}{\left(1 - \beta\hat\beta\right)^2} - \dfrac{\left((1-2p)q\left(1-\hat\beta\right) - \hat\beta q(1-\beta)\right)}{\left(1 - \beta\hat\beta\right)^2} -$

$\dfrac{2q(1-p)}{1-\beta}$，$C_2 = \dfrac{(1-q)(1-\beta)\left(1-\hat\beta\right)(p + (1-p)/\beta)}{\left(1 - \beta\hat\beta\right)} - \dfrac{q(1-2p)\left(1-\hat\beta\right)}{\left(1 - \beta\hat\beta\right)}$ 的封闭形式函数。

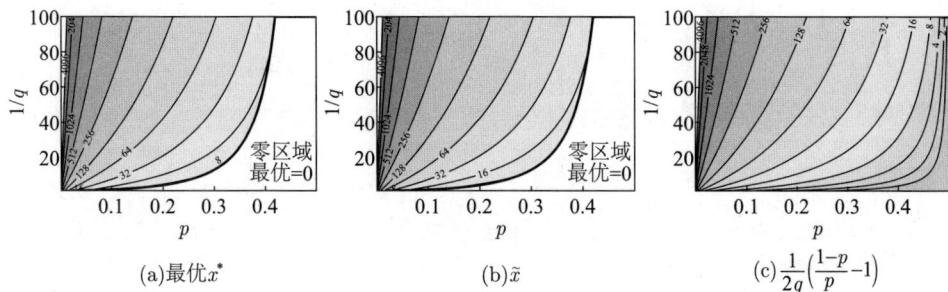

(a)最优 x^* (b)$\tilde{x}$ (c)$\frac{1}{2q}\left(\frac{1-p}{p}-1\right)$

图 5.15 最优奖励和其数值估计

图 5.16中绘制了 $\mathrm{E}[\Delta_\mathcal{B}(x)]$ 和 $\mathrm{Surp}(x)$ 的连续泛化，并标注了精细估计 $\tilde{x}$ 和简单估计 $\frac{1}{2q}\left(\frac{1-p}{p}-1\right)$。在某些情况下（如 $p=0.2, q=0.1$），最优的 x^* 可比标准设置（$x=0,\infty$）创造更多的惊喜。我们还观察到，当 x 趋于无穷大时，整体惊喜变得更小，因为整个游戏等价于谁抓住金色飞贼的一轮游戏。

5.5.4 技术细节

本节将介绍理论结果背后的技术细节，以及正式的结论。我们将技术细节分为求解信念递归关系、从信念到惊喜，以及求解最优值 3 部分。

1. 求解信念递归关系

首先需要做的是计算每个可能的状态 δ（即当前的分差）下的观众的信念 b_δ。回想马尔可夫过程中的转移，

$$b_\delta = (1-q)\left(pb_{\delta+1}+(1-p)b_{\delta-1}\right) + q \times \begin{cases} 0, & \delta < -x \\ p, & -x \leqslant \delta \leqslant x \\ 1, & \delta > x \end{cases}$$

通过变换公式，得到

$$b_\delta = \begin{cases} \dfrac{1}{(1-q)p}b_{\delta-1} - \dfrac{1-p}{p}b_{\delta-2} - \dfrac{q}{(1-q)p}, & \delta > x+1 \\[3mm] \dfrac{1}{(1-q)p}b_{\delta-1} - \dfrac{1-p}{p}b_{\delta-2} - \dfrac{q}{1-q}, & 1 \leqslant \delta \leqslant x+1 \\[3mm] \dfrac{1}{(1-q)(1-p)}b_{\delta+1} - \dfrac{p}{1-p}b_{\delta+2} - \dfrac{qp}{(1-q)(1-p)}, & -x-1 \leqslant \delta \leqslant 0 \\[3mm] \dfrac{1}{(1-q)(1-p)}b_{\delta+1} - \dfrac{p}{1-p}b_{\delta+2}, & \delta < -x-1 \end{cases}$$

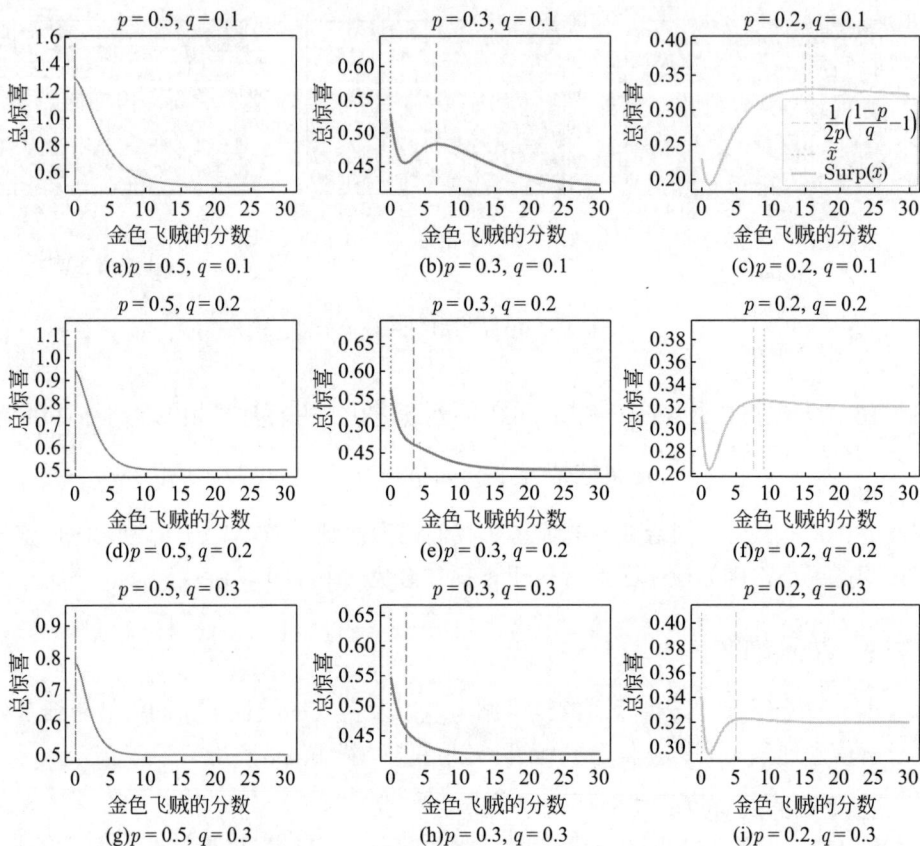

图 5.16 金色飞贼的价值与期望惊喜之间的关系

令 $\alpha = \dfrac{1+\kappa}{2p(1-q)}, \beta = \dfrac{1-\kappa}{2p(1-q)}, \hat{\alpha} = \dfrac{1+\kappa}{2(1-p)(1-q)} = \dfrac{p}{1-p}\alpha, \hat{\beta} = \dfrac{1-\kappa}{2(1-p)(1-q)} = \dfrac{p}{1-p}\beta$。通过对转换矩阵幂的计算，得到 b_δ 的通式：

$$
b_\delta = \begin{cases}
\dfrac{-\beta^{\delta-x}((\alpha-1)(1-p) + \beta^x(b_1 - \alpha b_0 + (\alpha-1)p))}{\alpha - \beta} + 1, & \delta \geqslant x \\[4mm]
\dfrac{\alpha^\delta(b_1 - \beta b_0 + (\beta-1)p) - \beta^\delta(b_1 - \alpha b_0 + (\alpha-1)p)}{\alpha - \beta} + p, & 0 \leqslant \delta \leqslant x \\[4mm]
\dfrac{\hat{\alpha}^{\delta-1}(b_0 - \hat{\beta}b_1 + (\beta-1)p) - \hat{\beta}^{\delta-1}(b_0 - \hat{\alpha}b_1 + (\hat{\alpha}-1)p)}{\hat{\alpha} - \hat{\beta}} + p, & -x \leqslant \delta < 0 \\[4mm]
\dfrac{-\hat{\beta}^{-\delta-x}(-(\hat{\alpha}-1)p + \hat{\beta}^{x+1}(b_0 - \hat{\alpha}b_1 + (\hat{\alpha}-1)p))}{\hat{\alpha} - \hat{\beta}}, & \delta \leqslant -x
\end{cases}
$$

利用 $\alpha = \dfrac{1}{\hat{\beta}}, \hat{\alpha} = \dfrac{1}{\beta}$ 这个事实，消去 $\alpha, \hat{\alpha}, b_0, b_1$，得到以下简洁的形式：

$$
b_\delta = \begin{cases} \dfrac{-\beta^{\delta-x}(1-\hat{\beta})(1-p+\beta^{2x+1}p)}{1-\beta\hat{\beta}}+1, & \delta \geqslant x \\[3mm] \dfrac{\hat{\beta}^{x-\delta+1}(1-\beta)(1-p)-\beta^{x+\delta+1}(1-\hat{\beta})p}{1-\beta\hat{\beta}}+p, & -x \leqslant \delta \leqslant x \\[3mm] \dfrac{\hat{\beta}^{-\delta-x}(1-\beta)(p+(1-p)\hat{\beta}^{2x+1})}{1-\beta\hat{\beta}}, & \delta \leqslant -x \end{cases}
$$

2. 从信念到惊喜

为了求得期望惊喜的表达式，需要考虑每个状态的期望访问次数。定义 v_δ 为状态为 δ 时的期望访问数：

$$
v_\delta = (1-q)(pv_{\delta-1}+(1-p)v_{\delta+1})+q \times \begin{cases} 0, & \delta \neq 0 \\ 1, & \delta = 0 \end{cases}
$$

通过简单变换，得到递归式

$$
v_\delta = \begin{cases} \dfrac{\dfrac{v_{\delta-1}}{1-q}-pv_{\delta-2}}{1-p}, & \delta > 1 \\[4mm] \dfrac{\dfrac{v_{\delta+1}}{1-q}-(1-p)v_{\delta+2}}{p}, & \delta < -1 \end{cases}
$$

令 $\kappa = \sqrt{1-4(1-p)p(1-q)^2}$，并且回顾 $\alpha = \dfrac{1+\kappa}{2p(1-q)}, \beta = \dfrac{1-\kappa}{2p(1-q)}$，$\hat{\alpha} = \dfrac{1+\kappa}{2(1-p)(1-q)} = \dfrac{p}{1-p}\alpha$ 和 $\hat{\beta} = \dfrac{1-\kappa}{2(1-p)(1-q)} = \dfrac{p}{1-p}\beta$，可以得到 v_δ 的通式：

$$
v_\delta = \begin{cases} \dfrac{\hat{\beta}^\delta}{\kappa}, & \delta \geqslant 0 \\[3mm] \dfrac{\beta^{-\delta}}{\kappa}, & \delta < 0 \end{cases}
$$

使用 s_δ 表示从状态 δ 开始的单个回合产生的期望惊喜。回顾图 5.14，每个状态都有两种类型的转移（类型 1：某队抓住飞贼从而比赛结束；类型 2：某队得分）来产生惊喜。故期望惊喜可被分为 s_δ^{final} 和 $s_\delta^{\text{non-final}}$ 两类，s_δ^{final} 表示类型 1 的转换所产生的期望惊喜，$s_\delta^{\text{non-final}}$ 表示类型 2 的转换所产生的期望惊喜。正

式地说，

$$s_\delta = s_\delta^{\text{final}} + s_\delta^{\text{non-final}}$$

$$s_\delta^{\text{non-final}} = (1-q) \times ((b_{\delta+1} - b_\delta)p + (b_\delta - b_{\delta-1})(1-p))$$

$$s_\delta^{\text{final}} = \begin{cases} (1-b_\delta)q, & \delta \geqslant x \\ ((1-b_\delta)p + b_\delta(1-p))q, & -x \leqslant \delta \leqslant x \\ b_\delta q, & \delta \leqslant -x \end{cases}$$

首先计算 b_δ 的差值，有

$$b_{\delta+1} - b_\delta = \begin{cases} \dfrac{\beta^{\delta-x}(1-\beta)(1-\hat{\beta})(1-p+\beta^{2x+1}p)}{1-\beta\hat{\beta}}, & \delta \geqslant x \\[4mm] \dfrac{\left(\frac{1}{\hat{\beta}}-1\right)\hat{\beta}^{x-\delta+1}(1-\beta)(1-p) - (\beta-1)\beta^{x+\delta+1}(1-\hat{\beta})p}{1-\beta\hat{\beta}}, & -x \leqslant \delta \leqslant x \\[4mm] \dfrac{\hat{\beta}^{-\delta-x-1}(1-\beta)(1-\hat{\beta})(p+(1-p)\hat{\beta}^{2x+1})}{1-\beta\hat{\beta}}, & \delta < -x \end{cases}$$

回想 $\mathrm{E}[\Delta_{\mathcal{B}}(x)] = \sum\limits_\delta s_\delta \cdot v_\delta = \underbrace{\sum\limits_\delta s_\delta^{\text{non-final}} \cdot v_\delta}_{\textbf{Non-Final}} + \underbrace{\sum\limits_\delta s_\delta^{\text{final}} \cdot v_\delta}_{\textbf{Final}}$，把这两部分相

加得到

$$\mathrm{E}[\Delta_{\mathcal{B}}(x)] = \sum_\delta v_\delta \cdot s_\delta$$

$$= \frac{(1-q)(1-\beta)(1-\hat{\beta})}{\kappa(1-\beta\hat{\beta})}$$

$$\times \left((p+(1-p)\hat{\beta})\left(\frac{(1-p)\hat{\beta}^x + p\beta^{x+1}}{1-\beta\hat{\beta}} + (1-p)x\hat{\beta}^x \right) \right.$$

$$\left. + (p\beta + (1-p))\left(\frac{p\beta^x + (1-p)\hat{\beta}^{x+1}}{1-\beta\hat{\beta}} + px\beta^x \right) \right)$$

$$+ \frac{q}{\kappa(1-\beta\hat{\beta})}\left(\frac{\beta(1-\hat{\beta})(1-p+\beta^{2x+1}p)\hat{\beta}^{x+1}}{1-\beta\hat{\beta}} \right.$$

$$+ 2(1-p)p\frac{(1-\hat{\beta}^{x+1})(1-\beta\hat{\beta})}{1-\hat{\beta}}$$

$$+ (1-2p)\left((1-\beta)(1-p)x\hat\beta^{x+1} - (1-\hat\beta)p\beta^{x+1}\frac{1-(\beta\hat\beta)^{x+1}}{1-\beta\hat\beta}\right)$$

$$+ (1-2p)\left(-(1-\hat\beta)px\beta^{x+1} + (1-\beta)(1-p)\hat\beta^{x+1}\frac{1-(\beta\hat\beta)^{x+1}}{1-\beta\hat\beta}\right)$$

$$+ 2(1-p)p\frac{(\beta-\beta^{x+1})(1-\beta\hat\beta)}{1-\beta}$$

$$\left.+ \frac{\hat\beta(1-\beta)(p+(1-p)\hat\beta^{2x+1})\beta^{x+1}}{1-\beta\hat\beta}\right)$$

这样就得到总体期望惊喜的闭式解。随后开始证明定理 5.3。

3. 求解最优值

将总体期望惊喜的连续量化定义为 $\mathrm{Surp}(x) = \mathrm{E}[\Delta_{\mathcal{B}}(x)]$，其定义域为 $x \in [0,+\infty)$。$\mathrm{Surp}(x)$ 可被写成如下形式，其中 x 是主元：$\mathrm{Surp}(x) = C_0 + C_1\beta^x + C_2 x\beta^x + C_3\beta^{2x}\hat\beta^x + \hat{C}_1\hat\beta^x + \hat{C}_2 x\hat\beta^x + \hat{C}_3\beta^x\hat\beta^{2x}$，式中的 C_i、$\hat{C}_i$ 和 β、$\hat\beta$ 分别是 p 和 q 的函数。

下面是这些系数稍后会用到的几个性质。前两个性质是由定义得出的，第三个性质可以由 Mathematica 自动证明。这里省略这些性质的证明。

断言 5.4　当 $0 < p \leqslant \dfrac{1}{2}, 0 < q < 1$,

1. $\forall i \in \{1,2,3\}, C_i(p,q) = \hat{C}_i(1-p,q)$;
2. $\beta(p,q) = \hat\beta(1-p,q)$;
3. $C_0 > 0$, $C_2, C_3, \hat{C}_1, \hat{C}_2, \hat{C}_3 > 0$, $0 < \beta \leqslant \hat\beta < 1$.

对于随后的证明思路，首先可以用一种相对简单的方式对 $\mathrm{Surp}(x)$ 的导数求得了一个上界函数，然后证明当 $x \geqslant \max\{U(p,q),1\}$ 时，上界函数必须严格小于零。因此，$\mathrm{Surp}(x)$ 的局部极大/极小值小于 $\max\{U(p,q),1\}$，从而导出最优值的上界。对于对称情况 $\left(p = \dfrac{1}{2}\right)$，可以证明 $\max\{U(p,q),1\}$ 必须小于或等于 1。因此，通过直接比较 $\mathrm{Surp}(0)$ 和 $\mathrm{Surp}(1)$，可以发现 $\mathrm{Surp}(0)$ 是一个全局极大值。

从计算 $\mathrm{Surp}(x)$ 的导数开始：

$$\frac{\mathrm{d}}{\mathrm{d}x}\mathrm{Surp}(x) = (C_1\log\beta + C_2 + C_2\log\beta x)\beta^x + C_3\log\left(\beta^2\hat\beta\right)\beta^{2x}\hat\beta^x$$

$$+ \left(\hat{C}_1\log\beta + \hat{C}_2 + \hat{C}_2\log\hat\beta x\right)\hat\beta^x + \hat{C}_3\log\left(\beta\hat\beta^2\right)\beta^x\hat\beta^{2x}$$

注意，$C_3\log\left(\beta^2\hat\beta\right)\beta^{2x}\hat\beta^x$ 和 $\hat{C}_3\log\left(\beta\hat\beta^2\right)\beta^x\hat\beta^{2x}$ 都是负数。可以给 $\mathrm{Surp}(x)$ 的导

数求得上界 $R(x) = (C_1 \log \beta + C_2 + C_2 \log \beta x)\, \beta^x + \left(\hat{C}_1 \log \hat{\beta} + \hat{C}_2 + \hat{C}_2 \log \hat{\beta} x\right) \hat{\beta}^x$。
回想 $\dfrac{\beta}{\hat{\beta}} = \dfrac{1-p}{p}$，方程 $R(x) = 0$ 等价于

$$-(C_1 \log \beta + C_2 + C_2 \log \beta x) = \left(\hat{C}_1 \log \hat{\beta} + \hat{C}_2 + \hat{C}_2 \log \hat{\beta} x\right) \left(\frac{p}{1-p}\right)^x$$

设 $f(x) = C_1 \log \beta + C_2 + C_2 \log \beta x$ 和 $g(x) = \hat{C}_1 \log \hat{\beta} + \hat{C}_2 + \hat{C}_2 \log \hat{\beta} x$，因为 $\left(\dfrac{p}{1-p}\right)^x$ 总是正的，为了满足方程，有 $f(x)g(x) < 0$ 或者 $f(x)$ 和 $g(x)$ 都等于 0。因为 $f(x)$ 和 $g(x)$ 都是递减的线性函数，所以 $f(x)g(x) < 0$ 只有当 x 在由 $f(x) = 0$ 和 $g(x) = 0$ 的根构成的区间内，即 $\theta_1 = -\dfrac{C_1}{C_2} - \dfrac{1}{\log(\beta)}$ 和 $\theta_2 = \dfrac{\hat{C}_1}{\hat{C}_2} - \dfrac{1}{\log\left(\hat{\beta}\right)}$ 时才成立，也就是说，

$$R(x) = 0 \Rightarrow \begin{cases} x \in (\min\{\theta_1, \theta_2\}, \max\{\theta_1, \theta_2\}) & \theta_1 \neq \theta_2 \\ x = \theta_1 & \theta_1 = \theta_2 \end{cases}$$

对于 θ_2，不加证明地给出以下断言：

断言 5.5　对于所有 $0 < p \leqslant \dfrac{1}{2}$，$0 < q < 1$，有 $\theta_2(p,q) \leqslant 0.5$。

如果 $\theta_1 \leqslant \theta_2$，根据断言 5.5，1 是 $R(x) = 0$ 的根的上界；否则，θ_1 是 $R(x) = 0$ 的根的上界。令 $U(p,q) = \max\{1, \theta_1\}$。$U(p,q)$ 是 $R(x) = 0$ 的根的上界。当 $x > U(p,q) \geqslant \max\{\theta_1, \theta_2\}$，有 $f(x) < 0$ 和 $g(x) < 0$，因此 $R(x)$ 总是负的。因此，当 $x > U(p,q)$，有 $\dfrac{\mathrm{d}}{\mathrm{d}x}\mathrm{Surp}(x) < R(x) < 0$。这意味着，$U(p,q) \geqslant \arg\max_{x \geqslant 0} \mathrm{Surp}(x)$。由于 x 的实际取值范围是 $\mathbb{N}$，因此 $\lceil U(p,q) \rceil$ 是 x^* 的上界。

对于 $p = \dfrac{1}{2}$ 的情况，根据断言 5.4，有 $C_1 = \hat{C}_1, C_2 = \hat{C}_2, C_3 = \hat{C}_3, \beta = \hat{\beta}, \theta_1 = \theta_2$。因此，$U(\dfrac{1}{2}, q) = \max\{1, \theta_1\} \leqslant 1$，这意味着 $x = 0$ 或 $x = 1$ 都可能是最优的。

$$\begin{aligned} \mathrm{Surp}(0) - \mathrm{Surp}(1) &= (C_0 + 2(C_1 + C_3)) - \left(C_0 + 2(C_1\beta + C_2\beta + C_3\beta^3)\right) \\ &> 2(C_1 - (C_1 + C_2)\beta) \\ &= -\frac{q(q^2 - 2q - 1 + 2\sqrt{q(2-q)})}{2\sqrt{q(2-q)}(q - 2 + \sqrt{q(2-q)})^2} \end{aligned}$$

不加证明地给出以下断言:

断言 5.6 对于 $0 < q < 1$, 有 $-\dfrac{q(q^2 - 2q - 1 + 2\sqrt{q(2-q)})}{2\sqrt{q(2-q)}(q - 2 + \sqrt{q(2-q)})^2} > 0$。

该断言直接导出 $\text{Surp}(0) > \text{Surp}(1)$。因此,当 $p = \dfrac{1}{2}$ 时,$x^* = 0$。

以上完成了完整的证明。根据结果,可以使用泰勒展开近似 q 趋于零时的结果。当 $q \to 0^+$ 时,通过将 $0 < p < \dfrac{1}{2}$ 固定为常数,使用泰勒展开可以获得 $\beta = 1 - \dfrac{q}{1 - 2p} + O(q^2)$、$C_1 = -2(1-p)p + O(q)$、$C_2 = \dfrac{4q(1-p)p^2}{(1-2p)^2} + O(q^2)$ 和 $\dfrac{1}{\log \beta} = -\dfrac{1-2p}{q} + O(1)$。然后得到 θ_1 的近似:

$$\begin{aligned}
\theta_1 &= -\frac{C_1}{C_2} - \frac{1}{\log \beta} \\
&= \frac{(1-2p)^2}{2pq} + O(1) + \frac{1-2p}{q} + O(1) \\
&= \frac{1}{2q}\left(\frac{1-p}{p} - 1\right) + O(1)
\end{aligned}$$

5.6 在 MOBA 游戏中设计最优 "游戏改变者"

为了研究在更复杂情境下 "游戏改变者" 的设计,本节设计了一个 MOBA 游戏的通用模型,并通过数值模拟研究了 "游戏改变者" 的影响。首先引入框架模型,然后根据《英雄联盟》和《刀塔 2》的真实数据近似参数,最后对不同情况下 "游戏改变者" 的最优奖励进行数值计算,得出结论。

5.6.1 游戏模型

MOBA 游戏是即时战略游戏,两个团队(红队编号为 A,蓝队编号为 B)相互对抗。两队通过在游戏中赚取经济来提高他们角色的强度。直到一方摧毁了对方的基地,游戏结束。这个过程主要包括角色发育和合作团队战斗[8]。

本节目标是计算游戏改变者的最优奖励 δ_{GC},以最大化整体惊喜的期望。数学上,需要找到最优的 $\delta_{GC}^* = \arg\max_{\delta_{GC}} \text{E}[\Delta_{\mathcal{B}}(\delta_{GC})]$,其中 $\Delta_{\mathcal{B}}(\delta_{GC})$ 是总体惊喜。

积累团队经济 在游戏中,玩家可以赚取经济为自己的角色购买道具。一个角色的强度可以用经济的多少来粗略估计。MOBA 模式可被视为两个团队之间的多回合游戏。每一回合代表现实世界游戏的一分钟。就像魁地奇一样,回合数是不确定的。我们将团队经济 $w_i(t), i \in \{A, B\}$ 定义为 t 回合结束时团队 i 中所有角色的经济之和。

游戏开始时，两队有他们的基本经济 $w_A(0), w_B(0)$。有两种类型的回合，发育（$\text{type}(t) = F$）和团队战斗（$\text{type}(t) = T$）。每个回合 t 是一个团队战斗回合的概率为 $r(t)$。在发育回合（$\text{type}(t) = F$）中，玩家主要通过摧毁建筑和杀死周期性重生的怪物获得经济。两个团队在发育回合中获得相同的团队经济 $\delta_F(t)$。在一个团队战斗回合（$\text{type}(t) = T$）中，团队战斗的获胜团队将获得大量经济 $\delta_W(t)$，而失败的团队只能获得 $\delta_L(t)$，少于 $\delta_W(t)$。

游戏改变者会在特定的回合中生成，并在被杀死后的几个回合中重生。在一个团队战斗回合后，如果游戏改变者仍存在，获胜的团队将杀死它并获得奖励经济 δ_{GC}。

下式正式描述了团队经济 $w_i(t)$ 是如何在不同的回合中积累的，其中 $GC(t)$ 是当前游戏改变者是否存在的示性函数。对于团队 $i \in \{A, B\}$，

$$
w_i(t) = \begin{cases}
w_i(t-1) + \delta_F(t), & \text{type}(t) = F \\
w_i(t-1) + \delta_L(t), & \text{type}(t) = T \wedge \text{团队 } i \text{ 失败} \\
w_i(t-1) + \delta_W(t), & \text{type}(t) = T \wedge \text{团队 } i \text{ 获胜} \wedge \neg GC(t) \\
w_i(t-1) + \delta_W(t) + \delta_{GC}, & \text{type}(t) = T \wedge \text{团队 } i \text{ 获胜} \wedge GC(t)
\end{cases}
$$

团队战斗的获胜概率 $p(w_A(t), w_B(t), \lambda)$　在 t 回合，如果是团队战斗回合，则 A 队在此回合获胜的概率 $p(w_A(t), w_B(t), \lambda)$，取决于他们当前的经济 $w_A(t), w_B(t)$ 和他们的相对实力比率 $\lambda \in [0, \infty)$。该评级量化了团队的游戏技能。当两支团队的实力相等时，$\lambda = 1$。当 A 队更强时，$\lambda > 1$。

终局　一场游戏结束当且仅当一支团队的基地被另一支团队摧毁。如果在一个团队战斗回合中获胜的团队杀死了其他团队的大多数角色，那么在死去的角色复活之前，获胜的团队将有机会摧毁基地并赢得整个游戏。随着游戏的进行，角色的复活时间也会变长，这就给了在靠后的团队战斗回合中获胜的团队更多赢得整个游戏的机会。因此，假设以 $q(t)$ 的概率，回合 t 爆发的团队战斗立即结束游戏，团队战斗的赢家成为游戏的赢家。图 5.17 阐述了 MOBA 游戏模型在一回合中的转移。

5.6.2　参数选择

在分析前，可以通过经验数据选择模型参数 $r(t), p(t), q(t), \delta_W(t), \delta_L(t), \delta_F(t)$。我们将改变两队之间的相对实力比率 $\lambda \in [0, +\infty)$。在不失一般性的前提下，假定 $\lambda \geqslant 1$。两款最受欢迎的 MOBA 游戏《英雄联盟》和《刀塔 2》的真实数据被

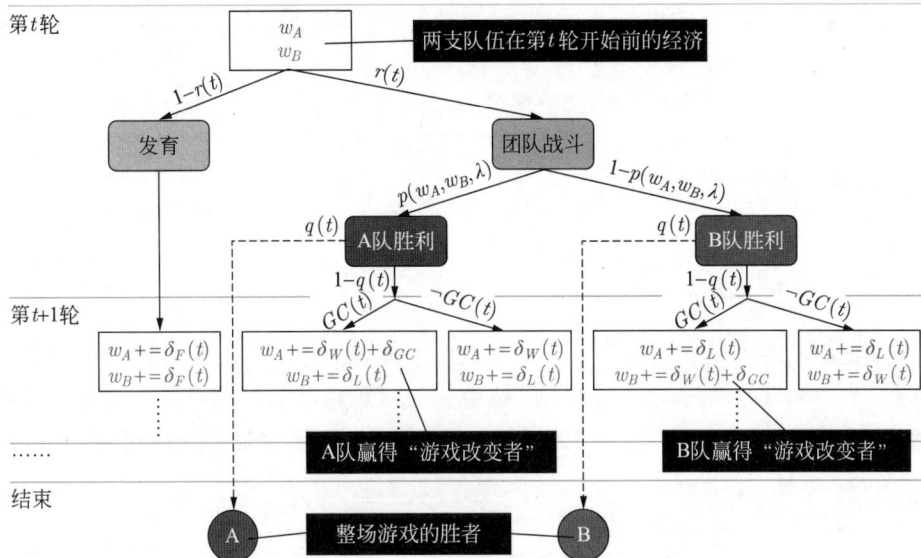

图 5.17　MOBA 游戏模型在一回合中的转移

用于估算团队战斗概率函数 $r(t)$、获胜概率函数 $p(w_A(t), w_B(t), \lambda)$、终局概率函数 $q(t)$ 和经济收入函数 $\delta_F(t), \delta_W(t), \delta_L(t)$。

　　游戏数据　对于《英雄联盟》，本节使用了从 2020 年世界锦标赛（不含）到 2021 年世界锦标赛（含）一个赛季的 7046 场职业比赛的数据[①]。对于《刀塔 2》，本节使用了从 2019 年国际赛（不含）到 2022 年 ESL One 斯德哥尔摩 Major 赛（含）[②] 的 7230 场职业比赛的数据。

　　团战概率 $r(t)$　图 5.18 中的实线显示了从游戏数据中得到的每回合团队战斗的概率 $r(t)$。在两种游戏中，$r(t)$ 均逐渐增加，直到达到上限。在我们的数值研究中将通过分段线性函数近似团队战斗概率函数，如图 5.18 中的虚线所示。

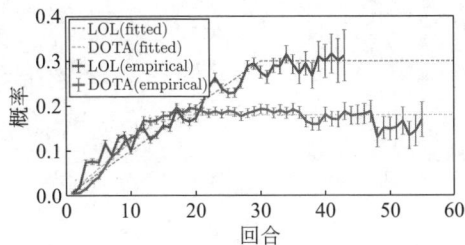

图 5.18　每回合的团队战斗概率 $r(t)$

① 数据来自 Games of Legends, https://gol.gg/esports/home/

② 数据来自 OpenDota API, http://docs.opendota.com/

团队战斗的获胜概率 $p(w_A, w_B, \lambda)$　　获胜概率函数 $\{p_\theta(\cdot)\}_\theta$ 从以下这一组函数中选择:

$$p_\theta(w_A, w_B, \lambda) = \begin{cases} \text{sigmoid}(\theta \dfrac{\lambda w_A - w_B}{w_B}) & \lambda w_A \geqslant w_B \\ 1 - \text{sigmoid}(\theta \dfrac{w_B - \lambda w_A}{\lambda w_A}) & \lambda w_A < w_B \end{cases}$$

其中 $\text{sigmoid}(x) = \dfrac{1}{1 + \exp(-x)}$。

由于团队之间的相对实力比率经常变化,并且难以确切收集,因此在拟合数据时考虑 $\lambda = 1$。通过对游戏数据的拟合,对《英雄联盟》选择 $\theta = 9.41$,而对《刀塔 2》选择 $\theta = 5.85$。图 5.19 展示了可视化团队战斗的经验获胜频率和近似概率。

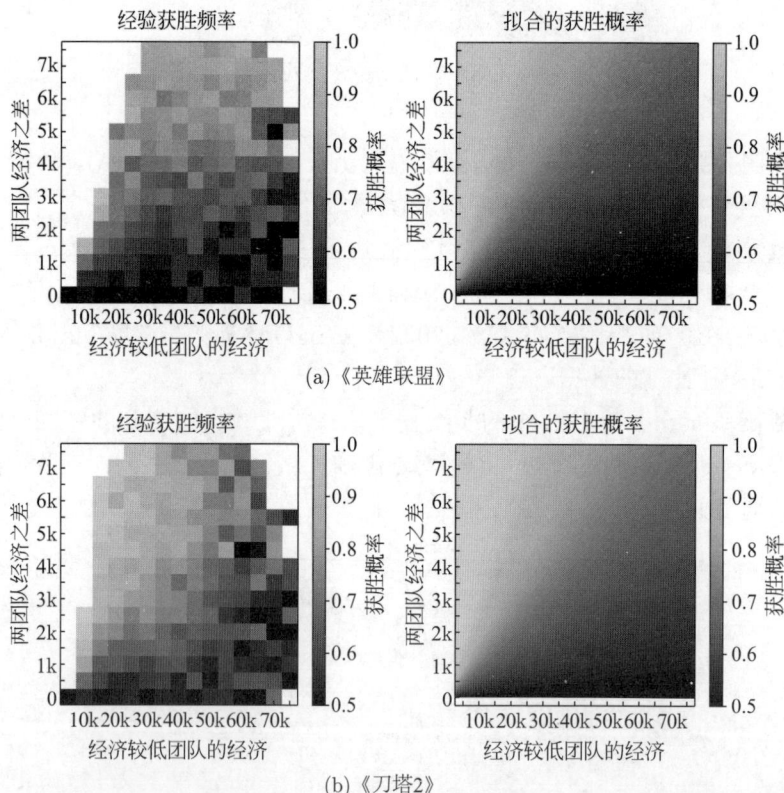

(a)《英雄联盟》

(b)《刀塔2》

图 5.19　$\lambda = 1$ 的情形:左侧子图是根据真实世界的数据估计的经验获胜频率;右侧子图是根据模型和近似参数计算的获胜概率

注:这个"左侧子图"指的是 (a) 和 (b) 中靠左的 2 张图

结束概率 $q(t)$　图 5.20 中的实线显示了在回合 t 为团队战斗回合的前提下，该回合游戏分出胜负的概率 $q(t)$ 的估计，该函数随着 t 的增大而增大。我们使用分段线性函数近似它们 (虚线)。

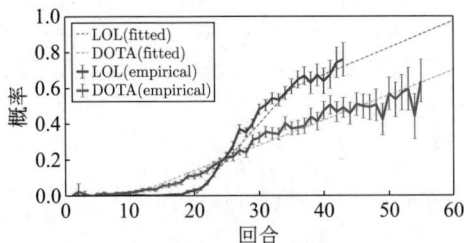

图 5.20　一场团队战斗后结束游戏的概率 $q(t)$

每回合经济收入 $\delta_F(t), \delta_W(t), \delta_L(t)$　图 5.21 中的实线显示了根据游戏数据估计的每回合平均经济。蓝线表示发育回合的经济收入 $\delta_F(t)$。红线和绿线分别代表团队战斗回合中赢家和输家 $\delta_W(t), \delta_L(t)$ 的经济收入。在数值分析中，使用分段线性函数近似它们（虚线）。

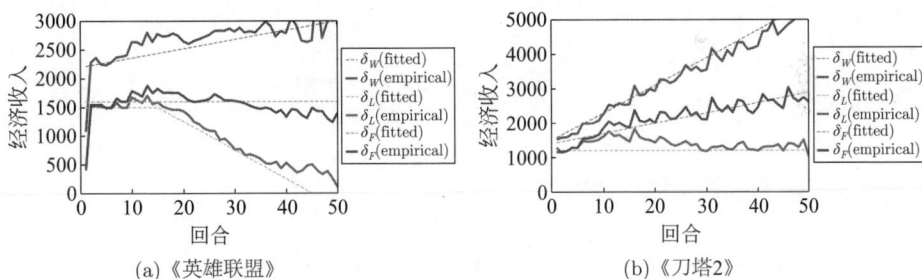

图 5.21　每一回合的平均经济收入

5.6.3　数值求解

在不同 λ 的设置下，对给定不同 δ_{GC} 的总体期望惊喜进行数值计算。图 5.22 为《英雄联盟》和《刀塔 2》中游戏改变者的最优奖励数值结果，用圆点表示。有以下观察结果。

- **对称情形** $\lambda = 1$：《英雄联盟》的最优奖励约为 2800，《刀塔 2》的最优奖励约为 5200。
- **一般情形** $\lambda \geqslant 1$：当相对实力比率 λ 增加时，即其中一队相比另一队更强时，最优奖励增加。

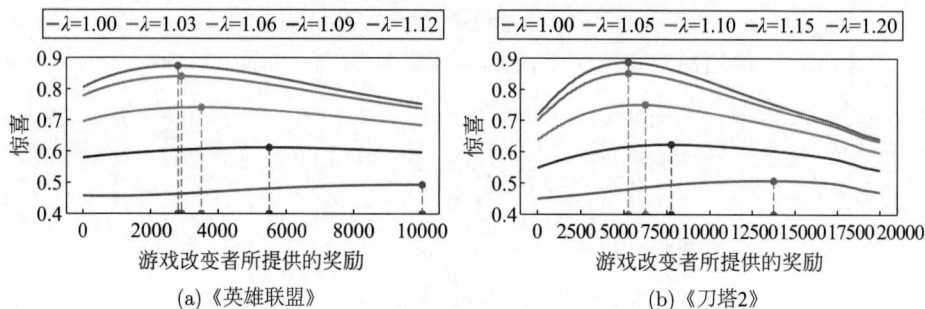

图 **5.22**　游戏改变者的奖励 δ_{GC} 和期望惊喜的关系：当一队在实力上更有优势，则最优奖励 δ_{GC}^* 较大

　　一般情况下的观察结果与魁地奇和答题游戏的结果相吻合，即两队的实力差距较小时，最优的游戏改变者的奖励较小；而随着两队实力差距的增大，最优的游戏改变者的奖励也会增大。与魁地奇和答题游戏不同的是，当两支团队的实力相同时，MOBA 游戏的最优奖励并不是 0。一个可能的解释是，魁地奇在每一轮中都有固定的获胜概率，而 MOBA 在每一轮团队战斗中都有动态的获胜概率。拥有早期优势的团队很可能获得更大的优势，这与众所周知的马太效应相似。在这种情况下，"游戏改变者"仍然是必要的。这更类似于答题游戏中对称情形的先验设置，即当一支团队赢得更多回合时，该队在单轮中的获胜概率会增加。

5.7　本章总结与讨论

　　本章从经验分析和理论分析的角度讨论了如何在游戏或节目设计中进行适当的信息流设计，其目标在于，通过合理的信息流设计，最大化观众的期望惊喜，从而提升观众对节目的评价。经验分析告诉我们，节目的惊喜确实和观众对节目的评价高度正相关；而理论分析提供了一套如何调整节目的各项参数以最大化期望惊喜的方案。本章主要研究如何设计"游戏改变者"的奖励，类似的做法对于其余可调整的参数也是适用的。在理论和经验分析下，发现并验证对广泛的游戏或节目，当对局更加不平衡时，"游戏改变者"应该获得更高的奖励，以允许处于劣势的一方反败为胜，从而提高观众的期望惊喜。

　　我们认为，目前这类研究的一个重要方向是将结果扩展到更一般的模型，甚至是非结构化的非完全信息游戏。在许多游戏中，"游戏改变者"的奖励应该是固定的。在这里，可以先了解玩家的多样性，然后使用我们的技术，但要权衡所有可能的情况，以提供最优设计。在某些游戏中，可以动态设置"游戏改变者"的奖励。因此，另一个方向是研究动态设置 (如《马里奥赛车》)。此外，在我们的设定中，"游戏改变者"并不偏袒任何玩家，而在某些设定中 (如《冬日计划》《马里奥赛车》)，较弱的玩家可以获得更好的道具。对这些不对称环境进行建模和研究也很有趣。此外，本章所考虑的设定没有考虑玩家的战略行为。然而，在许多游戏中（如《阿瓦隆》和《狼人杀》)，玩家采用的策略也会影响游戏的整体惊喜。在这些情况下，未来可能的方向是结合强化学习工具来学习策略，并基于该策略推导出最优的游戏设计。

第 3 部分

非完全信息博弈算法实践方法论

第6章 游戏作为博弈算法实践的试验场

6.1 引言

从 1945 年第一台电子计算机 ENIAC 的发明开始，编写能够自主玩游戏的计算机程序一直是计算机科学家与工程师孜孜不倦的追求，贯穿了人工智能与博弈算法发展的整个历史。早在 1951 年，就有 Christopher Strachey 编写了玩跳棋的程序，Dietrich Prinz 编写了玩国际象棋的程序，这些是最早利用计算机玩游戏的尝试[9]。博弈算法在游戏中的早期实践主要集中在经典的棋类游戏上，如跳棋和国际象棋。这是因为这些游戏的元素简洁、规则相对简单，却具有极高的复杂度。即使经过几百上千年的研究，人类玩家的策略仍在不断进步，距离找到这些游戏的最优解仍有很长的路要走。每当采用各种智能决策算法编写的 AI 系统在这类游戏中战胜人类职业选手时，都会被视为博弈算法与 AI 技术的新突破，象征着 AI 智力水平的提升。

在这些里程碑性的工作中，第一个引起公众广泛关注的是 1992 年由 Gerald Tesauro 开发的 TD-Gammon 程序[10]，这个程序在西洋双陆棋游戏中打败了职业选手。1994 年，一个名为 Chinook 的跳棋程序打败了当时的跳棋世界冠军 Marion Tinsley[11]。最著名且众所周知的里程碑是 IBM 公司开发的深蓝程序，它在 1997 年一场非常著名的国际象棋人机大战中击败了当时的国际象棋特级大师 Kasparov[12]。近年来，更复杂的围棋游戏也被 AI 攻克。2016 年，DeepMind 公司开发的 AlphaGo 程序在一场五局的人机比赛中击败了已退役的围棋世界冠军李世石[13]。随后，在 2017 年，新版本的 AlphaGo 程序在一场三局两胜的人机大战中以 3-0 横扫了当时的世界冠军柯洁。围棋在流行棋类游戏中已经属于复杂度相对最高的一类，尽管学术界还在不断攻克复杂度更高的问题，比如引入了非完美信息元素的西洋陆军棋等[14]。

然而，作为博弈算法实践的试验场，经典的棋类游戏相对容易解决，因为棋类游戏通常是回合制的，状态表征非常规则，并且全局信息为所有玩家可见。近年来，研究者将目光投向更具挑战性的问题，例如牌类游戏和视频游戏。这些游戏更难解决，因为它们通常具有巨大的状态空间和动作空间，对局回合数远超棋类游戏，玩家的隐藏信息造成信息不对称，同时也涉及玩家间的合作问题。然而，随着算力的提升和新算法的发展，AI 在这类问题上也取得了显著进展。

牌类游戏通常涉及发牌引入的随机性以及不同玩家之间的信息不对称，即非完美信息的特点。2015 年,Bowling 团队攻克了双人有限注德州扑克(德州扑克的一种简化版本),并计算出了该游戏的近似最优解[15]。该团队在 2017 年进一步开发了 DeepStack 程序,在双人无限注德扑游戏中击败了人类职业选手[16]。2018 年,Brown 团队发布了 Libratus 程序[17],使用不同的技术在双人无限注德扑中同样击败了人类职业选手。该团队在 2019 年进一步开发了 Pluribus,在六人无限注德扑游戏中击败了人类职业选手[18]。同年,微软亚洲研究院的团队开发了 Suphx 程序,在日本立直麻将中取得了比绝大多数人类顶尖玩家更高的分数[19]。2022 年,腾讯 AI 实验室开发了绝将程序,在双人麻将游戏中击败了积分排名第一的人类玩家[20]。与此同时,学术界也在探索智能决策算法在中国最流行的扑克游戏——斗地主中的应用,如 DouZero[21] 和 PerfectDou[22] 的工作均取得了一些成果,但目前还无法战胜人类职业玩家。

视频游戏与棋类游戏有显著的区别。棋类游戏通常是回合制的,而视频游戏呈现给玩家的是连续逐帧的游戏画面,玩家的动作会实时影响游戏。2014 年,DeepMind 公司提出 DQN 算法来解决经典的 Atari 2600 视频游戏问题,并在其中部分游戏中超越了人类的水平[23]。多人在线竞技(MOBA)游戏更加复杂,包含队伍之间的对抗以及队伍内部的玩家合作。2019 年,DeepMind 公司开发的 AlphaStar 程序在星际争霸中击败了职业玩家,成为第一个在 MOBA 类游戏中达到超越人类水平的 AI 系统[24]。同年,OpenAI 公司开发了 OpenAI Five 程序,在《刀塔 2》游戏中战胜了前世界冠军队伍 OG。在之后限时开放的线上体验赛中,该 AI 系统击败了 99.4% 的人类挑战者[25]。2020 年,腾讯 AI 实验室开发的绝悟程序在王者荣耀游戏中以大比分击败了人类职业选手组成的队伍。在将 AI 植入游戏并向顶尖玩家开放体验后,绝悟在更大规模的对局中取得了 97.7% 的胜率[26]。

纵观决策智能的发展历史,攻克各种游戏已成为 AI 发展历程中的一个个里程碑,推动了相关算法和技术的进步。这是因为游戏本身的意义就在于测试和挑战人类智能。对人类而言,高质量的游戏就像老师,可以锻炼人们的各种认知能力和决策能力。就像人类在儿童阶段通过玩玩具和游戏了解并认识世界一样,游戏为智能决策算法的测试提供了不同难度水平的试验场,锻炼了 AI 各方面的能力。相比其他非常专精的人工智能基准,游戏的多样性为博弈算法提供了丰富的环境:在棋类游戏中,由于状态表征比较规则,且通常没有非完美信息,算法只需要具备从当前游戏局面向前搜索和规划未来的能力;在牌类游戏中,由于状态的转移具有随机性,玩家之间信息不对称,算法需要掌握更复杂的策略,如诈唬和欺骗这些通常只有人类才能掌握的技巧;在视频游戏中,由于状态空间巨大、对局时间很长,算法需要进行复杂的特征提取、内容记忆、长程规划以及多人合作。

这些不同游戏的特性使得游戏成为博弈算法与 AI 技术发展中的重要试验场。

6.2　游戏的分类与性质

由于不同游戏的性质相差很大，因此对决策智能算法的难点和挑战各不相同。为了更好地理解不同博弈算法在各类游戏中取得成功的原因，本节将从算法视角梳理游戏的分类和性质。这些性质与攻克它们所选择的具体算法紧密相关。表 6.1 列出了近年来算法在各种游戏中取得里程碑进展的实例。接下来，我们将详细解读这些性质的含义，以及它们对算法设计带来的挑战。

表 6.1　近年来决策算法取得显著成果的游戏的性质

游戏类型	名称	玩家数量	实时性	非完美信息	随机性	玩家合作	异质玩家
棋类游戏	围棋	2	✗	✗	✗	✗	✗
牌类游戏	德州扑克	≥ 2	✗	✓	✓	✗	✗
	麻将	4	✗	✓	✓	✗	✗
	斗地主	3	✗	✓	✗	✓	✗
视频游戏	《星际争霸》	2	✓	✓	✓	✗	✓
	《刀塔 2》	10	✓	✓	✓	✓	✓
	《王者荣耀》	10	✓	✓	✓	✓	✓

实时性　传统的棋牌类游戏几乎都是回合制的，一局游戏由许多回合组成，玩家在每一回合轮流根据当前的游戏状态做出决策，从而使游戏状态发生变化。这类游戏的回合数通常不会太长，一局包含几十到几百回合。在回合制游戏中，由于环境的状态转移模型通常是已知的，并且每步决策可以有几秒甚至几分钟的思考时间，因此实时规划算法，如基于树搜索的算法，经常使用。

相比之下，视频游戏属于实时性游戏，即非回合制游戏。这类游戏中，玩家观测到的游戏局面会以固定的频率连续逐帧呈现，玩家可以在任意帧做出动作，动作效果也会实时地改变游戏状态。实时性游戏的一局通常可以持续好几千帧，比典型的回合制游戏的回合数长很多。用于解决这类游戏的决策算法通常直接使用神经网络进行端到端的决策，不使用任何规划算法，因为环境模型往往过于复杂，甚至是未知的。同时，实时游戏对动作的即时性要求很高，无法忍受智能体的决策时间过长。

非完美信息　许多经典的棋类游戏，如象棋和围棋，属于完美信息博弈，因为这些游戏以棋盘上落子的形式进行，每个玩家都能掌握当前游戏状态的全部信息。根据策梅洛定理[27]，在完美信息博弈中，如果环境不存在随机性，那么一定存在最优解，即其中一方玩家拥有必不败的策略。在这类博弈中，智能决策算法的目标就是求出或尽可能逼近这个最优解。

然而，大多数游戏属于非完美信息博弈，即不同玩家之间存在信息不对称，玩家有一些私有信息是其他玩家不可见的。非完美信息的存在往往带来很高的复杂度，这是因为每个玩家都会根据其他玩家的历史动作试图猜测对方的私有信息，并根据自己对他人私有信息的信念进行针对性的决策。同时，自己的动作也会被其他玩家用来猜测自己的私有信息。这种循环推理过程给策略评估和博弈带来很大的不确定性和复杂性。因此，在这类博弈中，决策算法的目标并非找到某种"最优解"，因为最优解会随着对手的策略变化，只能寻求均衡解，常见的选择是纳什均衡[28]。在纳什均衡的解概念下，各玩家的策略形成一种特殊的平衡，使得每个玩家仅通过改变自身的策略都无法提高自身收益，从而达到一个平衡点。纳什均衡的另一个性质是每个玩家的剥削度（exploitability）能被最小化，即在遇到最坏情况的对手时，每个玩家所输的分数尽可能少。

随机性 在围棋和斗地主等游戏中，游戏状态的转移模型是确定的，即相同的起始局面和各玩家相同的动作序列一定会导致完全相同的对局路径。然而，大多数游戏中存在随机事件，如投骰子和发牌等，使得游戏的过程变得不确定。需要注意的是，随机性并不意味着非完美信息，反之亦然。以德州扑克为例，每个玩家开局发的两张暗牌会引入非完美信息，因为其他玩家无法看到，但之后翻出的明牌属于游戏的随机性，因为所有玩家都能看到这些明牌。包含随机性的博弈场景会对实时规划类的算法带来额外的复杂度，例如各种搜索算法，因为这些算法需要逐一展开博弈树中随机节点的子节点。同时，它也会给在线学习类的算法带来较高的方差，从而更难以收敛，因为完全相同的动作序列可能导致截然不同的游戏结果和回报收益。

玩家合作 大多数棋类游戏和牌类游戏都属于纯竞争性游戏，即零和博弈，因为输赢是对立的，每个玩家在提高自身收益的同时也会降低其他玩家的收益。斗地主游戏是一个例外，因为在这个游戏中，两名玩家扮演农民，组队与一名扮演地主的玩家对抗，这两名农民会得到相同的分数。

另一方面，大多数 MOBA 类游戏都是团队游戏，由多名玩家组队进行对抗，它们同时涉及团队内的合作以及队伍之间的竞争。玩家之间的合作给智能决策的算法带来更大的挑战，因为算法需要额外设计一些机制，使队友能共享信息或者沟通配合策略，并且能将团队的收益分配到每个玩家身上，从而激励玩家积极合作。在这个过程中，某些玩家甚至可能需要为了团队利益而牺牲自身的利益。

异质玩家 在大多数传统游戏中，不同玩家是同质化的个体，即使由于决策存在先后顺序而可能采用不同的策略，但共享相同的状态空间和动作空间，因此对游戏规则的理解是共通的。然而,许多 MOBA 类游戏引入了不同种类的异质性玩家。这些玩家的状态空间、动作空间以及对策略的理解会有很大的区别。举例来说,在星际争霸游戏中,每个玩家需要从神族、人族和虫族中选择一个作为己方控制的阵营,而这 3 个种族的机制差别巨大。在《刀塔 2》和《王者荣耀》中,每个玩家需要从几十乃至上百个英雄的英雄池中选择一个作为己方角色,每个英雄都有独特的技能组以及截然不同的游戏策略。异质性的玩家给智能决策算法带来很高的复杂度,因为算法需要学习到不同种族或者英雄组合下采用的不同策略。此外,这类博弈场景中策略克制的关系更容易形成复杂的环和网状结构,使得均衡解的寻找更加困难。

6.3 游戏建模方法

作为人工智能的一个重要领域,游戏 AI 与计算机视觉或自然语言处理等其他领域有显著的区别,主要在于游戏 AI 涉及智能体之间频繁的交互。计算机视觉和自然语言处理属于认知智能的范畴,即计算机需要从图像、文本、视频等中提取出有用的信息以理解它们的语义。然而,在游戏等场景中,计算机扮演的智能体需要不断地与环境或其他智能体进行交互,并通过选择策略和动作实现特定的目标。因此,游戏 AI 属于决策智能的范畴,而这种智能体之间以及智能体与环境之间的交互是游戏 AI 建模的核心问题。

总体来说,各种算法对游戏的建模都将智能体和环境之间的交互分解为离散的回合。在每个回合中,需要做出决策的智能体会收到本回合的观测信息,然后各自选择一个动作。环境在这些动作的作用下会转移到新状态,并在下一回合为这些智能体提供新的观测信息。对每个智能体来说,其能动性反映在其策略中,即从历史观测序列到动作的映射,用于决定每个回合应该选择什么动作。这样的策略模型几乎是所有决策算法的智能体所学习的目标,尽管很多算法也会同时学习一些估值模型,用于评估游戏状态的期望收益从而辅助策略的选择。

从游戏建模方法的核心看,强化学习领域和博弈论领域对游戏的建模具有本质的差别:前者主要关注智能体与环境之间的交互,通过环境状态在智能体动作下的转移描述游戏的动态过程。其建模基于"状态",并基于状态转移带来的收益优化智能体的策略。而后者主要关注智能体之间的交互,通过不同智能体策略所产生的游戏轨迹描述游戏的动态过程。其建模基于"策略",并基于各种策略组合所产生的收益来求解各种不同的解概念。接下来将具体介绍这两类建模方法。

6.3.1 强化学习

在强化学习领域,完美信息的单智能体博弈通常被建模为马尔可夫决策过程(MDP)[29],用五元组 $\langle S, A, P, R, \gamma \rangle$ 表示。其中 S 表示状态集合,A 表示

动作集合，P 表示环境状态的转移概率，R 表示环境状态转移的奖励，$P(s'|s,a)$ 表示环境处于状态 $s \in S$ 时，智能体做动作 $a \in A$ 使环境转移到 s' 的概率，且在此过程中智能体获得 $r = R(s,a)$ 的奖励。直观理解就是将一局游戏看作若干回合，每个回合环境处于一个状态，智能体选择当前状态下可行的一个动作，环境在接到动作后会转移到新状态上并给智能体一个及时的奖励。这样的建模假设环境状态和奖励都遵循马尔可夫性质，即它们只和当前的状态和动作有关：$P(s_{t+1}|s_1, a_1, \cdots, s_t, a_t) = P(s_{t+1}|s_t, a_t)$。对于不遵循马尔可夫性质的环境而言，可以通过将状态定义为所有历史状态的序列，能将其转换为遵循马尔可夫性质的环境。在 MDP 的建模中，智能体策略寻求的目标是最大化其每局游戏的收益。对于多臂老虎机之类的游戏，由于每局游戏只有一个回合，因此智能体只最大化这一回合的收益；但对于回合数更长甚至无限回合的游戏而言，智能体的目标是最大化它未来的累计期望收益，定义为 $G_t = r_t + \gamma \times r_{t+1} + \gamma^2 \times r_{t+2} + \cdots$。这里的 $\gamma \in (0,1]$ 表示衰减系数，可以用来权衡当前回合和未来的收益，取 0 表示只看当前回合的收益，取 1 表示会计入任意久远的未来收益。由于 γ 的取值直接影响智能体的目标以及求解的最优策略，因此该参数也是 MDP 定义中的一部分。

对于非完美信息的单智能体博弈，强化学习算法将其建模为部分可观测的马尔可夫决策过程（POMDP），定义为七元组 $\langle S, A, P, R, \Omega, O, \gamma \rangle$，其中 Ω 表示观测集合，O 表示观测概率，$O(o|s)$ 表示状态 s 下观测到 $o \in O$ 的概率，或者 $O(o|a, s')$ 表示通过动作 a 转移到状态 s' 后观测到 o 的概率。简言之，POMDP 相比 MDP 增加了一个感知模型。在 POMDP 中，智能体无法直接获取到真实环境的状态，其观测到的信息与真实环境状态之间的转移可以用条件概率描述，并且依然满足马尔可夫性质。在这种建模方法中，智能体的视角通常不是基于观测集合进行策略求解，而是维护一个状态集合上的信念分布 b，表示在当前智能体的视角下，环境处于各个真实状态上的概率分布。随着游戏的进行，智能体通过每一回合的动作和实际的观测信息，不断更新其信念状态的后验概率，利用贝叶斯公式实现这一过程。

MDP 和 POMDP 的建模主要针对单人游戏，而多人游戏的建模则更复杂，因为不同智能体的动作空间和观测空间可以不同，并且环境的奖励也可以不同。由于 POMDP 已经实现了智能体的观测与环境真实状态的解耦，对多智能体问题的建模仍然基于 POMDP，只是简单地将动作空间、观测空间和奖励为每个智能体分别定义，可以形式化表述成 $\langle S, A_i, P, R_i, \Omega_i, O_i, \gamma \rangle$，这里的下标 i 为智能体的序号。这样的建模方式可以描述任意复杂的多人游戏，但实践中会考虑一些简化版的变体，如去中心化的 POMDP（Dec-POMDP），适用于纯合作性质的多人游戏建模，假设所有智能体的奖励完全相同，因此环境的 $R: S \times A \to \mathcal{R}$ 定义为所有玩家的公共收益。这类多人游戏中，智能体不仅需要考虑状态和动作本身的不确定性，还要考虑其他玩家的动作选择，使得策略的求解非常困难。通常，这些游戏不会基于状态集合上的中心化信念，因为状态的转移会受到他人动作的影响，在不知道其他玩家策略的情况下，无法通过贝叶斯公式更新环境状态的分布。

总之，无论是单智能体还是多智能体博弈，强化学习视角下的建模都是围绕环境状态的转移进行的。由于建模要求具备马尔可夫性质，随着智能体数量的增加以及游戏转移的复杂性，环境状态需要包含从开局到当前时刻的所有有效信息，这使得精确求解智能体的策略变得非常复杂。这样的建模主要用于近似环境模型，以用于实时交互形式的在线强化学习，通过训练策略网络或价值网络来优化智能体的累计收益。具体的各种算法将在第 7 章详细讲述。

6.3.2　博弈论

博弈论对游戏的建模主要有两种形式。一种称为扩展形式博弈（Extensive-form games），这是最直接的描述游戏的方式，它把每个游戏描述成一棵博弈树，树中的每个节点表示一个需要玩家决策的游戏状态，每个节点出发的边表示当前需要决策的玩家可选的动作，指向的节点是动作后转移到的新状态。图 6.1 的左侧包含两个扩展形式的示例，它们是同一个游戏的两种等价的表示方式，每个节点上的数字表示当前状态需要决策的玩家序号，边上的数字表示动作，树的每个叶子节点上都需要标注各玩家的收益，表示游戏结束时玩家的得分。多人游戏中常存在信息不对称。为描述不同玩家具有的不同信息，同一个玩家无法区分的状态集合被称为一个信息集。由于玩家无法区分同一个信息集中的状态，因而每个玩家的策略被定义为从其需要决策的每个信息集到对应可行动作的映射，而非状态到可行动作的映射。在图 6.1 的案例中，玩家 1 和玩家 2 同时进行动作的选择，玩家 2 决策时无法区分玩家 1 选择了动作 A 还是动作 B，所以这两个状态属于同一个信息集，在博弈树中用连接这些状态节点的虚线表示。

博弈论中的另一种游戏建模形式被称为正则形式博弈（Normal-form games）。相比扩展形式博弈，正则形式不关注博弈过程中的状态，而是只关注玩家的整体策略和最终收益。在扩展形式博弈中，每个玩家需要在己方需要决策的每个信息集上选择动作，所有这些选择构成了该玩家的策略。如果将每个玩家的策略都列出来，可以画出一张表格，表示当每个玩家取每个整体策略时各自的局末收益。这样的表格就是正则形式博弈的表示形式，如图 6.1 右侧所示。正则形式博弈可以看作对扩展形式博弈的另一种描述，即每个玩家在游戏开始时同时且独立地选择整个游戏过程中的策略，然后按照选定的策略一直进行游戏。正则形式的建模更适合描述玩家同时决策的单步游戏。多回合游戏，由于需要将每个玩家的策略空间完整列出，回合数较多时策略空间会呈指数级增长，因此正则形式主要作为理论分析和证明的数学工具使用。

综上所述，博弈论以策略为核心，不依赖强化学习中的环境概念，将游戏直接建模为不同动作序列或策略组合下的收益函数。这种建模方式能更好地把握多智能体博弈的交互本质，为进一步分析不同约束下的解概念提供了便利。

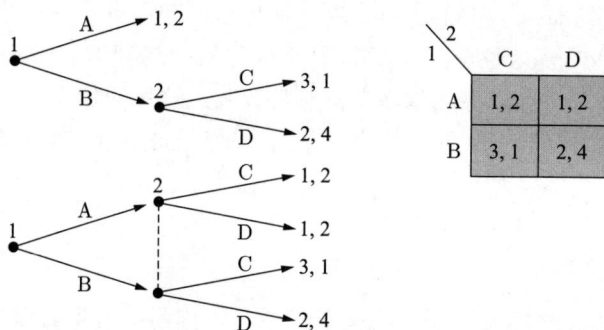

图 6.1　同一个游戏的两种扩展形式表示以及正则形式表示的示意图[30]

6.4　游戏 AI 研究平台

游戏一直以来扮演着决策智能与博弈算法实践的实验场这一重要角色，任何一种新提出的此类算法或者原有算法的改进都需要通过在一些游戏问题中做实验以发掘其价值，探索其缺陷。因此，研究用于评价游戏 AI 的游戏问题与研究游戏 AI 本身同等重要，不可偏废。

游戏 AI 算法的论文往往使用一系列游戏问题来论证文中算法效果优于其他算法，这通常有两个弊端：其一，算法设计者需要自行搭建用于测试的游戏环境，且需要自行配置基准算法，这会造成大量冗余工作；其二，评测环境的配置、随机数的选择等实验细节很多时难以在论文中一一展示，这会使读者对算法对比结果公平性产生一定疑虑。因此，操作便捷，公平可信的游戏 AI 实验平台就成为革除上述弊端的一剂良药。本书以 Botzone 平台[31] 为例展开介绍。

Botzone（https://botzone.org.cn）是由北京大学人工智能实验室（https://ai.pku.edu.cn）开发的在线多智能体游戏对战平台（以下简称平台），旨在为各种游戏提供统一的对战环境。平台支持创建智能体与人类共同参与的对局；支持创建独立的小组，并在小组内举行较大规模的比赛，以同时评估多个智能体之间的相对水平。

平台为每一款游戏维护实时的天梯榜，根据后台随机匹配的对局结果，更新各智能体的 Elo 分数以及榜单排名。图 6.2 展示了斗地主游戏的天梯榜。

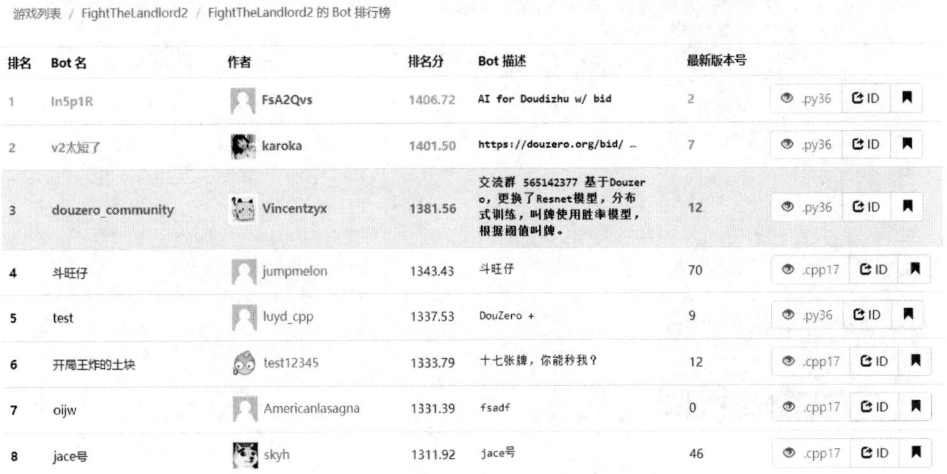

游戏列表 / FightTheLandlord2 / FightTheLandlord2 的 Bot 排行榜

排名	Bot 名	作者	排名分	Bot 描述	最新版本号			
1	In5p1R	FsA2Qvs	1406.72	AI for Doudizhu w/ bid	2	.py36	ID	
2	v2太短了	karoka	1401.50	https://douzero.org/bid/ ...	7	.py36	ID	
3	douzero_community	Vincentzyx	1381.56	交流群 565142377 基于 Douzero，更换了 Resnet 模型，分布式训练，叫牌使用胜率模型，根据阈值叫牌。	12	.py36	ID	
4	斗旺仔	jumpmelon	1343.43	斗旺仔	70	.cpp17	ID	
5	test	luyd_cpp	1337.53	DouZero +	9	.py36	ID	
6	开局王炸的土块	test12345	1333.79	十七张牌，你能秒我？	12	.cpp17	ID	
7	oijw	Americanlasagna	1331.39	fsadf	0	.cpp17	ID	
8	jace号	skyh	1311.92	jace号	46	.cpp17	ID	

图 6.2　Botzone 上斗地主游戏的天梯榜

平台为游戏程序和智能体程序提供了统一简洁的交互接口，用户可以方便地添加新的游戏以及在各游戏下编写新的智能体程序。平台支持 C/C++, Java, C#, JavaScript 以及 Python 等多种编程语言，相关接口规范均有完善的文档说明（https://wiki.botzone.org.cn）。

平台自 2014 年更新升级至今，已经拥有超过 40 款游戏，包括传统的棋类游戏（如五子棋、围棋、象棋），流行的牌类游戏（如斗地主、双升、麻将、德州扑克），以及更多的电子游戏，包括吃豆人、俄罗斯方块、坦克大战、战棋等。图 6.3 中展示了 Botzone 上一些典型的游戏。

截至 2024 年 4 月，平台注册用户已经达到 1.9 万人，共计提交了 18.3 万个智能体以及 95.9 万次智能体版本迭代，共运行了 5732 万场游戏对局，所有对局数据均保留在网站上，支持线上录像回放。

作为国内首个大型游戏 AI 对战平台，Botzone 为教学、比赛和科研均提供了非常便捷的服务。

在教学方面，该平台已经支持了全国高校 30 多门课程，其中包括北京大学的计算机核心课程，如"计算概论"和"程序设计"等。这些课程将游戏智能体的设计与实现作为学生的作业项目，为基础程序设计和人工智能教学提供了实践指导。

在比赛方面，平台承办 AI 比赛 20 多次，包括信息学奥赛省际对抗赛、ICPC

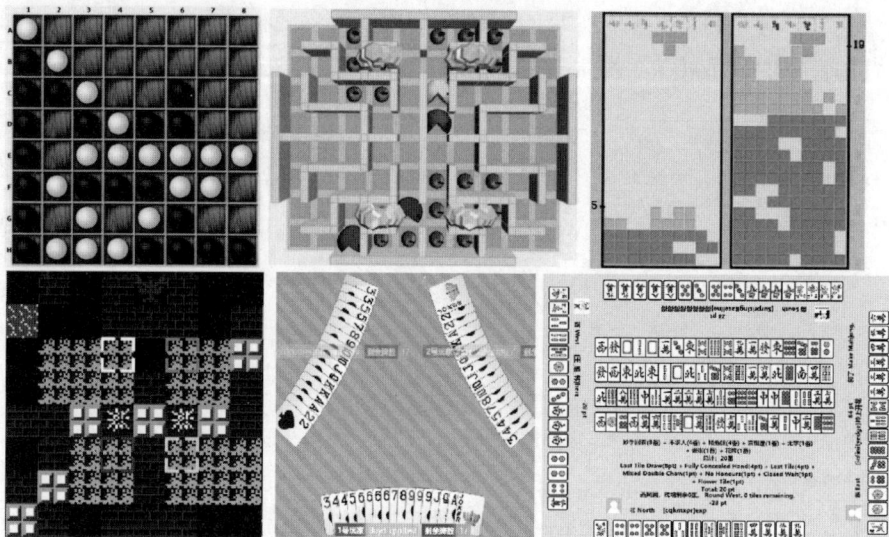

图 **6.3** Botzone 上一些典型的游戏

亚洲区预选赛游戏 AI 挑战赛、IJCAI 国标麻将 AI 比赛等。上述课程与赛事均
采用在 Botzone 上创建独立小组，并在小组内举办多次锦标赛的形式进行，如
图 6.4 所示，利用了 Botzone 提供的多种赛制支持，如循环赛、瑞士轮积分赛以
及在麻将这类高随机性游戏上创新使用的复式赛制。

图 **6.4** Botzone 上的小组

在科研方面，平台支持各种不同性质的游戏，并积累了大量的 AI 程序和对局数据，为多智能体博弈等人工智能方向的研究提供了支持。

目前，Botzone 已成为国际知名的人工智能教学和研究平台。

6.5　本章总结与讨论

本章首先概括了游戏 AI 的发展史，列举了各种里程碑事件。新兴智能体在越来越复杂的游戏中不断击败人类，这些事件被公众视为算法进步的重要标志，表明游戏一直以来都是决策智能与博弈算法实践的重要试验场。

其次，本章讨论了游戏在智能决策算法研究中的分类和性质。我们列举了近年来取得关键进展的游戏，并分析了不同类型游戏对博弈算法的不同挑战。实时性游戏需要决策的长程规划能力，非完美信息游戏中的信息不对称引发的循环推理问题，随机性游戏带来的不稳定性和高方差，合作性游戏中智能体的协作与奖励分配，以及异质智能体游戏中策略学习的复杂度，这些都对算法设计提出了不同的要求。

再次，本章总结了算法领域中的游戏建模方法，从强化学习和博弈论两个视角阐述。强化学习将游戏建模为一个控制问题，旨在让每个智能体在与环境的交互过程中最大化自身的收益。这种建模最初是针对单人游戏设计，但在多人游戏中状态复杂度较高。博弈论则侧重不同智能体之间的交互，充分考虑了多智能体场景下不同玩家策略的相互影响。这两类建模方法在不同算法中各有其价值。

最后，本章以国际知名的 Botzone 平台为例，介绍了游戏 AI 对战平台的功能，指出了游戏 AI 对战平台与游戏 AI 算法的相辅相成关系，并总结了游戏 AI 对战平台在推动游戏 AI 算法发展与应用中的独特而重要的价值。

第 7 章　游戏中的智能决策算法

7.1　引言

人类智能的一大标志是参与复杂游戏的能力。AI 学者常以此为切入点，通过构建具有玩复杂游戏能力的系统来研究 AI。为适应性质迥异的游戏问题的需要，众多不同类型的游戏 AI 算法应运而生。

从图 7.1 中的时间线可以看出，在游戏 AI 发展的不同阶段，游戏复杂度的

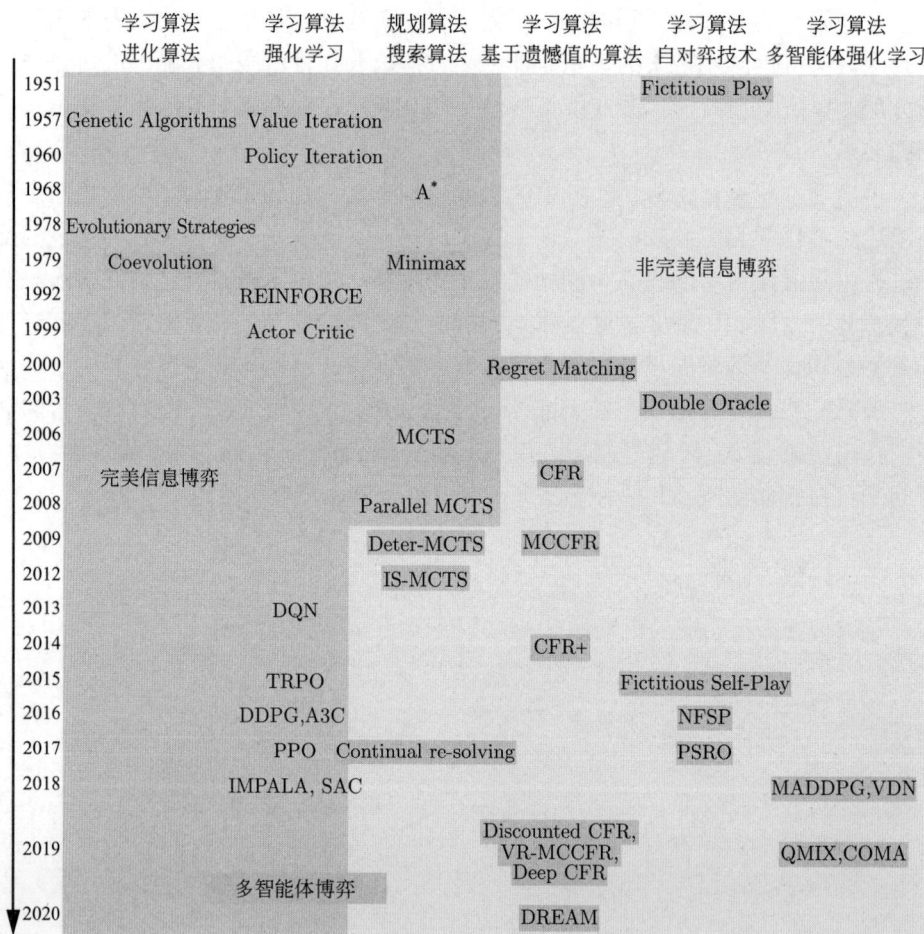

	学习算法 进化算法	学习算法 强化学习	规划算法 搜索算法	学习算法 基于遗憾值的算法	学习算法 自对弈技术	学习算法 多智能体强化学习
1951					Fictitious Play	
1957	Genetic Algorithms	Value Iteration				
1960		Policy Iteration				
1968			A*			
1978	Evolutionary Strategies					
1979	Coevolution		Minimax		非完美信息博弈	
1992		REINFORCE				
1999		Actor Critic				
2000				Regret Matching		
2003					Double Oracle	
2006	完美信息博弈		MCTS			
2007				CFR		
2008			Parallel MCTS			
2009			Deter-MCTS	MCCFR		
2012			IS-MCTS			
2013		DQN				
2014				CFR+		
2015		TRPO			Fictitious Self-Play	
2016		DDPG,A3C			NFSP	
2017		PPO	Continual re-solving		PSRO	
2018		IMPALA, SAC				MADDPG,VDN
2019				Discounted CFR, VR-MCCFR, Deep CFR		QMIX,COMA
2020	多智能体博弈			DREAM		

图 7.1　游戏 AI 算法的发展历程

提升催生了专门解决特定类型游戏的新算法。以进化算法为代表的早期算法着眼于单智能体博弈，试图寻找这些博弈的最优解。作为随机全局优化算法，进化算法只能解决小规模的问题。随着问题复杂度的提升，进化算法在解决策略空间过大的问题时就会显得乏力。当前流行的强化学习因能适用于较大规模的问题而成为用于博弈问题的主流算法类型。早期的强化学习包括基于模型的算法，例如值迭代和策略迭代，用于解决状态转移模型已知的问题。因为状态转移模型已知条件苛刻，因此较实用的强化学习算法多为无模型的算法。无模型的强化学习算法不需要以环境的状态转移模型为输入，而是通过直接与环境交互收集数据来学习策略或者值模型。以 Minimax 和 MCTS 为代表的规划算法也是一类重要的博弈求解算法。早期的规划算法都是为完美信息博弈设计的。近年来，随着研究者将目光投向牌类和视频游戏，用于非完美信息博弈的规划算法也陆续被提出，包括 MCTS 的各类改进以及 Continual Re-solving 等新设计的算法。虽然上述类型的算法多着眼于单智能体完美信息博弈问题，但也存在专门为智能体非完美信息博弈而设计的算法，如 CFR、自对弈以及多智能体强化学习算法等。

上述游戏 AI 算法主要可以归为三大类：基于先验知识的算法、基于搜索与规划的算法、学习算法。

基于先验知识的算法中的先验知识一般是人类游戏专家编写的显式规则，或者是通过一些预训练流程学到的信息。这类智能体在利用先验知识的基础上可能还会结合一些实时规划和搜索算法来决策。

基于搜索与规划的算法通常会从当前的游戏状态展开一棵博弈树，由此评估未来可能遇到的状态价值，从而选择最好的动作。这类算法通常需要输入游戏的状态转移模型——或为已知信息或由学习算法得到。

学习算法通过训练模型保存先验知识或探索经验并直接用于决策或为实时规划算法提供更优的搜索方向指引。

本章将围绕上述三大类游戏 AI 算法展开介绍。

7.2　基于先验知识的算法

从零开始构建游戏 AI 系统时，引入显式的人类游戏经验是最直接的方法。在很多游戏中，NPC（非玩家角色）以及电脑玩家并不需要非常复杂的智能，故可以使用固定的人工策略实现。除此之外，在较复杂的游戏开发的 AI 系统中引入人类知识也是一种提升算法表现的重要手段。例如，在那些学习算法中，引入人类知识有助于智能体在训练前期更快地达到较高水平，尽管人类知识的局限性可能会降低模型能力的上限。

构建游戏 AI 系统时，主要有 3 种嵌入显式的人类知识的方法。

第一种是将人类知识用于特征提取。对于那些以图像形式呈现的游戏来说，人类玩家知道图像中的每个游戏元素的位置及其含义。人类的这种从游戏图像中提取出关键信息的过程可以被写入游戏 AI 系统中。另一方面，给定游戏的原始特征信息，人类玩家可能会计算一些与具体策略相关的关键特征。比如，在黑白棋（也被称为翻转棋，英文名为 Othello）中，人类玩家通常会基于"稳定子"和"行动力"等数值进行决策[32]。将这些人类总结的高层次特征加入模型输入中是一种非常普遍的利用显式人类知识的方式。

第二种是给出基于明确规则的策略，这些规则通常以条件分支的形式出现。例如，2022 年李凯团队构建了一套用于无限注德扑研究的平台 OpenHoldem[33]。该平台使用几个基于人工策略的德扑 AI 作为深度学习算法的基准。这些算法基于当前手牌的强度以及预定义的概率选择动作，其策略通常表示为决策树。这些决策树中的内部节点表示对游戏状态的判断。算法基于游戏状态满足的条件在决策树中不断选择子节点，直至到达代表着动作空间中可行动作的叶子节点。某些决策树还包含随机节点，游戏状态依概率而非玩家动作转移。在电子游戏产业界，一种更高级的决策树——行为树[34] 广泛用于建模游戏 NPC 的行为。行为树相比一般的决策树能表达更复杂的人工策略。

第三种是给出基于人类经验的估值函数，评估人类对游戏局面好坏的看法。这样的估值函数以游戏局面特征为输入，以表示当前状态好坏程度的分数为输出。选择特征以及打分的方式则完全依赖人类经验。Iago 是 1982 年由 RosenBloom 编写的一个黑白棋程序，使用了人工设计的估值函数，利用了"稳定子"和"行动力"等特征并人工选择了一些权重进行打分。这样的估值函数可以进一步和实时规划算法进行结合，来选择那些在后面的回合中倾向到达更好的游戏局面的动作。

7.3　基于规划的算法

一些游戏的状态空间非常大，很难计算出所有状态下的最优动作。但是，如果游戏的状态转移模型已知，则可以在游戏过程中只针对那些实际遇到的游戏状态做规划，计算出可选的最优动作，这样的计算过程称为实时规划。在那些允许单步决策消耗一定时间的游戏中，实时规划方法是一种能有效利用时间，做出更高质量决策的方法。例如，在象棋中，玩家有几秒至几十秒的思考时间，因此可以深入分析当前局面来选择动作。而在实时战略游戏中，玩家需要快速响应环境的变化，没有用于执行规划算法的时间，因而一般不会用到规划算法。

7.3.1　启发式搜索

最简单的规划算法需要输入游戏的状态转移模型与状态的估值函数，通过比较当前局面下不同动作导向状态的估值来选择最优动作。这种类型的规划并不局限于单步状态转移，而可以利用多步状态转移展开一棵搜索树，评估不同动作序列导向的游戏状态的价值，从而使得决策更富远见。这种类型的规划算法被称为启发式搜索，其中最著名的算法之一是 A* 算法[35]。A* 算法使用估值函数指导探索游戏状态。当估值函数与真实价值偏差较大时，更深的搜索通常能得到更好的效果。这是因为考虑的转移步数越多，估值带来的误差占比就会越小。然而，更深的搜索需要花费更多的时间。因此，实践中的搜索算法会限制搜索深度，或者逐次增加搜索深度，直至达到计算资源限制。

7.3.2　博弈搜索

Minimax 算法是经典的实时规划算法，可求解扩展式双人零和博弈，广泛用于棋类游戏[36]。Minimax 算法根据当前决策玩家将搜索树上的节点划分成 min 节点和 max 节点两类，到达指定的搜索深度之后，用估值函数评估搜索树的叶子节点，计算出当前玩家的收益。对于那些在 min-max 机制下不可能影响父节点价值的子树，则可用 Alpha-Beta 算法剪枝优化。Alpha-Beta 剪枝可以将 Minimax 算法的时间复杂度从 $O(b^m)$ 降低到 $O(\sqrt{b^m})$。

Minimax 算法能自然地推广到一般的扩展式博弈中：使估值函数在叶子节点处给出所有玩家的收益，在每个节点最大化当前决策玩家收益即可。

7.3.3　MCTS 及其变种

MCTS（蒙特卡洛树搜索）是另一个著名的实时规划算法，在棋类游戏上同样取得了巨大的成功。围棋 AI 从 2005 年仅具业余玩家水平发展到 2015 年达到顶尖人类水平，MCTS 的应用厥功至伟[29]。MCTS 算法在遇到每个游戏局面时，会从当前局面开始模拟多轮对局直至游戏结束。每一轮模拟从当前局面开始，在搜索树中使用树策略选择一条路径，而后展开路径末端的叶子节点，再使用模拟策略控制对局直至游戏结束。每一轮模拟结束时的分数会被用于更新路径上经过的状态的估值。一般而言，模拟策略较简单，这是为了减少每次模拟的时间代价。而树策略需要在探索和利用中取得平衡，使搜索主要集中在那些更有潜力的路线上，同时也需要兼顾搜索树未探索部分中可能存在的更好的动作。

MCTS 算法的核心思想为有选择地搜索博弈树的分支：通过模拟为各路径上

的动作估值，将估值高低作为后续搜索中选择动作倾向性大小的依据。MCTS 算法诞生后，研究者提出了许多变体来提高其计算效率和表现。

2006 年，Kocsis 提出了 UCT 算法，将 UCB（置信区间上界）算法应用到 MCTS 中，并取得了理论上最优的期望收益[37]。UCT 选择博弈树分支的方式如下：

$$a^\star = \arg\max_{a \in A(s)} \left[Q(s,a) + c \cdot \sqrt{\frac{\ln N(s)}{N(s,a)}} \right] \tag{7.1}$$

其中，$a^\star$ 是在状态 s 下选择的动作，$A(s)$ 是状态 s 下的动作空间，$Q(s,a)$ 是状态 s 下选择 a 的价值估计，N 是访问计数，c 是探索系数。

P-UCT 算法[38] 将先验知识结合到 MCTS 中，使用预先指定的模拟策略，并将估值函数嵌入树策略中。

RAVE 算法[39] 通过将动作价值的估计在搜索树的不同子树之间迁移，实现了更高的搜索效率。动作价值估计的迁移基于下列假设：对于棋类游戏，不同游戏局面下的相同动作的价值相近，因此可以将其他模拟对局中不同局面下相同动作获得的反馈也作为评估当前局面下动作价值的依据。

Parallel MCTS 算法[40] 提出 3 种在不同粒度上并发执行 MCTS 模拟对局的方式。其中，叶子节点并行从搜索树的同一个叶子节点开始，使用模拟策略并行运行对局；根节点并行建立多棵搜索树，使用树策略和模拟策略在不同的搜索树上并行模拟；树并行则在公共的搜索树上并行运行 MCTS 模拟。实验表明，根节点并行具有更高的搜索效率，因为不同进程之间的搜索树并不共用，减小了并发控制的代价；并且能取得更好的表现，这可能是因为使用多棵搜索树避免了陷入局部最优。

MCTS 算法还可用于非完美信息博弈中。

一种方法称为确定化（Determinization）技术。应用确定化技术的 MCTS 算法在桥牌[41] 和纸牌接龙（Klondike Solitaire）游戏[42] 中都取得了一定的效果。确定化技术的主要思想在于将游戏的随机性确定化，即从当前所在的信息集中随机采样一个可能的游戏状态，预先确定后续随机事件的结果，从而将原问题转换为一个完美信息博弈之后，再应用一般的 MCTS 算法求解。然而，这种方式中构造的完美信息的博弈树并不能真正捕捉原问题的非完美信息的本质，其中主要存在两个问题[43]。一方面，将随机性确定化意味着需要在信息集中采样大量状态，并为每个状态构造一棵完美信息的博弈树，这会带来很大的时间代价；并且这些博弈树中存在大量相同的子树，会导致大量冗余计算。另一方面，在非完美信息博弈中，同一信息集中的不同状态无法被玩家区分，因此这些状态下的动作选择必须一致。但在确定化之后，同一信息集中的不同状态下会产生不同的动作选择，这与非完美信息博弈的性质矛盾。

另一种方法是 IS-MCTS（基于信息集的 MCTS）[44]。IS-MCTS 在当前玩家的信息集而非单个游戏状态构成的博弈树上搜索，能保留隐藏信息以及随机性，这有利于更加直接地分析游戏结构。实验表明，在斗地主等非完美信息博弈中，IS-MCTS 能取得比确定化 MCTS 更好的效果[45]。

7.3.4　基于 CFR 的规划算法

CFR[46]（反事实遗憾最小化算法）是一种通过最小化反事实遗憾值求解纳什均衡策略的算法。所谓反事实遗憾值，指的是玩家采取当前动作，相比选择其他动作时少获得的期望收益。

CFR 算法中，以 $\pi^\sigma(h)$ 表示在联合策略 σ 下到达状态 h 的概率。$\pi^\sigma(I)$ 表示在 σ 下到达信息集 I 的概率，有

$$\pi^\sigma(I) = \sum_{h \in I} \pi^\sigma(h) \tag{7.2}$$

$\pi^\sigma_{-i}(I)$ 表示在 σ 下到达信息集 I 的反事实到达概率（counterfactual reach probability），其中玩家 i 选择能最大化到达 I 的概率的动作。$v_i(\sigma, h)$ 表示从状态 h 开始，按照联合策略 σ 对局到游戏结束的期望收益，满足

$$v_i(\sigma, h) = \sum_{z \in Z, h \in z} \pi^\sigma_{-i}(h) \pi^\sigma(h, z) u_i(z) \tag{7.3}$$

$r^\sigma_i(h, a)$ 状态 h 下采取动作 a 的遗憾值，是 h 下采取动作 a 的期望收益相比按照 σ 选择动作的期望收益的变化量，即

$$r^\sigma_i(h, a) = v_i(\sigma_{I \to a}, h) - v_i(\sigma, h) \tag{7.4}$$

$r^\sigma_i(I, a)$ 表示信息集 I 下采取动作 a 的遗憾值，有

$$r^\sigma_i(I, a) = \sum_{h \in I} r^\sigma_i(h, a) \tag{7.5}$$

CFR 算法需要在每个信息集 I 下，计算采取每个动作在之前 T 回合的累计遗憾，为

$$R^T_i(I, a) = \sum_{t=1}^{T} r^{\sigma_t}_i(I, a) \tag{7.6}$$

在 $T + 1$ 回合中，在信息集 I 上采取动作 a 的概率由遗憾值向量中的非负部分

决定，为

$$\sigma_i^{T+1}(I,a) = \begin{cases} \dfrac{R_i^{T,+}(I,a)}{\displaystyle\sum_{a \in A(I)} R_i^{T,+}(I,a)}, & \displaystyle\sum_{a \in A(I)} R_i^{T,+}(I,a) > 0 \\[2em] \dfrac{1}{|A(I)|}, & 其他 \end{cases} \tag{7.7}$$

CFR 难以用于状态空间大、信息集数目多的非完美信息博弈问题求解，因此需要将大型的非完美信息博弈问题分解为可以求解的子部分。在 CFR-D 框架[47]提出之前，非完美信息博弈通常被看作一个不可分割的整体，无法分解成子部分求解，这是因为计算出的各子部分均衡解很可能不是整个博弈的均衡解的一部分。CFR-D 框架给出了一种分解方案，将原始博弈分解为多个子博弈，对每个子博弈分别运行安全的求解算法，最终能得到完整博弈的均衡解。CFR-D 框架将玩家对对手私有信息分布的信念及对手的反事实遗憾值作为子问题求解的约束条件，理论上确保了求解子问题得到的策略并不比原问题上一轮求解的策略坏。

基于 CFR-D 框架的 Continual Resolving 是另一类用于非完美信息博弈的实时规划算法，结合固定深度的搜索树与估值函数做实时规划，其中估值函数输入每个玩家对对手私有信息的信念并计算出各玩家的反事实遗憾值。例如，DeepStack 预先训练了深度反事实遗憾值网络，并用 Continual Resolving 作为实时规划算法，在无限注德州扑克上取得了超过人类水平的表现。

7.4 基于学习的算法

与人类在面对新游戏时需要预先熟悉规则才能上手相同，很多游戏 AI 系统也需经历预训练的过程，学习一些关于游戏策略的先验知识。这样的先验知识一般以策略函数、值函数等形式保存在模型中，在实际对局时结合实时规划算法计算决策。基于学习的算法是当下游戏 AI 研究中的主流，通常作为游戏 AI 系统中的核心组件而存在。以下总结了游戏 AI 系统中应用的不同学习算法，包括早期研究使用的进化算法、依赖已有对局数据的监督学习算法、通过对局自我提升的强化学习算法，以及用于多智能体环境的学习算法。

7.4.1 进化算法

进化算法起源于达尔文的进化论中"物竞天择，适者生存"的自然选择过程，是一种随机全局优化算法[48]。算法模拟自然界生物种群的进化过程，让一个种群中适应度高的个体有更高的概率繁衍，由此产生的后代继承亲代的大部分性质。

因为仅继承亲代性质很难持续提升子代的适应度，所以在遗传的过程中也需要引入变异，具体的变异形式包括交叉互换与基因突变。通过变异操作，种群内的个体间能产生必要的差异。随着时间的推移，自然选择的压力将迫使整个种群的平均适应度提高。种群的进化可以看作一种优化适应度函数使其逐步逼近最优的过程。自然界生物的演化过程在实践上给出了进化算法有效性的佐证，因而进化算法可作为优化算法用于求解那些人类专家很难找到最优解的问题。

作为一大类算法，进化算法拥有各种变体，但所有的变体都包含一些共同的组件。

首先是表征或编码可行解的组件。遗传算法需要将原问题中复杂的解空间简化成规则的基因空间，以便形式化定义变异和交叉算子。由于最优解的特性通常未知，因此编码形式需要尽量满足所有可行解的要求。

另一个重要的组件是适应度函数，它代表了环境的选择，直接决定种群的进化方向。在游戏问题中，解空间一般指策略空间，而适应度函数一般代表策略在游戏中的表现。在不同的进化算法中，交叉、变异算子的实现、用于繁衍的亲代选择、个体的产生消失方式也由具体算法根据具体问题确定。

进化算法中最著名的变体是 GA（遗传算法）和 ES（进化策略）[49]。

GA 算法将原问题的解编码为二进制串，变异操作为随机翻转串中的一位，交叉操作为随机选取两个串的对应部分互换。亲代被选择用于繁衍的概率与其适应度函数值成正比。无论是否参与繁衍过程，所有的亲代都不会被保留，新的种群只由繁衍得到的下一代组成。

ES 算法将原问题的解编码为浮点数向量，变异操作是对向量添加高斯扰动，交叉操作是在向量间插值。每一轮繁衍时随机选择亲代个体，然后从亲代和繁衍得到的子代个体中选择适应度最高的个体来构建新的种群。

在多智能体博弈中，共同进化（Coevolution）算法[50] 是最常用的进化算法。该算法将适应度函数定义为个体间相互对战获得的相对分数，而非单智能体环境中每个个体独立与环境交互的得分。在实践中，共同进化算法既可以维护一个单独的种群，让种群内的个体之间对战；也可以建立多个种群，让不同种群的个体之间对战。研究者认为正如自然界中共同进化的原理一般，在个体间频繁交互的环境中，竞争性的共同进化可以提升物种的适应度。

基于共同进化的算法在一众游戏上取得了不错的效果，例子包括井字棋（Tic-Tac-Toe）[51]、博弈论中经典的追逃游戏（Pursuit and evasion）[52]、捕食者与猎物博弈（Predator and prey）[53]、实时战略游戏如夺旗（Capture the flag）[54]和星际战争（Planet wars）[55]，以及在线卡牌游戏《炉石传说》（Hearthstone）[56]。

7.4.2 监督学习

监督学习是一类数据驱动的算法，用来拟合数据以及对应特性之间的内在关系。在游戏 AI 的场景中，数据通常指游戏状态或智能体观测信息，任务则为学习策略模型来预测动作，或者学习值模型来评估期望收益。监督学习的游戏 AI 算法一般需要大量以状态-动作对或者状态-价值对形式提供的标注数据，这些数据通常由人类或者 AI 系统对局产生。监督学习算法得到的策略或者值模型可直接用于决策，也可结合实时规划算法得到更好的策略。

一般地，监督学习通过学习模型中的参数拟合函数。用于拟合函数的模型有很多种，如支持向量机、决策树、深度神经网络等，这些模型都有相应的学习参数的算法，例如深度神经网络通常使用梯度下降法学习参数。时兴的人工智能算法多基于深度神经网络模型。尽管深度神经网络模型如此流行，但一些情况下其他模型仍有其独特的优势。例如，在可解释性成为评价模型好坏的重要指标时，决策树因其符合人类思维习惯会比作为黑箱的深度神经网络模型更受青睐。

大多数现代的游戏 AI 系统都用神经网络表示策略模型或者值模型，这是因为神经网络具有很强的表达能力[57]，并且在特征提取方面有很强的适应性。较原始的神经网络称为多层感知机，由交替堆叠的线性层与非线性函数层构成。在选择合适的非线性函数的情况下，多层感知机拟合不同函数的能力由通用近似定理保证。多层感知机虽然是通用的函数近似器，但在面对一些具有特殊结构的数据类型时拟合函数较为低效。于是，一些特殊的神经网络结构为适应一些问题的独特需要而诞生。其中著名的例子包括用于处理图像数据空间信息的 CNN（卷积神经网络），以及用于处理序列数据时序依赖关系的 RNN（循环神经网络）。

基于监督学习的游戏 AI 按照训练数据来源一般可分为两类，其中最常见的一类是使用人类对局数据训练的监督学习游戏 AI。这种 AI 从人类对局数据中学到隐式的人类经验，将其存储在策略模型或者值模型中用于决策或者评估局面好坏。然而，模型即使能在训练集上达到完全的准确率，泛化误差也是不可避免的，这正是基于监督学习的游戏 AI 的水平通常无法达到其模仿对象的水平的原因。此外，从人类数据学到的模型有可能被人类经验所误导，陷入人类策略的局部最优中。在围棋这类十分复杂的游戏中这点尤为显著，即使是人类顶尖职业玩家的策略，也可能和理论上的最优策略相去甚远。人类数据监督学习得到的模型通常可作为强化学习算法学习的起点[13, 19, 24]，减少强化学习训练开销，提升训练效率。

不依赖于人类数据的监督学习游戏 AI 训练过程称为知识蒸馏[58]，训练数据来源一般为其他 AI 决策生成的对局。知识蒸馏一般用于缩小模型规模，生成轻量级模型, 降低原始模型决策消耗的计算资源量。在游戏 AI 的场景下, 一些算法运行速度缓慢, 难以用于实际游戏中, 但可生成大量对局数据用于训练轻量级的网络模型。例如, DeepStack[16] 在无限注德扑游戏对局的 3 个阶段用知识蒸馏的方法分别训练了 3 个值网络模型, 使用的数据由搜索速度很慢的 Continual Resolving 算法结合下一阶段的值网络模型生成。这些值网络模型将不同游戏阶段的状态价值评估的知识保存起来, 可用于实时的游戏决策中。

知识蒸馏还可用于融合多个模型的决策行为。例如, 王者荣耀游戏的绝悟 AI 就使用了知识蒸馏技术, 利用不同英雄组合下训练出的一组教师模型生成的混合数据集训练一个融合了所有教师模型经验的学生模型。由此获得的学生模型具有在任意英雄组合下都适用的通用策略[26]。

7.4.3　强化学习

强化学习是机器学习的一大领域, 主要研究智能体如何同环境交互来最大化累计收益, 可用于求解控制问题。与使用带标签的数据集的监督学习算法不同, 强化学习算法通过与环境交互收集数据来学习。强化学习算法因为使用了同环境交互过程中动态获取的训练数据, 所以十分依赖探索与利用之间的平衡。所谓平衡探索与利用, 指的是强化学习智能体一方面需要探索未知的状态动作, 从而发现可能更好的动作, 另一方面需要利用已知的动作最大化当前的累计收益。

强化学习近年来成为游戏 AI 领域较流行的算法之一, 这是因为玩游戏本身就是一个控制问题, 可以直接使用强化学习的框架求解。一般地, 强化学习将环境建模为马尔可夫决策过程。在每个时间步 t 中, 环境都处于一个状态 s_t, 智能体需要在 s_t 下选一个可行动作 a_t。环境接收到智能体的动作 a_t 之后将转移到一个新状态 s_{t+1} 上并给智能体一个奖励 r_t。这里的状态转移概率和奖励都遵循马尔可夫性质, 即它们完全可由当前的状态和动作决定。

当环境转移模型已知的时候, 通用策略迭代算法通过动态规划求解最优策略及对应的值函数, 这里, 值函数指的是状态或者状态动作对的期望收益。此算法最常用的变体是值迭代算法, 基于描述策略和值函数之间关系的贝尔曼最优方程（Bellman optimality equation）

$$V^{\star}(s_t) = \max_a \{R(s_t, a_t) + \gamma \sum_{s_{t+1}} P(s_{t+1}|s_t, a_t) V^{\star}(s_{t+1})\} \tag{7.8}$$

求解最优策略和值函数。其中 $P(s_{t+1}|s_t, a_t)$ 表示在状态 s_t 下执行动作 a_t 转移到状态 s_{t+1} 的概率, $V^{\star}$ 是最优策略对应的状态价值函数。

值迭代算法是一种基于模型的（model-based）算法, 因为它需要环境的转移模型作为输入。然而, 在大多数情况下, 环境转移模型是未知的, 因此只能使用无模型（model-free）的算法，通过直接和环境交互收集数据来学习。

无模型的强化学习算法可以分为两类：基于值的方法；基于策略的方法。

基于值的方法近似估计状态或者状态动作对的价值，利用这些价值选择更好的动作来优化策略。一些问题中值函数规模较小，在计算时能以表格列举的形式存储。在基于值的方法里，采用这种形式表示值函数的算法称为打表（tabular）算法[29]。

根据更新值函数的方式，打表算法可分为 MC（蒙特卡洛）和 TD（时序差分）两大类。MC 算法计算从当前状态到对局结束的真实累计收益

$$\tilde{V}_{\mathrm{MC}}(s_T) = \sum_{t=0}^{\infty} \gamma^t r_{T+t} \tag{7.9}$$

TD 算法基于当前步骤的奖励和下一个状态的价值估计未来的累计收益

$$\tilde{V}_{\mathrm{TD}}(s_T) = r_T + \gamma \tilde{V}_{TD}(s_{T+1}) \tag{7.10}$$

二者得到的累计收益都用于更新当前状态价值。MC 使用完整的对局数据训练，直接拟合真实累计折扣回报，样本方差大，训练收敛慢，因而以 Q 学习为代表的 TD 算法更加流行。基于打表方式实现的 MC 和 TD 适用于状态空间较小的环境，在状态空间大的环境中则需要使用近似函数实现。例如，DQN 算法是 Q-learning 算法使用深度神经网络的变种，在 Atari 游戏上达到了人类水平[23]。Q-learning 中，状态动作价值函数 $Q(s_t, a_t)$ 的更新目标为 $r_t + \gamma \max_a Q(s_{t+1}, a)$。

基于策略的算法是另一类无模型算法，近年来随着深度学习的发展逐渐成为主流。这类算法一般使用梯度下降算法学习参数化的策略模型，理论依据为策略梯度定理

$$\nabla J(\boldsymbol{\theta}) = \mathbb{E}_{\tau \sim \pi_{\boldsymbol{\theta}}} \left[\sum_{t=0}^{T} \nabla_{\boldsymbol{\theta}} \log \pi_{\boldsymbol{\theta}}(a_t | s_t) \cdot Q^{\pi_{\boldsymbol{\theta}}}(s_t, a_t) \right] \tag{7.11}$$

最早出现的此类算法为 REINFORCE[59]：先采样完整的对局轨迹，然后用蒙特卡洛算法中的值目标，即对局的实际累计收益计算优化目标。

然而，纯粹基于策略的算法训练过程产生的样本会有很大的方差，因此研究者进一步提出 actor-critic 系列算法[60]，使用 actor 学习参数化的策略，用 critic 学习值函数。计算策略梯度时，可以将 critic 评估的状态价值作为基准值减去，从而减小策略梯度的方差，使得 actor 的更新过程更加平滑。

actor-critic 系列算法有许多变体。其中，DDPG（Deep deterministic policy gradient）算法用于求解连续动作空间的问题，通过对 actor 输出的策略添加 OU（Ornstein-Uhlenbeck）噪声来增强模型在连续动作空间中的探索能力[61]。DDPG

基于确定性策略梯度定理，使用的策略梯度估计为

$$\nabla_{\boldsymbol{\theta}^{\mu}} J \approx \frac{1}{N} \sum_i \nabla_a Q(s, a | \boldsymbol{\theta}^Q)|_{s=s_i, a=\mu(s_i)} \nabla_{\boldsymbol{\theta}^{\mu}} \mu(s | \boldsymbol{\theta}^{\mu})|_{s_i} \tag{7.12}$$

其中 $\boldsymbol{\theta}^Q$、$\boldsymbol{\theta}^{\mu}$ 分别为值函数与策略函数的参数。

A3C 算法是一种分布式强化学习算法，使用多个 actor 在不同进程中并行，同时与环境交互采集数据，在各自进程中分别计算梯度，然后再汇总到 learner 进程中，大幅提高了训练效率[62]。

IMPALA 算法是另一个流行的分布式强化学习算法，在 A3C 算法的基础上做了改进[63]。在 A3C 算法中，actor 实际采样使用的模型参数可能滞后于 learner 进程最近更新的模型参数，这会导致样本梯度产生误差。为解决 A3C 的这个问题，IMPALA 算法在 loss 函数中引入了 V-trace，以特定的比率调整损失函数，弥补了参数延迟更新带来的梯度误差。V-trace 中更新的目标为

$$v_s := V(x_s) + \sum_{t=s}^{s+n-1} \gamma^{t-s} \left(\prod_{i=s}^{t-1} c_i \right) \delta_t V \tag{7.13}$$

其中 $\delta_t V$ 是修正的 TD 目标，为

$$\delta_t V := \min \left(\bar{\rho}, \frac{\pi(a_t | x_t)}{\mu(a_t | x_t)} \right) (r_t + \gamma V(x_{t+1}) - V(x_t)) \tag{7.14}$$

μ 为采样策略，π 为估值目标策略。$\bar{\rho}_t$ 和 $\bar{c}_i$ 都是截断的重要性采样比，其中 $\bar{\rho}_t$ 决定了策略收敛到的不动点为

$$\pi_{\bar{\rho}}(a | x) := \frac{\min \left(\bar{\rho} \mu(a | x), \pi(a | x) \right)}{\sum_{b \in A} \min \left(\bar{\rho} \mu(b | x), \pi(b | x) \right)} \tag{7.15}$$

而 $\bar{c}_i$ 控制了 n 步 TD 中各种步长 TD 值的权重，进而影响迭代收敛的速度。

TRPO（Trust region policy optimiztion）算法[64] 和 PPO（Proximal policy optimization）算法[65] 在 A3C 算法的基础上，使训练过程变得更加稳定。

A3C 算法在使用期望收益作为损失函数更新策略时，梯度的误差可能会大幅影响当前策略的表现，从而使训练变得不稳定。为使训练更加稳定，TRPO 算法使用了一个替代目标函数（surrogate loss），通过引入新旧策略间的 KL 散度，将新参数下的期望收益重写成当前策略参数下期望收益的增量，求解优化问题

$$\begin{aligned} &\text{maximize}_{\boldsymbol{\theta}} \quad \mathbb{E}_{s \sim \rho_{\boldsymbol{\theta}_{\text{old}}}, a \sim q} \left[\frac{\pi_{\boldsymbol{\theta}}(a | s)}{q(a | s)} A_{\boldsymbol{\theta}_{\text{old}}}(s, a) \right] \\ &\text{s.t.} \quad \mathbb{E}_{s \sim \rho_{\boldsymbol{\theta}_{\text{old}}}} \left[D_{\text{KL}}(\pi_{\boldsymbol{\theta}_{\text{old}}}(\cdot | s) \| \pi_{\boldsymbol{\theta}}(\cdot | s)) \right] \leqslant \delta \end{aligned} \tag{7.16}$$

上述优化问题可以通过泰勒展开取低阶近似转换为

$$\boldsymbol{\theta}_{k+1} = \arg\max_{\boldsymbol{\theta}} \mathcal{L}(\boldsymbol{\theta}_k, \boldsymbol{\theta}) \approx \boldsymbol{g}^{\top}(\boldsymbol{\theta} - \boldsymbol{\theta}_k)$$
$$\text{s.t.} \ \bar{D}_{\mathrm{KL}}(\boldsymbol{\theta} \| \boldsymbol{\theta}_k) \approx \frac{1}{2}(\boldsymbol{\theta} - \boldsymbol{\theta}_k)^{\top} H (\boldsymbol{\theta} - \boldsymbol{\theta}_k) \leqslant \delta \tag{7.17}$$

使用拉格朗日乘子法可以解得更新后的参数为

$$\boldsymbol{\theta}_{k+1} = \boldsymbol{\theta}_k + \sqrt{\frac{2\delta}{\boldsymbol{g}^{\top} H^{-1} \boldsymbol{g}}} H^{-1} \boldsymbol{g} \tag{7.18}$$

在实际算法开发中，可以使用线搜索的方式确定学习率，以保证更新前后策略 KL 散度在限制范围内。

PPO 算法在 TRPO 的基础上做了进一步的简化，通过直接裁剪梯度的方式避免了训练过程中策略的突变，相比 TRPO 更容易计算。PPO 有 PPO-penalty 和 PPO-clip 两个主流变种。其中 PPO-penalty 使用 KL 散度惩罚代替 KL 散度约束，损失函数为

$$\underset{\boldsymbol{\theta}}{\text{maximize}} \ \hat{\mathbb{E}}_t \left[\frac{\pi_{\boldsymbol{\theta}}(a_t|s_t)}{\pi_{\boldsymbol{\theta}_{\mathrm{old}}}(a_t|s_t)} \hat{A}_t - \beta \mathrm{KL}\left[\pi_{\boldsymbol{\theta}_{\mathrm{old}}}(\cdot|s_t) \| \pi_{\boldsymbol{\theta}}(\cdot|s_t)\right] \right] \tag{7.19}$$

PPO-clip 使用截断优势函数的方式代替 KL 散度约束，损失函数为

$$\underset{\boldsymbol{\theta}}{\text{maximize}} \ \mathbb{E}_t \min\left\{ \frac{\pi_{\boldsymbol{\theta}}(a|s)}{\pi_{\boldsymbol{\theta}_k}(a|s)} A^{\pi_{\boldsymbol{\theta}_k}}(s,a), \mathrm{clip}\left(\frac{\pi_{\boldsymbol{\theta}}(a|s)}{\pi_{\boldsymbol{\theta}_k}(a|s)}, 1-\epsilon, 1+\epsilon \right) A^{\pi_{\boldsymbol{\theta}_k}}(s,a) \right\} \tag{7.20}$$

PPO 算法由于出色的训练稳定性，目前已经成为基于策略的强化学习算法中的首选。

7.4.4 多智能体学习算法

多智能体环境与单智能体环境中的学习过程有非常大的区别。在多智能体环境中，每个智能体的行为都会影响其他智能体的观测，所以在单个智能体的视角下，环境的状态转移机制是动态变化的。此外，单智能体环境中求解的目标是最优策略，而多智能体环境中的学习过程一般是为了寻找某些均衡解，如纳什均衡[28]。

下面列出了现代游戏 AI 系统中最常用的几类多智能体学习算法。

RM（Regret matching）算法[66] 是一个用于求解正则形式博弈纳什均衡解的简单直观的算法。在这个算法中，各玩家之间反复对局，在每一局中记录自己选择其他动作相对实际执行动作的收益增量，作为没有选择其他动作的遗憾值，累计每一局遗憾值并在新的对局中按照同遗憾值成正比的概率选择动作。

CFR（反事实遗憾最小化）算法[46] 推广了 RM 算法，使之可以应用到扩展形式博弈中，成为求解非完美信息游戏的强大工具。然而，原始的 CFR 算法需要在每一轮迭代中遍历整棵博弈树，并且需要大量的迭代轮次才能收敛，计算代价很高，无法扩展到大规模的游戏中，因此研究者提出许多 CFR 算法变体来提高其计算效率。

CFR+ 算法[67] 和 Discounted CFR 算法[68] 对之前迭代轮次中的遗憾值进行衰减，并且为每一轮迭代的策略做不同形式的加权，减少了训练收敛所需的迭代次数，加速了整个训练过程。MCCFR 算法[69] 在遍历博弈树时只采样一部分路径，从而使 CFR 算法可以解决那些博弈树巨大，尤其是包含随机节点的游戏。尽管 MCCFR 算法在博弈树中采样方差很大，使得需要更多的迭代轮次才能收敛，但相比完整遍历博弈树的时间开销而言可以忽略。VR-MCCFR 算法[70] 在MCCFR 算法的基础上引入了一个用作基准的值模型，用来评估每个信息集的期望收益，减少了 MCCFR 在博弈树中采样带来的高方差。还有一些 CFR 算法变体对游戏状态进行简化[71]，并使用线性回归函数等近似函数[72] 减少 CFR 算法的时间和空间开销，但这些对游戏状态的简化以及对值函数的近似都需要专家知识。直到深度神经网络与 CFR 算法相结合[73-76] 之后，状态的简化以及值函数的近似才摆脱了专家知识的限制。基于深度神经网络的 CFR 算法大多使用了之前变体中提出的博弈树采样、遗憾值衰减，以及迭代权重调整等技术，以便在复杂游戏中更快地收敛，达到更好的效果。

其中 Double Neural CFR 将传统 CFR 维护的信息集遗憾值表 $\mathcal{R}$ 与信息集下策略概率分布表 $\mathcal{S}$ 均用神经网络代替，在搜索过程使用两个神经网络选择动作，结束后得到的值用于更新两个网络的参数：

$$
\begin{aligned}
\boldsymbol{\theta}_{\mathcal{R}}^{t+1} &\leftarrow \underset{\boldsymbol{\theta}_{\mathcal{R}}^{t+1}}{\operatorname{argmin}} \sum_{(I_i, \tilde{r}_i^{\sigma^t}((a|I_i)|Q_j)) \in \mathcal{M}_R} \left(\mathcal{R}(a, I_i|\boldsymbol{\theta}_{\mathcal{R}}^t) + \tilde{r}_i^{\sigma^t}((a|I_i)|Q_j) - \mathcal{R}(a, I_i|\boldsymbol{\theta}_{\mathcal{R}}^{t+1}) \right)^2 \\
\boldsymbol{\theta}_{\mathcal{S}}^{t+1} &\leftarrow \underset{\boldsymbol{\theta}_{\mathcal{S}}^{t+1}}{\operatorname{argmin}} \sum_{(I_i, s_i^t(a|I_i)) \in \mathcal{M}_S} \left(\mathcal{S}(a, I_i|\boldsymbol{\theta}_{\mathcal{S}}^t) + s_i^t(a|I_i) - \mathcal{S}(a, I_i|\boldsymbol{\theta}_{\mathcal{S}}^{t+1}) \right)^2
\end{aligned}
\tag{7.21}
$$

Deep CFR 结合了 Linear CFR，每次迭代对每个玩家采用若干样本训练值网络，迭代结束之后训练策略网络，按照如下方式更新：

$$
\begin{aligned}
\boldsymbol{\theta}_p &= \operatorname{argmin}_{\boldsymbol{\theta}_p} \mathbb{E}_{(I,t',\tilde{r}^{t'}) \sim \mathcal{M}_{V,p}} \left[t' \sum_a \left(\tilde{r}^{t'}(a) - V(I, a|\boldsymbol{\theta}_p) \right)^2 \right] \\
\boldsymbol{\theta}_{\Pi} &= \operatorname{argmin}_{\boldsymbol{\theta}_{\Pi}} \mathbb{E}_{(I,t',\sigma^{t'}) \sim \mathcal{M}_{\Pi}} \left[t' \sum_a \left(\sigma^{t'}(a) - \Pi(I, a|\boldsymbol{\theta}_{\Pi}) \right)^2 \right]
\end{aligned}
\tag{7.22}
$$

在竞争性的多智能体环境中，将单智能体强化学习算法与自对弈技术结合起来也可以求解纳什均衡。

最早的自对弈算法是用于求解双人零和游戏的 FP（Fictitious play）算法[77]，通过反复运行对局，让每个智能体都计算出针对对手历史平均策略的最优响应（best response）策略，从而逼近纳什均衡解。FSP 算法（Fictitious self play）[78]将 FP 推广到扩展形式博弈中，可以解决多步的回合制游戏。NFSP 算法（Neural FSP）[79] 使用神经网络作为策略模型来处理更大规模的游戏，使用强化学习来计算最优策略应对，并用监督学习拟合平均策略。DO（Double oracle）算法[80]从策略空间的一个子集开始，为每个玩家都计算出当前策略子集下的纳什均衡，然后用均衡策略扩充各个玩家的策略子集，不断重复这个过程，直至不能继续扩大玩家的策略子集，最终就能得到整个策略空间上的纳什均衡解。

PSRO（Policy space response oracle）算法[81] 形式上统一了 FSP 和 DO 算法。PSRO 为游戏的每一方都维护一个策略池，当训练一方策略时，按照一定的概率分布从其他玩家的策略池中抽取策略构造混合策略，再针对此混合策略学习出最优响应策略，加入己方策略池中，不断重复此过程。在这样的框架下，DO 和 FSP 都可以看作 PSRO 算法的具体实例，只是选择对手和训练新策略的方式不同而已。DO 构造混合策略采用的概率分布为策略子集上的纳什均衡分布，而 FSP 采用策略子集上的均匀分布。与 PSRO 类似的是，多智能体 RL 训练算法一般也会维护一个模型池，从模型池中采样对手与之对局，收集样本用于训练。

多智能体 RL 算法从模型池中选择对手的策略有很多种，在实践中比较常用的有以下几种。

- 朴素自对弈：总是选择最新的模型作为对手；
- 历史模型自对弈：从最近一段时间保存的模型中随机选择一个作为对手[82]；
- 基于种群的自对弈：创建多个不同类型的种群，每个种群有选择性地使用自己或者其他种群中的模型作为对手[24, 83]；
- 基于模型表现的自对弈：根据对局的胜率以更高概率选择表现更好的模型作为对手[84]。

CTDE（中心化训练、分布式执行）框架是多智能体环境中另一类非常流行的算法框架。CTDE 使用中心化的训练方式为智能体提供其无法观察到的全局信息，以更好地指导训练方向；在智能体决策的时候使用分布式的方式，限制每个智能体只使用自己可见的信息，以遵循非完美信息博弈的规则。这种在训练时引入隐藏信息进行模型间沟通的机制主要是为了缓解各智能体独立训练时发生的不稳定现象，比如训练陷入策略空间的环状结构中[85]。

CTDE 算法可以分为基于值和基于策略的两大类。其中，基于值的 CTDE 算法代表性的有 VDN（值分解网络）算法[86] 和 QMIX 算法[87]。它们两者都是 DQN 算法用于处理多智能体合作问题的变体，都使用中心化的状态动作价值函数，并且都将该函数表示为每个智能体自身值网络输出以某种方式汇总的结果。其中 VDN 将全局的值函数分解为各个智能体依据自己的观测得到的部分值函数的和，即

$$Q((h^1, h^2, \cdots, h^d), (a^1, a^2, \cdots, a^d)) \approx \sum_{i=1}^{d} \tilde{Q}_i(h^i, a^i) \tag{7.23}$$

而 QMIX 则放宽了直接求和的限制，仅保留了值分解的单调性，使得下列条件成立：

$$\frac{\partial Q_{\text{tot}}}{\partial Q_i} \geqslant 0 \ (\forall i), \ \arg\max_u Q_{\text{tot}}(\boldsymbol{\tau}, \boldsymbol{u}) = \begin{pmatrix} \arg\max_{u^1} Q_1(\tau^1, u^1) \\ \dots \\ \arg\max_{u^n} Q_n(\tau^n, u^n) \end{pmatrix} \tag{7.24}$$

此外，QMIX 算法还在结合算子的网络中引入了环境不可观测的实际状态。MADDPG 算法[88] 是基于策略的 CTDE 算法，将 DDPG 算法扩展到了多智能体环境中。MADDPG 算法的每个智能体都拥有自己的策略网络、值网络、奖励函数，所以既可以解决纯合作或纯竞争的问题，也可以解决合作、竞争并存的复杂问题。每个智能体的值网络不仅以当前智能体的观测为输入，还以其他智能体的观测与动作为输入，使用中心化的方式训练。COMA 算法[89] 将朴素的 actor-critic 算法扩展到了纯合作的多人场景中，即所有智能体具有相同的奖励函数的场景。该算法训练一个各智能体共用的值网络，使用反事实的基准值函数为不同的智能体分配奖励，其中反事实基准值指的是排除当前玩家之后所有玩家总收益的减少量。

7.5　本章总结与讨论

本章将游戏中的智能决策算法分为三大类：基于先验知识的算法、基于规划与搜索的算法、学习算法，讨论了这三种算法在游戏 AI 中的应用方式与彼此之间的关系。基于先验知识的算法通常可结合学习算法得到的知识，使用规划与搜索算法提升决策能力；基于搜索与规划的算法则可结合先验知识与学习算法建立游戏环境的模型；学习算法则可将先验知识作为学习数据的来源，为规划与搜索算法提供指导或结合规划与搜索算法提升自身表现。

在基于先验知识的算法一节，本章将嵌入显式的人类知识的方法分为 3 种，

包括将人类知识用于特征提取、给出基于明确规则的策略、给出基于人类经验的估值函数。这 3 种利用显式的人类知识的方法既可直接用于实现简单游戏的 AI，也可为基于搜索与规划的算法提供指导，帮助基于学习的算法加速收敛。

在基于规划的算法一节，本章列举出 4 类常用的规划搜索算法，包括启发式搜索、博弈搜索、MCTS 及其变种、基于 CFR 的规划算法。其中，启发式搜索利用人类的先验知识为状态估值以选择动作；博弈搜索则通过直接在游戏的博弈树结构上搜索来寻找最优解；MCTS 则基于蒙特卡洛模拟估计状态价值，包括可用于非完美信息博弈的一些变种；基于 CFR 的规划算法则源自算法博弈论中的遗憾值最小化思想，在德州扑克系列游戏中取得了突破。

在基于学习的算法一节，本章列举了进化算法、监督学习、强化学习、多智能体学习算法 4 个类型的学习算法。其中，进化算法可以看作基于种群的一类局部搜索算法，其中最著名的是基因算法、进化策略与多智能体博弈问题中常用的共同进化算法。

监督学习算法则是一类数据驱动的算法，用于拟合数据与对应特性之间的内在关系。当代监督学习算法多采用神经网络拟合数据与特性之间隐含的函数关系。基于监督学习的游戏 AI 算法可分为两类：一类使用人类数据学习人类经验，用于决策或者评估策略的好坏；另一类使用其他算法或者模型产生的数据，降低计算开销或融合模型行为，称为知识蒸馏。

强化学习算法主要研究智能体如何同环境交互来最大化累计收益，因其学习范式天然适合游戏问题，所以近年来成为游戏 AI 领域最流行的算法之一。强化学习算法依据是否需要环境转移模型作为输入，可分为基于模型的算法与无模型的算法。基于模型的强化学习算法一般利用环境状态转移过程的 MDP 描述，通过贝尔曼最优方程以值迭代或者策略迭代的方式直接求解最优策略或者最优值函数；而无模型的强化学习算法则可依据是否显式优化策略，分为基于策略和基于值的两类，其中基于策略的算法主要包括 actor-critic 系列算法等，基于值的算法主要包括 Q 学习系列算法等。

多智能体学习面对的环境中有多个智能体，存在非完美信息、环境非稳定等问题，因而求解目标与单智能体环境中追求的最优策略不同，一般是博弈论中的某些解的概念，如纳什均衡。本章在这一部分重点介绍了基于算法博弈论中遗憾值概念的 CFR 系列算法；基于自对弈技术可同单智能体强化学习算法很好结合的 PSRO 系列算法；多智能体强化学习中十分流行的 CTDE 框架，以及基于此框架的多智能体强化学习算法，如 QMIX、MADDPG 等。

第 8 章 游戏智能决策算法系统的案例分析

8.1 引言

近年来，随着智能决策领域算法的发展和硬件算力的大幅提升，AI 在许多复杂的人类流行游戏中都打败了人类职业玩家乃至人类冠军玩家，成为 AI 发展历程中的一个又一个里程碑。然而，当我们分析这些攻克不同游戏的 AI 系统时，我们发现每个系统都不是简单地将前一章中的某个算法应用在具体问题上，而是组合了多个算法技术的产物，并且大部分 AI 系统所选用的算法技术有着很大的差别，与对应游戏的性质有关。为了分析这些算法取得成功的原因，本章以近年来被 AI 算法解决的几个典型游戏为例，详细总结攻克这些游戏的 AI 系统所使用的技术，为第 9 章中的规律探究和对比分析提供基础。

具体来说，本章分析了以下几个游戏的里程碑工作：围棋、德州扑克、麻将、斗地主、《星际争霸》、《刀塔 2》和《王者荣耀》。其中，围棋作为棋类游戏属于完美信息博弈，德州扑克、麻将和斗地主作为牌类游戏属于非完美信息博弈，《星际争霸》、《刀塔 2》和《王者荣耀》属于 MOBA 类游戏，包含巨大的状态动作空间、更复杂的合作，以及异质智能体等挑战。对于攻克这些游戏的智能决策算法系统案例，我们将其分为训练和推理两个层面，详细介绍其训练流程中涉及的学习算法、训练得到的模型形式，以及推理时使用模型的规划算法。

8.2 围棋

围棋是传统棋类游戏中复杂度最高的一类。据估算，围棋的博弈树平均分支数约为 250，平均深度约 150，因此其状态空间的复杂度可以达到 10^{360}。2016年，DeepMind 公司开发的 AlphaGo 系统[13] 将监督学习、强化学习和树搜索结合起来，首次在围棋上打败了人类职业选手。2017 年，他们进一步提出新的训练框架开发 AlphaGo Zero[90]，在不依赖人类对局数据的情况下从零开始训练，取得了大幅超越顶尖人类棋手的水平。该框架被进一步扩展成通用于完美信息博弈的 AlphaZero[91]，在围棋、国际象棋和将棋上从零开始训练都取得了超越人类的水平。

第一代 AlphaGo 的整个训练过程分为 3 个阶段。首先，作者基于职业选手的棋谱数据库，构造了一个包含 3×10^7 状态动作对的数据集，其中状态为当前

棋盘的局面，动作为该局面下的落子位置。训练的第一阶段是在这个数据集上使用监督学习训练了两个策略网络 $p_{\sigma}(a|s)$ 和 $p_{\pi}(a|s)$，使用随机梯度下降最大化人类玩家在每个局面 s 下选择的动作 a 的概率，梯度为

$$\nabla \sigma \propto \frac{\partial \log p_{\sigma}(a|s)}{\partial \sigma} \tag{8.1}$$

其中，$p_{\sigma}(a|s)$ 称为 SL 策略网络，是一个 13 层的卷积神经网络，在测试集上达到了 57.0% 的准确率，但每次前向传播需要 3ms。为了取得更快的推理速度，作者又训了 $p_{\pi}(a|s)$，一个基于一些人工提取的棋盘特征的线性评估函数，称为 rollout 策略，可以看作一个单层的全连接神经网络，每次推理只需要 $2\mu s$，在测试集上能达到 24.2% 的准确率。在训练的第二阶段，作者使用强化学习优化 SL 策略网络，用最新版本的模型 $p_{\rho}(a|s)$ 与历史版本的模型对战产生训练数据，并使用朴素的策略梯度算法进行优化，梯度为

$$\nabla \rho \propto \frac{\partial \log p_{\rho}(a_t|s_t)}{\partial \rho} z_t \tag{8.2}$$

其中 z_t 表示当前对局的收益，获胜为 1，否则为 −1。经过强化学习训练的模型，称为 RL 策略网络，与 SL 策略网络对战可以达到 80% 的胜率，水平得到很大提升。

在训练的第三阶段，作者基于 RL 策略网络自对战生成了大量对局，并根据对局中棋盘局面以及对局结束的胜负组成状态与价值的样本对，构造了 3×10^7 大小的数据集。在该数据集上，作者使用监督学习训练了一个 14 层的卷积神经网络作为价值网络，使用最小均方误差作为损失函数，用于评估当前局面的胜率。

在训练阶段得到 RL 策略网络、价值网络以及模拟策略之后，实战中 AlphaGo 采用蒙特卡洛树搜索（MCTS）算法决策。搜索树中的每个节点表示一个状态 s，节点出发的每条边表示一个可行动作 a，算法维护状态动作价值 $Q(s,a)$、访问次数 $N(s,a)$ 以及先验概率 $P(s,a)$。算法在决策时会从根节点出发模拟多次对局过程。具体来说，在每一局模拟的第 t 个时间步，在状态 s_t 下会选择动作 a_t 使

$$a_t = \underset{a}{\mathrm{argmax}}(Q(s_t,a) + u(s_t,a)) \tag{8.3}$$

从而最大化状态动作价值加上探索性奖励。其中探索性奖励

$$u(s,a) \propto \frac{P(s,a)}{1 + N(s,a)} \tag{8.4}$$

与先验动作概率和访问次数有关，用于鼓励选择访问次数少的节点。当到达叶

子节点时，用 RL 策略网络输出该状态的概率作为其子节点的先验概率 $P(s,a)$。叶子节点会使用两种方式估值，一种方式是使用推断速度更快的模拟策略自对弈直到对局结束获取局末得分，另一种方式是用价值网络直接对状态估值，这两个估值会进行线性组合，作为叶子节点的状态价值。该价值会用于更新从根节点到叶子节点路径上每条边的状态动作价值 $Q(s,a)$。这种在 MCTS 算法中使用值网络和策略网络先验知识的算法被称为 APV-MCTS 算法。实现了 MCTS 算法的多机器并行后，最终版的 AlphaGo 系统推理时使用了 1202 个 CPU 和 176 个GPU，每一步使用 5s 的思考时间，可以达到 3140 分的 Elo 分数，达到了人类职业棋手的水平。

AlphaGo Zero 是第二代的 AlphaGo，使用了与前一代不同的训练框架，通过训练一个集成的策略价值网络同时预测游戏状态的动作和价值。该网络基于残差神经网络[92]，共用前面的卷积层骨干提取特征，并通过不同的输出分支同时输出动作预测和价值判断。AlphaGo Zero 使用的 MCTS 算法也比 AlphaGo 简单，如图 8.1 所示，当每次模拟对局到达搜索树的叶子节点时，前一代 AlphaGo 算法会使用两种估值方式的线性组合，而 AlphaGo Zero 直接用价值网络估值，并不会用模拟策略自对弈直到对局结束，从而大幅缩短了 MCTS 单次模拟对局的时间。

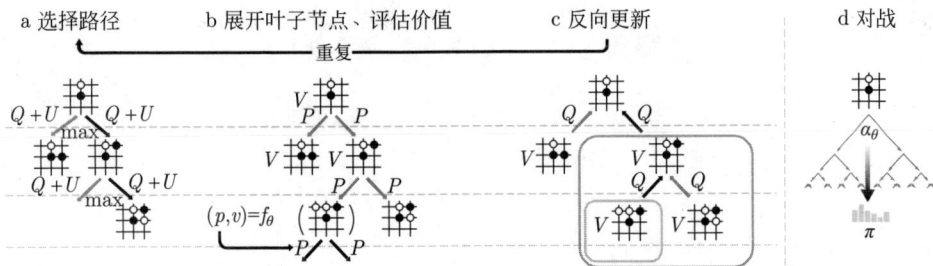

图 8.1　AlphaGo Zero 使用的 MCTS 算法[90]

AlphaGo Zero 的训练流程如图 8.2 所示，整个训练只有单个阶段，通过目前最好的网络模型参数自对弈生成的对局数据进行强化学习训练。模型自对弈时，双方的策略并不直接用策略网络输出的动作概率采样，而是用策略价值网络与MCTS 算法相结合，每一步都使用 MCTS 模拟若干步得到动作进行决策，产生大量的自对战数据。这些数据会用于更新网络模型 f_{θ}，训练使用的损失函数为

$$l = (z-v)^2 - \boldsymbol{\pi}^{\mathrm{T}}\log\boldsymbol{p} + c||\boldsymbol{\theta}||^2 \tag{8.5}$$

其中，对每一个时间步的状态 s，模型输出动作概率与状态估值 $\boldsymbol{p}, v = f_{\boldsymbol{\theta}}(s)$。损失函数分为三项，第一项的含义是用值网络的输出 v 拟合采样对局局末的实际得

分 z，第二项的含义是用策略网络输出的动作概率分布 p 拟合 MCTS 算法输出的动作概率分布 π，第三项是参数正则项，用于控制过拟合。这样的损失函数设计意味着策略网络以一种类似监督学习的方式，不断向被 MCTS 算法提升之后的策略靠近，从而稳定地提升模型的表现。整个 AlphaGo Zero 的训练过程持续 40 天以上，一共进行了 2.9×10^6 次自对战对局，每一局的每一步决策都是 1600 次 MCTS 模拟得到的动作，花费大约 0.4s 的思考时间。训练得到的策略价值网络在实际对战中进一步结合并行化的 MCTS 搜索，在只使用 4 块 TPU 进行推断时就达到 5185 分的 Elo 分数，比最强的人类棋手高出 1000 分以上，而其水平超过第一代的 AlphaGo 仅用了三天的训练时间。

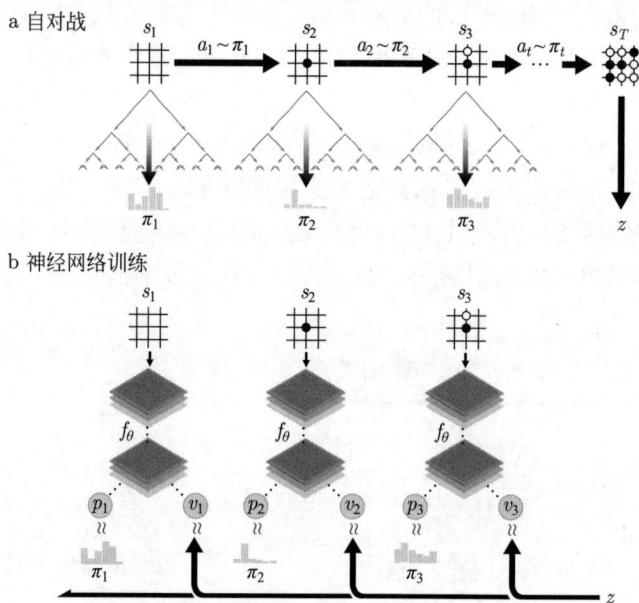

图 8.2　AlphaGo Zero 的训练流程[90]

AlphaZero 和 AlphaGo Zero 使用了几乎完全相同的训练框架，只是将其扩展到了其他的复杂棋类游戏上，包括国际象棋和将棋。它们在训练实现上的不同点主要有两处。首先，AlphaGo Zero 中使用了针对围棋的数据增强技术，如旋转和翻折棋盘状态，从而在不影响动作分布和估值的情况下增加训练数据量，而 AlphaZero 中不使用这类数据增强方式，从而可以适用于更加一般的游戏。其次，AlphaGo Zero 在训练过程中自对战生成数据使用了历史版本中表现最好的模型参数，而 AlphaZero 不会维护历史版本的模型策略，只用最新的模型参数自对战生成数据。AlphaZero 在国际象棋、将棋和围棋上分别训练了 9 小时、12 小时和 13 天后，Elo 分数都超越了各游戏中最强的人类选手，以及之前最强的算法模型。

8.3　德州扑克

德州扑克是具有随机性的非完美信息扑克游戏。据估计，无限注德州扑克（HUNL）仅在双人场景下的信息集数量达到 10^{160} 个[93]，因此基于打表的朴素 CFR 算法无法求解。2017 年，Bowling 团队开发了 DeepStack 程序[16]，使用深度学习和 Continual Resolving 算法求解 HUNL。2018 年和 2019 年，Brown 团队先后开发了 Libratus[17] 和 Pluribus[18]，分别解决双人和六人的 HUNL 游戏，但使用了和 Bowling 团队不同的算法，将游戏简化后计算蓝图策略再结合子博弈求解算法。2022 年，赵恩民团队开发的 AlphaHoldem 算法将深度强化学习应用于 HUNL，取得了与以上算法接近的结果[84]。

DeepStack、Libratus 和 Pluribus 都采用了相同的实时规划算法，只是命名不同。DeepStack 将其称为 Continual Resolving，而另两个工作则称之为安全的子博弈求解算法。其核心思路是将一个非完美信息博弈分解为博弈树的前几层及更深层的若干子博弈树，并仅实时地求解游戏过程中遇到的子博弈，如图 8.3 所示。对于完美信息博弈而言，某个局面对应子博弈的最优解一定是整个游戏在该局面下的最优解，因为局面信息对所有玩家都是可见的。但对于非完美信息博弈，每个玩家会根据对手的动作猜测对手掌握的私有信息。在面对残局或子博弈时，每个玩家已经在当前对局的前半段形成对对手私有信息的信念以及对当前局面好坏的判断，这些信息同样会影响子博弈内的策略求解。

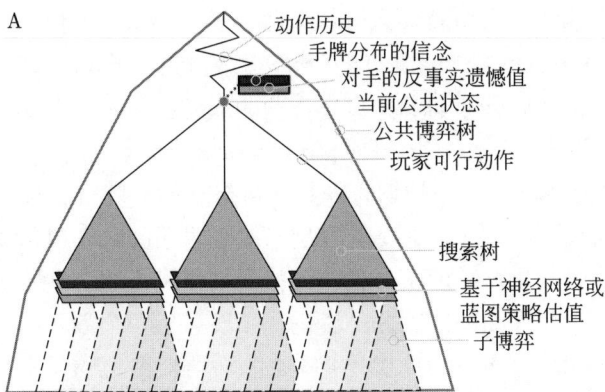

图 8.3　DeepStack、Libratus 和 Pluribus 中使用的实时规划算法[16]

这些工作提出的安全子博弈求解算法，通过将玩家对对手私有信息的猜测以及对手的反事实遗憾值作为约束条件，求解子博弈内的最优策略。这样可以从理论上保证子博弈求解得到的最优策略与博弈树前几层的策略结合后，所得的完整游戏策略不会比前一轮迭代使用的策略更弱。该算法使得将非完美信息博弈拆解成子问题成为可能，并为用神经网络抽象和求解子问题奠定了基础。

具体来说，在对局过程中，每个智能体可以基于安全的子博弈求解算法进行实时规划，维护己方起始手牌的概率分布（即对手对己方手牌的信念）以及对手每种初始手牌下的反事实遗憾值，即期望收益。随着对局的进行，双方对对手手牌的分布预测可以基于双方的策略以及实际动作，通过贝叶斯公式进行更新。例如，在某一局面下，玩家认为对手手牌共 n 种可能，手牌为 h_i 的概率为 p_i，此时对手有 m 个可行动作 a_j，并且在 h_i 手牌情况下做动作 a_j 的概率为 σ_i^j。而对手实际选择了动作 a_r，就可以将对手手牌为 h_i 的概率更新为

$$p_i' = \frac{p_i \sigma_i^r}{\displaystyle\sum_{i=1}^{n} p_i \sigma_i^r} \tag{8.6}$$

在对局开始时，每个智能体将手牌概率的分布初始化为均匀分布，将对手的期望收益初始化为每种手牌开局时的期望收益。随着对局的进行，每个智能体在己方行动以及随机发牌时，都可以根据动作信息，通过贝叶斯公式更新对手对己方手牌的概率估计，并将对手的期望收益更新为当前子博弈最优策略下的期望收益。通过实时的子博弈求解，智能体能在对局过程中实时展开搜索树进行规划，计算出当前局面下的最优动作。

对于 HUNL 游戏而言，仅靠实时的子博弈求解仍然无法解决搜索树过大的问题，无法完全遍历所有节点并求解。为此，DeepStack 工作训练深度反事实遗憾值（deep counterfactual value, DCFV）网络作为先验知识，根据当前信息集下双方玩家对对手手牌分布猜测的概率，预测双方在当前信息集的期望收益，网络结构如图 8.4 所示。具体而言，DeepStack 将每个玩家手牌的 1326 种可能性聚合成 1000 种可能，基于专家知识将少数非常接近的手牌合并成同一种情况，网络的输入是当前局面的信息，包括双方玩家对对手手牌分布概率的猜测、公共牌信息以及底池筹码数量，经过 7 层的全连接网络得到反事实遗憾值的预测。由于这样的预测可能是非零和的，因此作者进一步设计了一个零和归一层，将反事实遗憾值的预测用手牌分布概率加权计算出总和，再对两边的反事实遗憾值都减掉总和的一半，起到归一化的作用。DeepStack 中共训练了 3 个 DCFV 网络，分别预测博弈树在第一轮下注前、第二轮下注后、第三轮下注后这 3 个不同游戏阶段的状态的期望收益，训练数据是随机生成从指定阶段开始的牌局以及对手牌的信念，限制深度和动作空间后用 CFR 算法精确求解得到的期望收益。实时求解时，只需要从当前局面往下展开搜索树若干层，到达 DCFV 网络提供价值预测的深度即可，再往下的子博弈求解可以直接用网络预测的期望收益取代。通过将

DCVF 网络与安全的子博弈求解算法相结合，DeepStack 在一场为期四周的人机大战中打败了参赛的全部 11 名德州扑克职业选手。

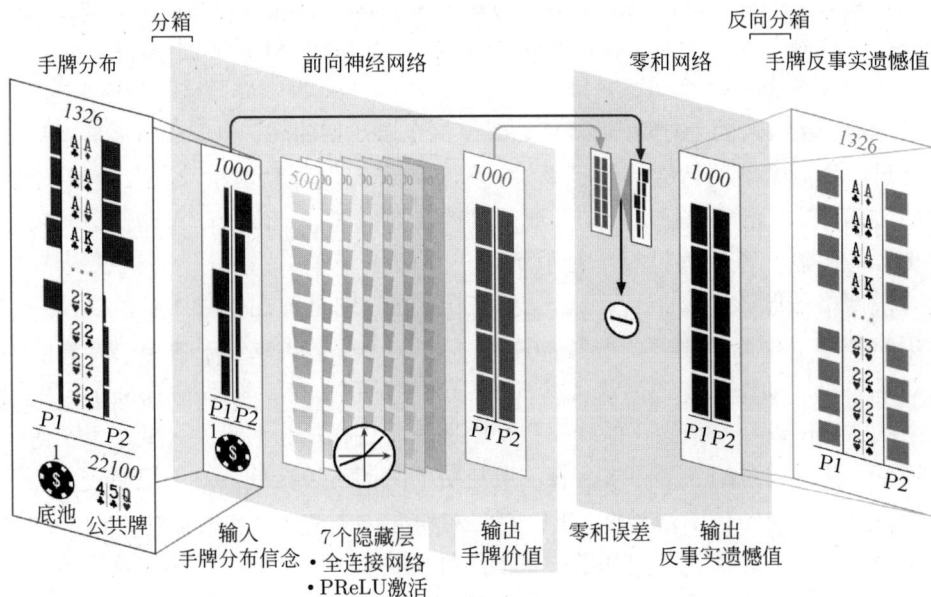

图 8.4　DeepStack 中训练的 DCFV 网络结构[16]

　　DeepStack 通过将完整游戏划分成多个阶段来降低子博弈求解的复杂度，而 Libratus 和 Pluribus 则通过简化游戏降低 HUNL 的复杂度。这里的简化包含两方面：一方面为状态空间的简化，通过专家经验将价值相似的手牌组合进行合并；另一方面为动作空间的简化，限制智能体只能下注盲注某些固定倍数的金额。大幅降低 HUNL 复杂度之后，Libratus 和 Pluribus 都使用 MCCFR 算法在简化后的游戏上精确求解最优策略，通常将其称为蓝图策略。蓝图策略虽然是针对整个游戏预先求解的策略，但它只考虑了简化后的状态空间和动作空间，决策粒度不够精细。而在实际对局过程中，Libratus 和 Pluribus 使用安全的子博弈求解算法，在蓝图策略的基础上进一步实时规划，从而实现更精细的策略。

　　具体来说，Libratus 在游戏前两轮下注时始终严格按照蓝图策略进行决策，如果对手下注的金额不在蓝图策略简化后的动作空间中，就将其舍入最接近的动作上。而在游戏的后续阶段，Libratus 会根据当前所在的信息集，将博弈树展开到游戏末尾，使用更精细的状态和动作空间重新求解子博弈下的策略。此外，为了弥补前两轮游戏中对对手不在动作空间中下注金额的舍入误差，Libratus 还实现了一种补丁机制，在为期 20 天与 4 名职业德州扑克选手进行的人机大战中，Libratus 在每天白天的对局中记录下人类对手最常用的下注金额，然后选择 3 个频率最高但不在蓝图策略动作空间中的下注，当天晚上加入蓝图策略中并微调蓝图策略，使蓝图策略前两轮中简化版的动作空间更加稠密。也就是说，Libratus利用人类对手的策略逐渐弥补了其自身由于动作简化造成的弱点。比赛结果表明Libratus战胜了几乎所有人类职业选手，并且平均能在每1000手赢得147个大盲注。

然而，在六人的HUNL游戏中，即使是在游戏后两轮，也无法将博弈树展开到局末，因为游戏的博弈树过于庞大，分支数和深度都远远超过双人的HUNL。使用CFR算法精确求解对局中实时遇到的子博弈时，Pluribus对动作空间采用了更强的限制，直接假设每个对手玩家只会从4个策略中选择一个并在本局后续阶段严格按照该策略进行行动。这4个策略分别是蓝图策略本身，以及在蓝图策略基础上提高弃牌、叫牌和加注概率的3个变体。求解子博弈时，算法假设对手采取的动作只能遵循这4个策略中选定的那一个，而不像Libratus中对每个状态都可以从一个简化的动作集合中选择。这样的强假设大大减小了子博弈的规模，使得安全的子博弈求解算法所花费的时间可以接受。对于规模较大的子博弈，算法采用蒙特卡洛线性CFR算法对博弈树中的路径进行采样；而对规模很小的子博弈，算法直接用基于向量的线性CFR算法求解，以得到更高的解精度。Pluribus并没有采用类似Libratus那样的补丁机制，这可能是因为训练蓝图策略的代价比Libratus更高，无法在每天晚上完成蓝图策略的微调。实验表明，Pluribus在与职业玩家对局中同样取得了超越人类的水平，这是第一个能在六人无限注德州扑克游戏中打败职业玩家的AI系统。

AlphaHoldem使用深度强化学习算法端到端地训练一个策略价值网络模型，并在实际对局决策时直接使用网络输出的动作，不使用任何实时规划算法，其训练架构如图8.5所示。该策略价值网络输入当前玩家观测到的游戏状态，编码为

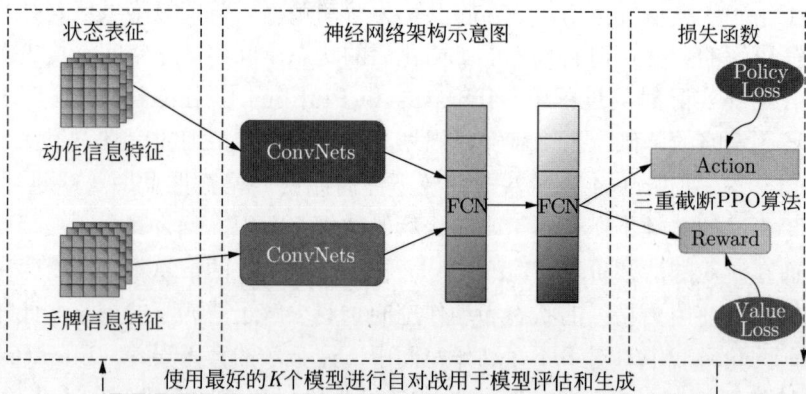

图 8.5　AlphaHoldem 的策略价值网络结构以及强化学习训练架构[84]

图像特征并使用全卷积网络提取特征，输出当前局面下的动作分布以及期望收益。模型的训练使用强化学习，具体算法是对 PPO 算法的一种改进，叫作三重截断的 PPO 算法。原始 PPO 算法训练策略网络的损失函数为

$$\mathcal{L}^p(\boldsymbol{\theta}) = \mathbb{E}_t[\min(r_t(\boldsymbol{\theta})\hat{A}_t, \mathrm{clip}(r_t(\boldsymbol{\theta}), 1 - \epsilon, 1 + \epsilon)\hat{A}_t] \tag{8.7}$$

其中 $r_t(\boldsymbol{\theta}) = \dfrac{\pi_{\boldsymbol{\theta}}(a_t|s_t)}{\pi_{\boldsymbol{\theta}_{\mathrm{old}}}(a_t|s_t)}$ 是重要性采样比，$\hat{A}_t$ 是优势函数，训练值网络的损失函数为

$$\mathcal{L}^v(\boldsymbol{\theta}) = \mathbb{E}_t[(R_t^{\gamma} - V_{\boldsymbol{\theta}}(s_t))^2] \tag{8.8}$$

其中 R_t^{γ} 为衰减后的回报值。然而，这样的损失函数在德州扑克中很难收敛，原因有两个：一方面，当 $\pi_{\boldsymbol{\theta}}(a_t|s_t) \gg \pi_{\boldsymbol{\theta}_{\mathrm{old}}}(a_t|s_t)$ 且 $\hat{A}_t < 0$，策略损失会引入很大的方差；另一方面，由于 HUNL 游戏中对局的收益很大程度上受到随机性和对手策略的影响，因此值损失函数也会变得很大。通过引入额外的 3 个截断参数，策略损失函数和值损失函数可以改写为

$$\mathcal{L}^{tcp}(\boldsymbol{\theta}) = \mathbb{E}_t[\mathrm{clip}(r_t(\boldsymbol{\theta}), \mathrm{clip}(r_t(\boldsymbol{\theta}), 1 - \epsilon, 1 + \epsilon), \delta_1)\hat{A}_t] \tag{8.9}$$

$$\mathcal{L}^{tcv}(\boldsymbol{\theta}) = \mathbb{E}_t[(\mathrm{clip}(R_t^{\gamma}, -\delta_2, \delta_3) - V_{\boldsymbol{\theta}}(s_t))^2] \tag{8.10}$$

即当优势函数为负时对重要性采样比进行上截断，同时对收益进行上下截断，从而增加训练的稳定性。训练过程中的对局数据是用当前最新的模型参数与历史模型参数中最好的 K 个版本对战生成的，这样同时保证了对手池的多样性以及对局质量。AlphaHoldem 的整个训练过程只在一台 8 个 GPU 和 64 个 CPU 的服务器上运行了 3 天，跑了 27 亿局对局，采样了 65 亿个样本对进行训练。实验表明 AlphaHoldem 能达到与 DeepStack 相似水平的表现，但由于不使用实时规划算法，其对局过程中只需要消耗很少的算力，并且推理速度也快得多。

8.4　麻将

麻将是一种具有非完美信息和随机性的牌类游戏，其复杂的计分方式以及丰富的隐藏信息给决策算法带来很大的困难。据统计，四人麻将中平均每个信息集包含大约 10^{48} 个游戏状态，即使是简化版的双人麻将，平均信息集大小也达到 10^{11}，这比 HUNL 游戏中平均包含 10^3 个状态的信息集要大得多，说明麻将中的隐藏信息更加丰富。解决 HUNL 游戏时使用的实时规划算法，如安全的子博弈求解，无法在麻将上使用，因为麻将的对局回合数比德州扑克长很多，而且很难

基于专家知识合并和简化相似的状态。2020 年，微软亚洲研究院开发了 Suphx 程序[19]，用深度强化学习求解立直麻将，打败了大多数顶尖人类玩家。2022 年，腾讯 AI 实验室开发了用于双人麻将的绝将程序[20]，将 actor-critic 算法和 CFR 思想相结合，打败了该游戏的人类冠军玩家。2020—2023 年，北京大学人工智能实验室（AILab）以国标麻将为场景，在 IJCAI 会议上举办了三届麻将 AI 比赛，并组织研讨会，邀请排名靠前的队伍分享他们的算法。比赛结果显示，基于监督学习和强化学习的智能体表现优于基于专家经验和启发式搜索的智能体，并且强化学习算法的潜在上限比监督学习更高。

　　由于麻将中的决策行为可以分为几类不同的动作，因此 Suphx 设计了一个人工策略的决策流程，包含出牌、吃牌、碰牌、杠牌和立直 5 类决策的时机判断，并为每一类动作分别训练了 5 个策略网络。在每一类动作的决策时机，Suphx 使用对应的策略网络进行决策。这 5 个策略网络的结构都是 ResNet，输入当前局面的特征信息，输出对应类别动作的概率分布。

　　整个训练流程分为两个阶段。在第一阶段，作者基于人类顶尖玩家的对局数据，构造了 5 个数据集分别对应这 5 类决策，规模从 4×10^6 到 1.5×10^7 个状态动作对不等，并分别基于监督学习训练这 5 个网络。在第二阶段，作者进一步使用强化学习只对出牌网络进行优化，而另外 4 个网络则不再进行额外处理。在强化学习阶段，出牌网络嵌入整个决策流程中，始终用最新的模型参数进行自对战，以收集对局数据，并基于这些数据不断更新出牌网络的参数。

　　Suphx 使用的强化学习算法是策略梯度算法的变体，与原始的策略梯度算法有两个主要区别。首先，由于 Suphx 的训练使用了样本池，因此需要用重要性采样比处理异步样本的问题。另一方面，在麻将这类非完美信息博弈中，平衡探索与利用对训练的稳定性至关重要，Suphx 额外使用策略熵作为损失函数的正则项，实际训练的损失函数梯度为

$$\nabla_{\boldsymbol{\theta}} J(\pi_{\boldsymbol{\theta}}) = \mathop{\mathrm{E}}_{s,a \sim \pi_{\boldsymbol{\theta}'}} \left[\frac{\pi_{\boldsymbol{\theta}}(s,a)}{\pi_{\boldsymbol{\theta}'}(s,a)} \nabla_{\boldsymbol{\theta}} \log \pi_{\boldsymbol{\theta}}(a|s) A^{\pi_{\boldsymbol{\theta}}}(s,a) \right] + \alpha \nabla_{\boldsymbol{\theta}} H(\pi_{\boldsymbol{\theta}}) \tag{8.11}$$

其中 $\boldsymbol{\theta}'$ 是用于生成对局数据的旧策略的参数，$\boldsymbol{\theta}$ 是需要更新的策略参数，$A_{\pi_{\boldsymbol{\theta}}}(s,a)$ 是使用策略 $\pi_{\boldsymbol{\theta}}$ 在状态 s 下选择动作 a 的优势函数，$H(\pi_{\boldsymbol{\theta}})$ 是策略 $\pi_{\boldsymbol{\theta}}$ 的熵，α 是一个用于平衡的系数。在训练过程中，α 会动态调整，以控制当前策略的熵在预设的 H_{target} 附近。

　　为了应对非完美信息对智能体训练造成的困难，Suphx 使用了 oracle guiding 的技术，将智能体的输入设计为"上帝视角"的完美信息，在游戏状态 s 下既包含当前智能体能观测到的信息 $x_n(s)$，如自己手牌、其他玩家副露、牌河信息，也包含当前智能体无法观测到的信息 $x_o(s)$，如其他玩家的手牌以及牌墙里的牌。

其损失函数为

$$\mathcal{L}(\boldsymbol{\theta}) = \mathop{\mathrm{E}}_{s,a\sim\pi_{\boldsymbol{\theta}'}} \left[\frac{\pi_{\boldsymbol{\theta}}(a|[x_n(s), \delta_t x_o(s)])}{\pi_{\boldsymbol{\theta}'}(a|x_n(s), \delta_t x_o(s))} A^{\pi_{\boldsymbol{\theta}}}([x_n(s), \delta_t x_o(s)], a) \right] \tag{8.12}$$

其中 δ_t 表示第 t 轮迭代时非完美信息的权重，其元素是满足 $P(\delta_t(i,j)) = \gamma_t$ 的伯努利分布，γ_t 的取值从 1 到 0 逐渐降低。在 RL 训练初期，智能体会以这种不公平的方式学习如何根据全局视角的信息做出决策，随着训练的进行会将输入中 $x_o(s)$ 部分的权重逐渐减小直到变成 0，并继续训练非完美信息视角的智能体若干轮，从而将全局视角的策略逐渐过渡为正常视角的策略。

此外，针对立直麻将的一些特点，Suphx 还进行了两处特别的设计。其一是奖励函数的设计。由于麻将的一局游戏会包括多轮，而最终的胜负是按照各轮的累计得分排名确定的，因此每一轮内的策略可能会受到之前轮累计得分的影响。为此，Suphx 的奖励函数并不直接使用当前轮的分数，而是构造了一个全局奖励预测网络。这个网络是一个基于人类数据监督学习得到的循环神经网络，用于预测若干轮后玩家的总得分。有了这个网络，就可以用截至下一轮与截至当前轮时玩家总得分的差作为当前轮游戏中玩家得分所能带来的长期潜在收益，这个分差是 Suphx 训练时实际使用的奖励函数。

另一处设计在于局内策略的适应性。由于立直麻将中每一轮的起始手牌会直接影响到本轮的策略偏向，因此 Suphx 采用了 pMCPA（parametric Monte-Carlo policy adaptation）算法，在每次实战中，每局开始时都会重新对策略模型进行微调。具体来说，每一轮对局开始时，Suphx 会先随机猜测对手的几组手牌，然后基于自身策略生成完整的对局，并使用这些对局数据对原始出牌网络进行策略梯度更新微调。每局微调后的模型参数只在当前局内生效，下一局开始时会重新从原始模型微调。这样做的含义在于，如果局内初始手牌比较差，那么微调会让策略朝着尽量少扣分的方向移动；反之，如果初始手牌较好，则朝更激进的胡牌方向移动，实现策略风格对初始手牌的适应性。实验表明，在所有这些技术的支持下，Suphx 打败了最流行的立直麻将平台——天凤平台上 99.99% 的人类选手，并且比职业选手取得了更高的稳定段位。

绝将训练了一个独立的策略价值网络，在实时对局中只运行单次的网络前向传播进行推理。其训练使用的算法叫作 ACH（Actor-Critic Hedge），是 Neural weighted CFR 算法在实践中的变体，而后者在理论上被证明可以收敛到纳什均衡。ACH 算法的形式很像分布式的 PPO 算法，但策略网络的优化目标有所不同。具体来说，该算法中将策略网络输出的 logits 看作对累计遗憾值的估计，值网络的训练目标是拟合当前局游戏结束时的得分，策略网络的训练目标是最小化累计遗憾值，而非传统 RL 训练中最大化累计收益。这里的遗憾值是根据值网络在当前游戏状态下的估值进行计算的，使用遗憾值代替传统策略梯度算法中的优势函数，从而可用于经典的分布式 actor-critic 训练框架中。绝将在训练过程中只保留最新的模型参数，用最新模型自对战产生的对局作为训练数据。实验表明，绝将相比其他强化学习算法训练出的智能体，在面对最坏情况下的对手时表现更好，并且在与人类玩家一对一的比赛中取得了超过人类冠军水平的成绩。

为了推动 AI 算法研究以及在麻将问题上的应用，北京大学 AILab 依托其开发的 Botzone 平台[31]，从 2020 年起在国际人工智能联合会议（IJCAI）上连续举办了三届麻将 AI 比赛，吸引了来自工业界和学术界的数十支队伍参赛。比赛使用的国标麻将规则[94]为国际麻将联盟承认的三大竞技麻将规则之一，包含 81 个番种，数量远超其他麻将规则，并且要求 8 番起胡，对技术水平的要求更高，随机性更小，因此被广泛用于竞技比赛。主办方在赛后组织了线上与线下的研讨会，邀请排名靠前的队伍分享算法设计思路与开发经验。

由于麻将对局结果受到高度运气成分的影响，为了准确排名参赛智能体并降低对局结果的方差，麻将 AI 比赛创新性地采用了瑞士轮和复式赛制相结合的方式。如图 8.6 所示，每一轮中排名相近的智能体被分配到同一桌进行游戏。在每个桌子上，使用相同的牌墙进行连续 24 局游戏，形成一个"复式对局"，并根据 24 局游戏的总分对每个智能体进行排名。每个位置始终发相同的牌，这样的设置可以减少手牌和出牌顺序带来的不公平性，降低对局结果的方差。

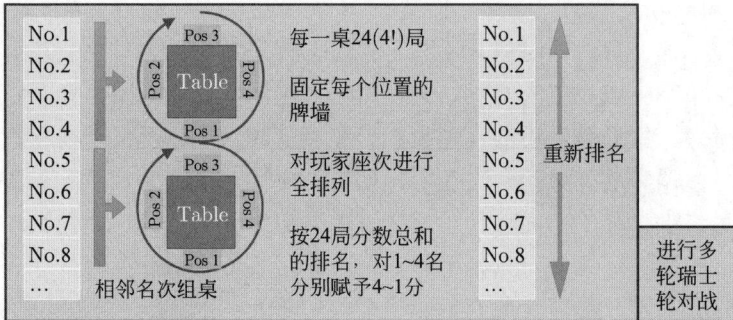

图 8.6　IJCAI 麻将 AI 比赛使用的赛制，结合了瑞士轮和复式赛制

如表 8.1 所示，前三届麻将 AI 比赛的赛程相似，都包含 3 个阶段：淘汰赛、决赛前 16 名和决赛前 4 名，最终决出冠军。随着参赛者提交的智能体水平逐年提升，为了获得更准确的比赛结果，比赛中使用的瑞士轮数量也逐年增加。为了鼓励参赛者使用基于深度学习的 AI 算法，主办方提供了麻将对局数据集，其中第一届比赛的数据来自在线麻将游戏平台，而后两届比赛的数据则来自前几届比赛中排名靠前的智能体的自我对局数据。考虑到国标麻将的计分规则和番种非常

复杂，主办方还提供了 Python 和 C++ 两个版本的开源算番库，用于计算获胜手牌的番种和得分。在这些条件下，参赛者可以将精力专注于设计各种 AI 算法上。实际比赛中，许多队伍都使用了主办方提供的数据集，并构建了高水平的麻将智能体。

表 8.1　三届 IJCAI 麻将 AI 比赛的赛程

年份	淘汰赛			决赛第一阶段			决赛第二阶段			数据集
	时间	队伍	轮数	时间	队伍	轮数	时间	队伍	轮数	
2020—2021	11/31	37	18	1/1	16	96	1/6	4	128	人类数据集
2022	5/22	25	128	7/3	16	128	7/4	4	512	AI 数据集
2023	5/21	39	128	7/3	16	256	7/4	4	512	AI 数据集

在前三届比赛中，参赛队伍使用的算法可以分为三类：启发式算法、监督学习和强化学习。图 8.7 给出了每届比赛进入决赛的队伍所使用的算法。

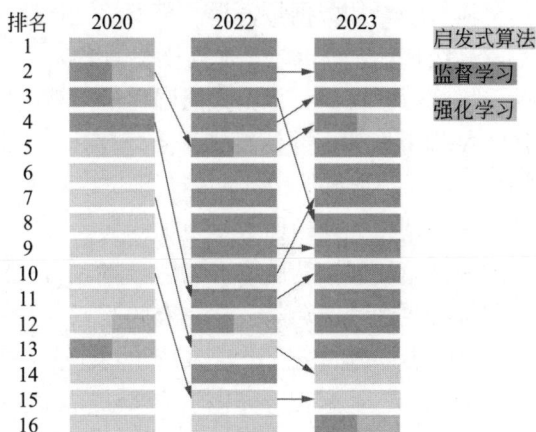

图 8.7　三届 IJCAI 麻将 AI 比赛中前十六名使用的算法。图中的箭头连接同一支队伍多次参赛提交的智能体

在第一届比赛中，大多数队伍都采用了启发式算法，主要依赖人类专家经验构建智能体。人类麻将玩家通常基于"上听数"评估离胡牌的距离，即最少需要替换多少张牌才能达到听牌状态。这些队伍的算法通常从当前手牌开始构建一棵搜索树，遍历各种可能的进张直到胡牌，从而计算出上听数，并基于上听数和有效进张选择动作。然而，当对局刚开始时上听数较高，这样的搜索树规模过大，无法在指定时间内完整地遍历。因此，参赛者使用一些预定义的人工规则指导做牌的方向，比如有五对时选择做七对、有 11 张幺九牌时选择做十三幺等。通过

指定大多数主要番型的选择条件，可以构建出一棵复杂的行为树，并针对每个番型编写特定的搜索策略。一些队伍进一步根据可见信息预测每张牌出现的概率，从而计算胡牌概率，并基于减少上听数和最大化胡牌概率的方向采取行动。总的来说，基于启发式算法构建的智能体受限于所使用的人工经验水平，更强的人类玩家设计的行为树通常更复杂，能取得更好的表现。

第一届比赛的结果表明，监督学习的智能体比启发式算法表现更好，因此后两届比赛中更多队伍转向使用监督学习训练模型，占据了前 16 名中的大多数位置。监督学习的基本思路是拟合人类或 AI 对局数据，训练策略模型来预测各局面下的动作。尽管许多队伍都采用了监督学习，但他们在 3 个方面的实现各不相同：特征的设计、神经网络的结构以及数据预处理的方式。许多队伍使用图像编码麻将牌，以提取相邻序数牌之间的局部关系，并采用卷积神经网络（CNN）提取高层特征。有些队伍尝试了更多 CNN 的变体，如 ResNet[92] 和 ResNeXt[95]，通过增加旁路连接或更复杂的卷积核结构实现更深的卷积层。实验结果表明，图像特征以及更深的 CNN 确实能提高模型的准确率。有些队伍通过交换对称的麻将牌进行数据增强，从而大幅增加数据量，提高模型的泛化性。第三届比赛的第一名还增加了上听数等高级特征，可以显著提高模型的准确率，突出模型的表现。

第一届比赛的前三名队伍都使用相似范式的强化学习算法构建智能体，结合了 PPO 算法、IMPALA 训练框架，并使用最新模型自对战收集训练数据。通过 IMPALA 的分布式 actor-critic 训练架构，这些队伍可以将训练扩展到上百核的分布式集群中。此外，有些队伍还使用监督学习训练初始模型参数，从而加速了强化学习早期的训练过程。第一届比赛的第一名队伍将对局分数裁剪到较小的范围，从而降低方差，使训练更加稳定。第三届比赛的第五名额外尝试了 DQN 算法进行训练，发现在使用较小算力的情况下，DQN 的表现比 PPO 更好，但仍然弱于监督学习训练的智能体。总体来说，强化学习算法在麻将中所能取得的表现很大程度上依赖于使用的算力量，因为麻将中的随机性和非完美信息会导致很大的方差和收敛难度。

8.5　斗地主

斗地主是中国非常流行的一款三人扑克游戏，属于具有随机性的非完美信息博弈。游戏中，两名农民联手与一名地主对抗，农民得到的收益是相同的，因此该游戏也涉及玩家之间的合作。根据估计[96]，斗地主游戏中信息集的平均大小约为 10^{23}，不可见信息使得学习农民间的合作行为十分困难。此外，斗地主具有巨大的离散动作空间，且不像德州扑克那样容易将相似的动作合并以简化问题。2021

年，DouZero 工作[21] 使用深度强化学习从零开始训练斗地主 AI，在 Botzone[31] 的天梯排行榜上排到 344 个智能体中的第一名。2022 年，PerfectDou 工作[22] 提出了完美信息抽取算法，同样使用深度强化学习的算法打败了 DouZero，并且大幅提高了训练效率。

DouZero 训练了 3 个状态价值网络，用于预测地主和两个农民位置上的状态动作价值，并在实战中选择网络预测价值最高的动作。该算法中的值网络是全连接网络，输入状态和动作的二维编码，输出对该状态下做出指定动作后期望收益的预测。这里的游戏状态只使用当前玩家的可见信息，并不包含类似于 Suphx 中全局视角下当前玩家的不可见信息。DouZero 训练中的奖励函数直接使用局末的真实得分作为回报，并且使用蒙特卡洛的值目标，即一局中每一步的状态动作价值都直接使用衰减后的局末得分，而不是用时序差分的方式进行计算。DouZero 采用最新模型自对战产生训练数据。在整个训练过程中，只使用一台配备有 4 个 GPU 和 48 个 CPU 核的机器，经过 10 天的训练时间，就成功击败了之前最好的斗地主 AI。

PerfectDou 则训练策略网络和价值网络作为先验知识，并在实际对战中直接使用策略网络进行前向传播来预测动作。其训练使用的强化学习算法是 PPO 算法，并基于类似于 IMPALA 的分布式训练框架，使用多个 actor 进程收集对局数据，并通过中心化的 learner 进程训练最新的网络。为了应对非完美信息对训练带来的不稳定性，PerfectDou 中的策略网络和价值网络接收不同的输入。其中策略网络的输入只包含当前玩家的可见信息，因此在实际对战中可以直接用于推理，而价值网络的输入除可见信息外，还包含全局视角下当前玩家的不可见信息。PerfectDou 将这种训练方式称为“完美信息训练、非完美信息执行”（Perfect Training Imperfect Execution, PTIE），或者完美信息抽取，可以有效降低直接用非完美信息训练产生的方差，使训练更加稳定。

与 DouZero 不同的是，PerfectDou 使用的奖励函数并不是局末得分，而是同时考虑了玩家在 t 时刻时打完当前手牌所需要的最少出牌次数 N_t，作为人工设计的奖励机制。具体来说，t 时刻的奖励为

$$r_t = \begin{cases} -1.0 \times (\text{Adv}_t - \text{Adv}_{t-1}) \times l, & \text{地主} \\ 0.5 \times (\text{Adv}_t - \text{Adv}_{t-1}) \times l, & \text{农民} \end{cases} \tag{8.13}$$

其中

$$\text{Adv}_t = N_t^{\text{地主}} - \min(N_t^{\text{农民1}}, N_t^{\text{农民2}}) \tag{8.14}$$

表示地主和农民最快打完手牌次数的相对优势。这样的奖励设计既能鼓励智能体尽快打完手牌，又能促进农民之间的合作以及地主与农民之间的竞争。与

DouZero 相同，PerfectDou 也使用最新的模型自对战生成训练数据。实验证明，PerfectDou 不仅能训练出比 DouZero 更强的智能体，而且只需 1/10 的数据量即可达到相同水平，这意味着其训练效率至少提高 10 倍。

8.6　MOBA 游戏

《星际争霸》《刀塔 2》以及王者荣耀都是非常流行的多人在线视频游戏，有上百万的用户量，并且每个季度都会举办各种职业联赛，形成了电子竞技这一独特的体育赛事。这些游戏的特点是具有巨大的状态和动作空间，属于非完美信息博弈，需要玩家之间的合作，在长远目标和短期目标之间进行权衡。此外，由于游戏中存在异质智能体，其策略差异很大，这使得使用 AI 算法解决这些游戏变得极具挑战性。2019 年，DeepMind 将分布式深度强化学习应用于星际争霸中，并成功开发了 AlphaStar 系统[24]，打败了职业玩家。同年，OpenAI 公司构建了 OpenAI Five 程序[25]，击败了《刀塔 2》的世界冠军队伍 OG，同样使用了分布式深度强化学习算法。2020 年，腾讯 AI 实验室开发了绝悟程序[26]，在《王者荣耀》中取得了超越人类的表现，并且其支持的英雄池比 OpenAI Five 大得多。

这 3 个 AI 系统都基于分布式 actor-critic 框架进行训练。该框架由许多分布在不同机器上的 actor 进程与 learner 进程组成。在这个框架中，actor 进程并行地与环境交互采样训练数据，并将这些数据发送到一个中心化的样本池中。而 learner 进程则从样本池中采样并用于训练神经网络。除此之外，该框架还会维护一个模型池，用来保存训练过程中产生的不同版本的模型参数，或维护多个模型构成的种群。这样做的目的是在训练过程中可以采样不同的对手进行对战，从而提高模型的泛化性能。通常，该框架会训练得到一个集成的策略价值网络作为先验知识，并在实际对局中直接使用该网络进行一次前向传播，以得到当前帧的动作。一般来说，不使用其他的实时规划算法。

AlphaStar 的训练流程分为两个阶段。在第一阶段中，团队收集星际争霸全球排名前 22% 的选手共计 971 000 局的对局数据构建了一个数据集，并用该数据集监督学习训练得到一套初始的网络模型参数。鉴于星际争霸游戏中存在 3 个不同的种族，团队针对每个种族分别训练了一套不同的模型参数。这些初始模型通过分布式强化学习进一步提升。在这一阶段，实际使用了多种强化学习算法的融合。这些算法包括 TD(λ)[97]、V-trace[63] 以及 UPGO 算法[24]。具体来说，策略网络的梯度更新方向为

$$\rho_t(G_t^U - V_{\boldsymbol{\theta}}(s_t, z))\nabla_{\boldsymbol{\theta}}\log\pi_{\boldsymbol{\theta}}(a_t|s_t, z) \tag{8.15}$$

其中

$$
G_t^U = \begin{cases} r_t + G_{t+1}^U, & Q(s_{t+1}, a_{t+1}, z) \geqslant V_{\boldsymbol{\theta}}(s_{t+1}, z) \\ t_t + V_{\boldsymbol{\theta}}(s_{t+1}, z), & \text{其他} \end{cases} \tag{8.16}
$$

表示不低于期望的回报函数，$Q(s_t, a_t, z)$ 是状态动作价值的预测，$\rho_t = \min\left(\dfrac{\pi_{\boldsymbol{\theta}}(a_t|s_t, z)}{\pi_{\boldsymbol{\theta}'}(a_t|s_t, z)}, 1\right)$ 是裁剪后的重要性采样比，$\pi_{\boldsymbol{\theta}'}$ 是 actor 端用于生成对局数据时的模型参数。这种 UPGO 的设计与自模仿学习相似，它的策略更新只依赖于那些比平均收益更好的对局片段。当对局片段的表现优于平均水平时，真实数据会用来更新网络参数；而当表现低于平均水平时，更新则基于网络本身的输出进行迭代。这种设计使得策略网络能不断朝更优的对局策略进行更新，即使采样的对局中存在一些不太理想的动作。值网络的更新目标是基于 TD(λ) 计算的价值目标，而 V-trace 的使用可以更正异步训练时采样的对局数据与最新模型参数的偏差。

为了避免模型在自对弈训练中陷入局部最优解，AlphaStar 采用了 3 个不同类型的智能体种群：主智能体、主剥削者和群体剥削者，每个种群都包含过去历史版本的若干参数。如图 8.8 所示，具体来说，主智能体会与所有种群中的历史版本对战，同时也会进行自对弈，以不断改善自身策略；主剥削者只与主智能体对战，以发现其潜在弱点和漏洞；群体剥削者会与所有种群中的历史版本对战，但不会与自身对战，以找出所有种群的共同漏洞或被忽视的新策略。每当向种群中添加新模型参数时，主剥削者和群体剥削者的参数都会被重置，以确保它们能及时发现对手的漏洞，而不是局限于过去版本参数的漏洞。通过基于种群的自对弈训练，AlphaStar 克服了策略空间可能存在的克制环问题，使最终训练得到的主智能体几乎没有漏洞，很难被试图利用其弱点的智能体剥削。

OpenAI Five 使用了分布式 PPO 算法，不依赖于监督学习，而是从零开始训练一个集成的策略价值网络。与 AlphaStar 中基于种群的自对战训练不同的是，OpenAI Five 使用启发式的自对战策略，让最新的模型以 80% 的概率与自己对战、20% 的概率与随机选择的历史版本模型对战来生成训练数据。在为期 10 个月的训练过程中，由于游戏环境的更新以及模型结构的变化，训练重启了多次。为了在每次改动后能接续之前的模型参数继续训练，OpenAI Five 提出一系列被称为手术式连续迁移的工具，避免在每次重启时必须从头开始训练。其基本思路在于即使输入结构或者网络结构发生变化，新的策略网络参数也必须和旧网络参数实现相同的策略，从而让训练过程能平稳过渡。从图 8.9 可以看出，尽管训练过程中经过了多次环境和模型结构的变化，但整个训练并没有因为反复重启造成

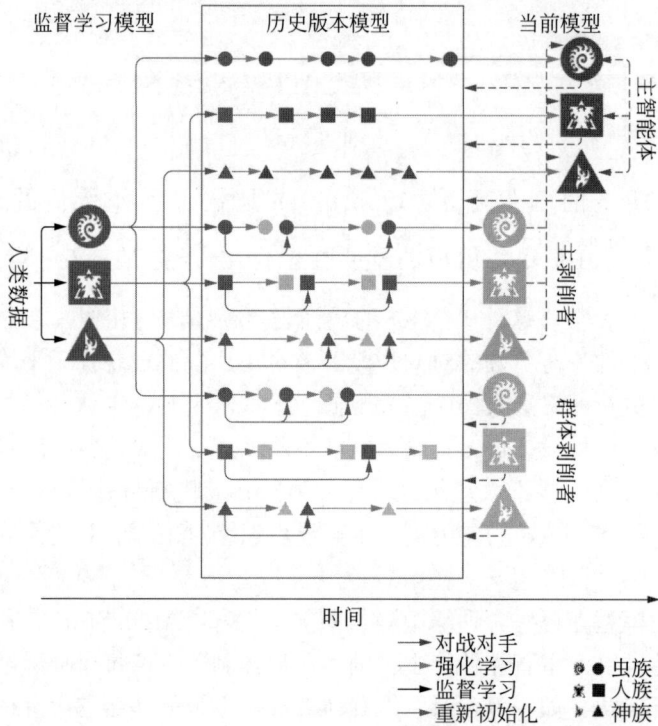

图 8.8 AlphaStar 中基于种群的自对弈训练框架，其中每个种群都对游戏的 3 个种族维护不同的模型[24]

很高的时间代价，连续迁移的方法相比每次从头训练让整个训练流程有了 15 倍以上的加速。

在《刀塔 2》和《王者荣耀》这两款游戏中，对局开始前，双方队伍需要从英雄池中轮流选择 5 名英雄作为己方阵容。这种英雄阵容的组合为智能体决策带来了额外的挑战，因为智能体必须学会在不同英雄组合下采用不同的策略。为了避免英雄组合数带来的指数爆炸，OpenAI Five 限制他们的模型只能玩 17 个英雄，一共有大约 4.9×10^6 个可能的英雄组合，其训练过程中每一局的采样都随机使用一套英雄组合，从而实现模型能在任意组合下做到比较好的策略。进一步的实验表明，如果让训练在 25 个英雄上进行就很难成功，训练速度会大幅下降并且模型表现也不是很好。

除了游戏内的决策过程，游戏中选英雄的阶段也可以看作一个独立的游戏，需要智能体进行决策以提供正式对局的初始配置。各种英雄组合对阵下的胜率可以利用训练好的策略价值网络估计，即使用游戏对局刚开始时第一帧值网络输出的估值作为胜率预测。基于这样的胜率预测，OpenAI Five 还编写了一个选英雄

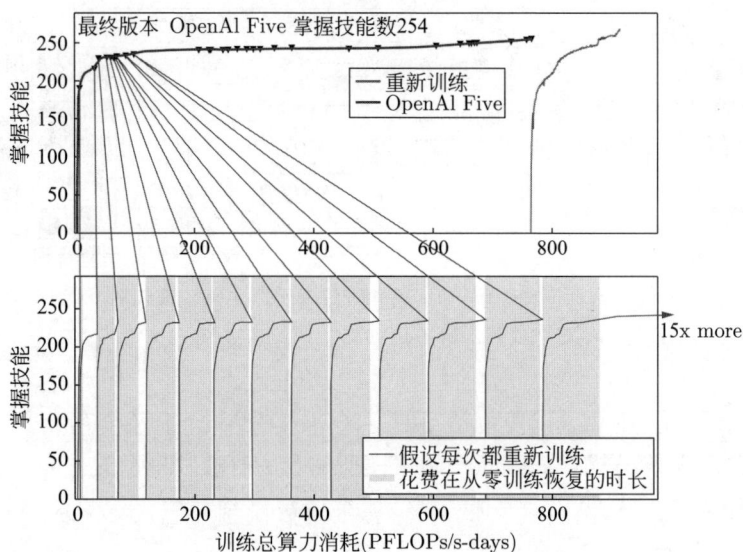

图 8.9　OpenAI Five 基于手术式连续迁移的方法接续训练的过程，相比每次重启训练能大幅加速整个训练流程[63]

的程序，使用 Minimax 算法进行对抗搜索，以选出在最坏情况的对手阵容下能最大化己方胜率的英雄组合。

绝悟引入了课程学习的思路来处理这种指数增长的英雄组合问题，成功将算法扩展到包含 40 个英雄的英雄池中。绝悟 AI 的训练流程包含 3 个阶段，如图 8.10 所示。在第一阶段，绝悟团队根据对人类对局数据的分析，预先选出几套双方胜率比较接近的人类常用英雄组合的阵容，并对每套阵容基于强化学习训练一个模型，称为教师模型。这里绝悟使用的强化学习算法是 PPO 算法的变体，称为 Dual-clip PPO 算法。异步强化学习中采样的对局数据与最新模型参数存在的偏差会导致训练不稳定。对于这一现象，绝悟作者认为当 $\pi_{\boldsymbol{\theta}}(a_t^{(i)}|s_t) \gg \pi_{\boldsymbol{\theta}_{\mathrm{old}}}(a_t^{(i)}|s_t)$ 且 $\hat{A}_t < 0$ 时，重要性采样比 $r_t(\boldsymbol{\theta}) = \dfrac{\pi_{\boldsymbol{\theta}}(a_t|s_t)}{\pi_{\boldsymbol{\theta}_{\mathrm{old}}}(a_t|s_t)}$ 会引入很大的方差，此时有 $r_t(\boldsymbol{\theta})\hat{A}_t \ll 0$。Dual-clip PPO 算法在 $\hat{A}_t < 0$ 时，在策略网络的损失函数中额外引入一个用于裁剪的超参数 $c > 1$，将策略损失函数改写为

$$\mathcal{L}^{\mathrm{policy}}(\boldsymbol{\theta}) = \hat{\mathbb{E}}_t[\max(\min(r_t(\boldsymbol{\theta})\hat{A}_t, \mathrm{clip}(r_t(\boldsymbol{\theta}), 1-\epsilon, 1+\epsilon)\hat{A}_t), c\hat{A}_t)] \qquad (8.17)$$

从而降低方差稳定训练。绝悟使用的自对战策略与 OpenAI Five 相同，都是用最新的模型以 80% 概率自对战，20% 概率与历史版本的模型对战，来避免模型收敛到局部最优。

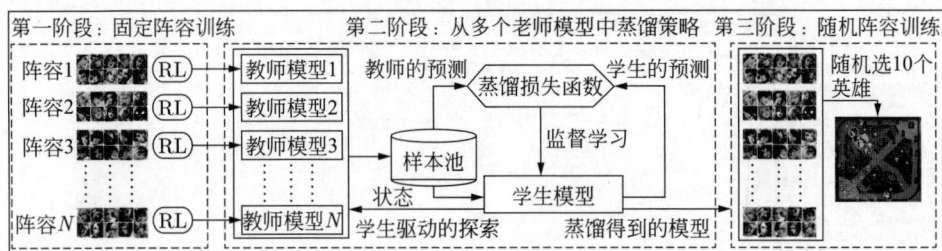

图 8.10 绝悟三阶段的训练流程图解[26]：第一阶段使用固定阵容训练多个模型，第二阶段用知识蒸馏训练统一模型，第三阶段再对阵容进行泛化

在第二阶段，绝悟采用监督学习的方式，从多个固定阵容训练得到的若干教师模型中进行知识蒸馏，训练一个学生模型拟合所有教师模型的行为。其监督学习的损失函数为

$$\mathcal{L}^{\text{distil}}(\boldsymbol{\theta}) = \sum_{\text{teacher}_i} \hat{\mathbb{E}}_{\pi_{\boldsymbol{\theta}}}[\sum_t H^{\times}(\pi_i(s_t)||\pi_{\boldsymbol{\theta}}(s_t)) + \sum_{\text{head}_k} (\hat{V}_i^k(s_t) - \hat{V}_{\boldsymbol{\theta}}^k(s_t))^2] \quad (8.18)$$

其中 $H^{\times}(p(s)||q(s))$ 表示两组动作概率之间的香农交叉熵 $-E_{a \propto p(s)}[\log q(a|s)]$，$q_{\theta}$ 是用于采样的策略，$\hat{V}^{(k)}(s)$ 是价值函数。其含义是对策略网络的输出计算香农交叉熵、对值网络的输出计算均方误差，从而让学生模型的输出从分布层面尽可能拟合教师模型的输出。

在第三阶段，绝悟完全放开了英雄组合的限制，训练时随机选取所有可能的英雄组合来收集对战数据，并利用强化学习进一步提升学生模型的表现。在实时对战中，由于英雄组合过多（达到 40 个），绝悟无法像 OpenAI Five 那样在完整的搜索树上运行 Minimax 搜索。因此，它采用了 MCTS 算法，只采样搜索树的一部分分支。由于叶子节点需要针对特定阵容计算胜率，而完整模型的前向传播成本较高，绝悟事先对不同英雄组合的胜率进行统计并构建数据集，预先训练了一个胜率预测网络，用于预测不同英雄组合下的初始胜率。然后，在选英雄时，MCTS 算法使用该预训练模型评估叶子节点的胜率，以提高搜索效率，并能探索搜索树上更多的路径。

8.7 本章总结与讨论

本章对近年来在一些流行游戏中取得成功的智能决策算法系统进行了分析，并详细介绍了它们使用的算法组合。

在围棋中，AlphaGo 系列工作将强化学习和蒙特卡洛树搜索算法相结合，用于训练策略价值网络。AlphaGo 首先通过监督学习和强化学习分别训练了策略网络和价值网络，并将其用于蒙特卡洛树搜索，而后续的 AlphaGo Zero 和 AlphaZero 则摒弃了人类数据，采用 MCTS 算法进行策略提升，从零开始训练网络，并在实战中结合 MCTS 算法进行推理，取得了显著的成就。

在德州扑克中，早期工作如 DeepStack 和 Libratus 侧重双人无限注德州扑克。DeepStack 通过将游戏划分为阶段，结合 CFR 算法和深度受限的 Continual Resolving 实时规划算法，训练了深度反事实遗憾值网络，用于拟合价值估计，并在实战中将网络与实时规划算法结合进行推理。而 Libratus 通过简化游戏状态和动作空间，用 CFR 算法计算粗糙但完整的蓝图策略，并在实战中使用实时规划算法对搜索树深层的蓝图策略进行细化。Pluribus 在此基础上引入了更强的简化条件，将 Libratus 的方法扩展到了六人无限注德州扑克上。而 AlphaHoldem 等最新工作则采用分布式深度强化学习直接训练策略价值网络，并通过对 PPO 算法加入额外的裁剪实现非完美信息场景下的稳定训练。

在麻将中，Suphx 使用监督学习训练策略网络，并通过强化学习进一步优化出牌策略。为了处理非完美信息，Suphx 在训练初期给网络输入全局信息，并逐渐减小这些信息权重，使网络逐步过渡成正常视角的策略。绝将将 Neural CFR 算法扩展到分布式训练中，通过训练策略价值网络进行决策。北大 AILab 在 Botzone 平台上举办了三届 IJCAI 麻将 AI 比赛，提供国标麻将的游戏环境、数据集以及创新的赛制，吸引了数十支队伍参赛。比赛结果显示，基于深度学习的算法相对于启发式算法具有明显的优势，但与顶尖人类选手相比仍存在差距。

在斗地主中，DouZero 和 PerfectDou 工作都采用深度强化学习算法训练智能体。DouZero 使用基于值的深度蒙特卡洛算法训练价值网络，而 PerfectDou 则使用基于策略的 PPO 算法训练策略价值网络，并通过设计奖励函数鼓励农民合作与地主对抗，取得了比 DouZero 更高的样本效率。

在 MOBA 类游戏中，AlphaStar、OpenAI Five 和绝悟都使用分布式深度强化学习算法训练策略价值网络进行推理。AlphaStar 首先利用监督学习基于人类玩家数据集训练初始模型参数，再通过强化学习算法进行优化，并为每个种族的智能体创建多个种群，以克服异质智能体可能导致的策略克制问题。OpenAI Five 不依赖于人类数据，使用启发式的自对战策略进行强化学习，通过在训练时对英雄阵容的随机采样来适应各种阵容。绝悟则基于课程学习的思路，首先针对少量固定阵容训练多组模型参数，然后通过知识蒸馏的方法将这些教师模型的公共知识融合到一个学生模型中，并通过强化学习进一步训练学生模型，从而将模型扩展到更大的英雄池上。在选英雄阶段，为了选择能最大化胜率的英雄阵容，OpenAI Five 基于 Minimax 搜索算法遍历整棵决策树，而绝悟则使用 MCTS 算法进行有限轮数的搜索。

第 9 章　游戏智能决策框架和范式

9.1　引言

近年来，攻克不同游戏的 AI 系统大都结合了多种算法，结合的方式既有共同点，也有差异性。为阐明不同游戏 AI 系统在不同游戏上取得成绩的原因，探究游戏 AI 系统设计的基本规律，将现有的游戏 AI 系统分解为基本的算法组件分析是十分必要的。

本章将游戏 AI 系统分解为基本算法组件，总结这些基本组件与适用的游戏性质之间的关系，在此基础上将游戏 AI 系统分类。

本章着重探讨下列问题。

- 现有的 AI 系统中是否存在能解决多种游戏的通用的 AI 框架？
- 怎样的游戏 AI 框架更有可能攻克未来更复杂的游戏？
- 游戏的性质如何影响具体选用的 AI 算法？

9.2　通用框架

表 9.1 展示了各个游戏 AI 系统的主要组件。这些 AI 系统都先通过训练获取一些先验知识并存储在模型中，然后在实际对局中使用模型推断和规划。这里的先验知识通常是以表格或者神经网络形式存储的策略模型或者值模型。这些 AI 系统通常使用强化学习改进策略和价值网络，一些也会使用监督学习方法为强化学习提供初始模型参数。当环境模型已知时，像这样的先验知识可以与实时规划算法相结合，从当前局面展开树搜索，从而计算出更好的策略。总体而言，这些 AI 系统遵循的训练框架分为 3 类：AlphaGo 框架、CFR 框架、DRL 框架。

9.2.1　AlphaGo 框架

AlphaGo、AlphaGo Zero 和 AlphaZero 采用相同的框架解决经典棋类游戏，通过训练策略网络和值网络作为先验知识，并与 MCTS 算法结合，用于实战中的动作选择。其中，AlphaGo 通过监督学习和策略梯度算法训练网络，而 AlphaGo Zero 和 AlphaZero 则使用 MCTS 作为强化学习的策略提升算子，既用于实时规划，又用于学习。MCTS 算法之所以能应用于经典棋类游戏，是因为这类游戏通常是完美信息的博弈，并且环境的状态转移模型是已知的。尽管这类游戏的状态

表 9.1　近年游戏 AI 里程碑算法模块总结

AI 系统	先验知识	训练流程	实战推理	使用的 RL 算法
AlphaGo	策略网络	SL+RL	MCTS+NN	PG
	Rollout 策略	SL		
	值网络			
AlphaGo Zero / Alpha Zero	策略价值网络	RL		MCTS+RL
DeepStack	DCFV 网络	SL	Continual Resolving & NN	—
Libratus / Pluribus	蓝图策略	简化 & MCCFR	安全的子博弈求解	
AlphaHoldem	策略价值网络	RL	NN	Trinal-clip PPO
Suphx	策略网络	SL & RL	pMCPA finetune & NN	PG with entropy
	全局奖励预测器	SL		
绝将	策略价值网络	RL	NN	ACH
DouZero	值网络	RL	NN & 单步贪心	DMC
PerfectDou	策略价值网络	RL	NN	PPO
AlphaStar		SL & RL	NN	UPGO
OpenAI Five		RL	Minimax 选英雄 & NN	PPO
绝悟		RL & SL & RL	MCTS 选英雄	Dual-clip PPO
	英雄组合胜率网络	SL	NN	

空间很大，难以得到一个完美的策略或值模型，但一局的回合数较少，使得 MCTS 这种实时规划算法能极大提升一个不完美的策略或值模型的表现。此外，棋类游戏的规则允许花费较长的时间来思考，为实时规划算法提供了充足的计算时间。综上所述，MCTS 算法在这类问题上的优越性使得 AlphaGo 框架在完美信息的棋类游戏中取得了显著的成功。

然而，AlphaGo 框架只适用于完美信息博弈。首先，MCTS 算法需要环境状态转移模型已知，才能确定博弈树中选择特定动作后转移到的状态。其次，问题的动作空间必须是离散的，并且不能过大，以保证博弈树的分支数量可控。此外，MCTS 只能展开有限深度的博弈树，当游戏回合数非常多时，无法高效地将局末的最终得分回传到游戏早期的状态。

尽管 MuZero[98] 通过额外训练一个表征模型来模拟环境，在环境模型未知的 Atari 2600 游戏上取得了很好的结果，成功克服了需要环境状态模型已知的局限性，但其他局限性仍然很难克服，因此 AlphaGo 框架无法应用到非完美信息博弈或者回合数非常多的游戏中。

9.2.2 CFR 框架

DeepStack、Libratus 和 Pluribus 都基于 CFR 算法解决 HUNL 问题，其关键在于简化原始游戏，并通过安全的子博弈求解算法进行实时规划。DeepStack 是将 HUNL 划分成多个阶段，在每个阶段训练对应的值网络，并将值网络与有限深度的搜索树结合，重新求解子博弈的策略。这种方法可以确保 DeepStack 始终能够根据对手实际选择的动作计算出实时的应对策略，但可能会受到值网络训练误差的影响。相比之下，Libratus 和 Pluribus 直接简化整个游戏，计算出以表格形式存储的蓝图策略及其对应的叶子节点估值。尽管这种简化可能带来较大的误差，特别是当对手选择的动作不在蓝图策略中时，需要将其舍入最接近的蓝图策略动作。然而，与 DeepStack 相比，这种方法更加鲁棒，因为基于固定的蓝图策略决策时，不会出现因为对手错误选择较差动作而导致的巨大误差问题。

然而，CFR 框架仅在 HUNL 游戏中取得了成功，后续并没有应用到更大规模的非完美信息博弈中，原因在于该框架对于更大规模的问题，在计算代价以及近似误差之间难以两全。具体来说，该算法框架的计算开销集中分布于训练和实时推断阶段执行 CFR 算法的迭代中，而 DeepStack 的实验表明为了得到高质量的解，需要大量的 CFR 迭代轮次才能收敛。Libratus 和 Pluribus 中的蓝图策略以表格形式存储，因此受到内存资源的限制，无法应对信息集数量过大或者状态动作空间难以简化的游戏。此外，重新求解子博弈时，需要展开有限深度和分支数的博弈树。因此，随着游戏规模的增大，需要更大幅度地简化原游戏才能使博弈树的规模可控。Pluribus 在解决 6 人德扑时采用了非常强的简化条件，即假设每个玩家只能选择 4 个策略中的一个，这使得搜索树的规模在可解的范围内。实际上，在非完美信息博弈中，考虑到 HUNL 平均的信息集大小约为 10^3，以及相对较短的回合数，这已经属于相对规模较小的游戏。因此，一般认为 CFR 框架无法扩展到更大规模的游戏中。尽管如此，在 HUNL 游戏中取得超越人类的表现，主要是因为该游戏的复杂度尚不够高，且人类的策略与最优解之间存在相当的差距。

9.2.3 DRL 框架

表 9.1 中的其他算法都采用了一套基于分布式深度强化学习（DRL）的框架。该框架训练出策略价值网络作为先验知识，在实际对局时直接使用策略网络输出的动作，无需任何规划算法。由于该框架不需要显式的环境状态转移模型，因此

更具通用性。策略和价值网络的训练是在分布式 actor-critic 框架上进行的，使用 PPO 或其他一些强化学习算法的变体。这种分布式框架可以轻松扩展到任意数量的计算资源上。Suphx 和 AlphaStar 还额外利用监督学习从人类对局数据中训练模型，作为强化学习的初始参数，从而加速了强化学习的训练过程。在 DRL 框架的训练过程中，还会维护一个模型池用来选择对手。这样的模型池确保了策略的多样性，使得训练过程更加稳定，从而避免收敛到局部最优解。尽管这些 AI 系统都采用 DRL 的训练框架，但在具体组件的选择上还是有所差异，这与它们解决的具体游戏性质有关。比如，在立直麻将中，一整局比赛包含若干轮对局，每一轮的策略可能和总的局分有关，这和其他游戏中不同局之间彼此独立的性质是不同的。为此 Suphx[19] 额外训练一个循环神经网络作为全局奖励预测器来调整每轮对局的奖励值。HUNL 游戏的随机性导致 AlphaHoldem[84] 使用强化学习训练时样本方差很大，因此 AlphaHoldem 采用了 PPO 算法的变体，增加额外的奖励裁剪使训练更加稳定。绝将[20] 试图找到不容易被剥削的接近纳什均衡解的策略，因此使用了基于 CFR 思想的 ACH 强化学习算法，试图最小化当前策略的累计遗憾值，而非更常用的 PPO 算法。绝悟[26] 面临的问题是英雄池过大导致英雄组合数量呈指数级增长，因此需要额外训练一个英雄组合胜率的预测网络，从而在 MCTS 算法选英雄时更快地预测出叶子节点的价值。

9.2.4　未来趋势

正如 Sutton 所说，"AI 发展历史给我们的最大教训在于那些基于算力的通用算法最终被证明是最有效的"。所以游戏 AI 领域最通用的框架是什么呢？正如前文所述，近年来的 AI 系统可以归为 3 类算法框架。AlphaGo 框架和 CFR 框架需要使用树搜索算法，包括 MCTS 和安全的子博弈求解算法。这类算法不仅需要已知的环境模型，而且无法扩展到动作空间连续或回合数更长的复杂游戏中。相比之下，DRL 框架将分布式深度强化学习算法与特定的自对弈策略相结合，用于训练模型，这可能是最通用且最有前景的框架。原因如下：首先，深度神经网络可以灵活拟合从游戏状态到动作空间的任意映射，不受有限状态或动作空间的限制。其次，在多智能体场景中，可以通过创建由不同模型组成的模型池，并从中以特定策略采样对手进行自对弈训练，从而逼近游戏的纳什均衡，尽可能减少学到的策略的弱点。最后，像 IMPALA 这样的分布式 actor-critic 训练框架可以轻松扩展到任意规模的计算资源上。因此，只要有更多的算力，DRL 框架就能直接用于解决更复杂的游戏。按照摩尔定律（Schaller, 1997），随着时间的推移，算力的成本将指数级下降，因此 DRL 框架有望成为最有前景的游戏 AI 训练框架。

9.3　算法差异与游戏性质

除以上提到的通用框架外，我们还注意到对于某些具有相同性质的游戏，不同 AI 系统也会选择不同的算法。为此，我们进一步比较了几种游戏性质以及对应的算法选择策略，如表 9.2 所示。下面从 3 个方面讨论这些算法的差异。

- 多智能体环境中自对弈训练时如何选择对手？
- 非完美信息博弈中如何处理隐藏信息？
- 如何处理游戏中存在的不同类型的智能体？

表 9.2　近年游戏 AI 里程碑适应不同游戏性质的方式对比

AI 系统	自对弈选对手的策略	处理非完美信息	处理不同类型的智能体
AlphaGo	历史随机	—	
AlphaGo Zero	历史最优		
AlphaZero	最新		
DeepStack	—	CFR 算法	—
Libratus			
Pluribus			
AlphaHoldem	历史最优 K 个	未考虑	
Suphx	最新	Oracle Guiding	
绝将		ACH	
DouZero		未考虑	
PerfectDou		critic 使用完美信息	
AlphaStar	基于种群的自对弈		每个种族一个模型
OpenAI Five	80% 最新，20% 历史随机	未考虑	随机选英雄组合
绝悟		critic 使用完美信息	基于知识蒸馏

9.3.1　自对弈策略

在多智能体环境中，直接应用单智能体的强化学习算法独立地训练每个智能体是无法保证收敛的，因为大多数游戏都不遵循策略之间强度的传递性。比如说，在石头剪刀布游戏中，石头能击败剪刀，剪刀能击败布，但石头无法击败布，这就形成了策略空间中的环状子结构。之前的研究表明真实世界中的游戏策略空间很可能是纺锤形的，实力更弱的策略通常能组成更长的克制关系环[85]。因此，在多智能体自对弈训练中，需要维护一个智能体构成的种群，才能学到不容易被克制的策略。而在实践中，不同的 AI 系统使用了多种不同的自对弈选对手的方式。

AlphaZero、Suphx、绝将、DouZero 以及 PerfectDou 使用朴素的自对弈方式，即只维护最新的一个模型作为对手产生训练数据。AlphaGo 从历史版本的模型中随机采样对手，从而获得更高的多样性。OpenAI Five 和绝悟采用一种基于启发式的策略，即 80% 概率选择最新的模型，20% 概率从历史版本的模型中随机选择。AlphaGo Zero 选择历史模型中胜率最高的那个自对弈，可以生成更高质量的对局数据。AlphaHoldem 从历史版本中表现最好的 K 个模型中选择对手，从而同时保证了对手池的多样性和强度。在以上大多数 AI 系统中，自对弈策略的选择方式并无理论或者实践依据可言，仅 PerfectDou 对这几种自对弈策略做了实验比较，并发现选择表现最好的 K 个模型的自对弈策略比其他自对弈策略能取得更好的实验结果。

9.3.2　非完美信息

对于非完美信息博弈而言，学习纳什均衡策略是相当困难的，因为其他玩家的隐藏信息未包含在当前玩家观测到的状态中，需要从其他玩家历史的动作中进行推断。CFR 系列算法通常将整个游戏视为一个不可分割的整体，并通过最小化每个信息集上的累计遗憾值计算出纳什均衡。朴素的 CFR 算法无法有效解决信息集过多的 HUNL 游戏，因此 DeepStack、Libratus 和 Pluribus 对 HUNL 游戏进行了分解和简化，采用了 CFR 算法的变体攻克 HUNL 游戏的挑战。绝悟提出了 ACH 算法，使用分布式强化学习训练框架求解双人麻将游戏，其思想仍然基于 CFR 算法的原理。

相比之下，强化学习算法直接和环境交互，通过最大化累计收益学习策略，即从当前玩家观测的状态到动作的映射，这在非完美信息博弈的场景下会带来很高的样本方差。为此，这些 AI 系统提出了两类方案来减少样本方差，增强训练的稳定性。其中 Suphx 采用的方案叫作 Oracle Guiding，在训练初期将对手的隐藏信息也作为策略网络和值网络的输入，随着训练的进行，逐渐衰减这部分信息到 0，从而将拥有上帝视角的模型逐渐转变为正常规则下的模型。然而，这种逐渐衰减使设定发生变化的训练方式是很不稳定的，因此 Suphx 中使用了一些额外的技巧才能收敛[19]。PerfectDou、AlphaStar 以及绝悟的方案叫作完美信息抽取（Perfect Information Distillation, PID），将对手的隐藏信息作为值网络的输入来降低估值的方差，但策略网络并不使用隐藏信息，从而可以直接用于实时对局中的推断。理论分析表明，该算法是处理非完美信息更好的方法，并且可以扩展到更大规模的游戏中[100]。

9.3.3 异质智能体

MOBA 类的游戏通常设计为包含不同机制和多种策略的智能体，从而使游戏玩法更加丰富。这给 AI 研究带来了更大的挑战，因为 AI 系统要么需要对每一类智能体分别训练不同的模型，要么需要对所有类型的智能体训练一个统一模型，能对不同类的智能体输出不同的策略。

在星际争霸游戏中，有 3 个不同机制的种族，因此 AlphaStar 对这 3 类种族分别训练不同的模型参数。在自对弈训练时，对每个种族都创建了主智能体、主剥削者和群体剥削者的种群，花费与种族个数成倍数的算力进行训练。

然而，在《刀塔 2》和《王者荣耀》中，每个游戏有上百种不同机制的"英雄"智能体，因此在 5v5 的对局设定下存在指数规模的英雄组合。OpenAI Five 训练了一个通用的、可以控制任意英雄组合的统一模型，但将可选的英雄数量限制到 17 个，并在训练过程中随机采样各种不同的英雄组合。然而，这样的实验方案收敛速度较慢，并且后续在 25 个英雄上的实验表明该方案很难扩展到更大规模的英雄池上。

相比之下，绝悟提出了针对 MOBA 类游戏中异质智能体的训练框架。其灵感来自观察到很多不同的英雄在游戏中主要起到某几类作用，可以被划分成几个不同的类型，每个类型的英雄策略具有相似性，并且大多数英雄组合是不合理的，在人类对局中不会出现。因此，绝悟基于人类对局数据选择少数几种较为合理的英雄组合，并对每个组合单独训练一个教师模型。然后使用知识蒸馏的方法训练一个统一的学生模型来拟合所有教师模型的行为，从而学到相对一般的策略。最后，随机采样所有可能的英雄组合并对学生模型进一步进行强化学习训练增强。这种从多个特例中学到普遍策略的课程学习思路是绝悟 AI 系统可扩展性的根源，在能支持 40 个英雄的环境设定下，绝悟仍然取得了超越人类的表现。

9.4 本章总结与讨论

本章深入分析了近年来解决不同游戏的 AI 系统的案例，并将其分解为基本算法组件。通过对设计思想和不同智能决策算法的融合使用，我们探讨了游戏 AI 系统设计的一般规律。本章主要分为两部分：通用框架以及游戏性质对算法与框架选择的影响。

第一部分从设计的角度对近年来的游戏 AI 系统进行了深入分析，总结出游戏 AI 系统的通用框架，包括 AlphaGo 框架、CFR 框架和 DRL 框架。通过对这 3 种框架特点的比较，得出 DRL 框架在游戏 AI 训练框架中最有前景的结论。尽管 AlphaGo 框架在完美信息的棋类游戏中取得了成功，但难以适用于非完美信息游戏，并且需要环境模型作为输入或学习环境转移模型；CFR 框架适用于非完美信息的德州扑克等游戏，但在平衡近似误差与计算效率方面存在挑战；相比之下，DRL 框架能适用于非完美信息环境，且不需要显式学习环境转移模型，而且更易于扩展到大规模博弈问题，并能更有效地利用现有的计算设备与算力。

　　第二部分从游戏性质的角度出发，探讨了在不同游戏设定下如何选择合适的框架与算法。我们具体分析了自对弈训练、非完美信息，以及异质智能体 3 种常见游戏设定下算法与框架的选择方式。在自对弈训练过程中，对手的选择至关重要，它决定了训练出的智能体面对不同对手的泛化能力。针对非完美信息，不同算法都有各自的应对策略，例如 Suphx 的 Oracle Guiding 和 AlphaStar 的完美信息抽取。在存在异质智能体的游戏中，智能体的机制可能不同，因此需要采用不同的策略适应不同的智能体。解决这一问题的经典方法包括知识蒸馏等。

参考文献

[1] ELY J, FRANKEL A, KAMENICA E. Suspense and surprise[J]. Journal of Political Economy, 2015, 123(1): 215-260.

[2] BRAMS S J, ISMAIL M S. Making the rules of sports fairer[J]. SIAM Review, 2018, 60(1): 181-202.

[3] BRAVERMAN M, ETESAMI O, MOSSEL E. Mafia: A theoretical study of players and coalitions in a partial information environment[J]. The Annals of Applied Probability, 2008, 18(3): 825-846.

[4] KAHNEMAN D, FREDRICKSON B L, SCHREIBER C A, et al. When more pain is preferred to less: Adding a better end[J]. Psychological science, 1993, 4(6): 401-405.

[5] BADDELEY A D, HITCH G. The recency effect: Implicit learning with explicit retrieval?[J]. Memory & Cognition, 1993, 21(2): 146-155.

[6] HUANG Z, KONG Y, LIU T X, et al. BONUS! Maximizing Surprise[C/OL] //WWW '22: Proceedings of the ACM Web Conference 2022. Virtual Event, Lyon, France: Association for Computing Machinery, 2022: 36-46. https://doi.org/10.1145/3485447.3512049. DOI: 10.1145/3485447.3512049.

[7] HUANG Z, LU Y, GUO Y, et al. How Gold to Make the Golden Snitch: Designing the "Game Changer" in Esports[Z]. 2024. arXiv: 2405.19843 [cs.GT].

[8] YANG P, HARRISON B E, ROBERTS D L. Identifying patterns in combat that are predictive of success in MOBA games.[C]//FDG. [S.l. : s.n.], 2014.

[9] COPELAND B J. The modern history of computing[J]., 2000.

[10] TESAURO G, et al. Temporal difference learning and TD-Gammon[J]. Communications of the ACM, 1995, 38(3): 58-68.

[11] SCHAEFFER J, LAKE R, LU P, et al. Chinook the world man-machine checkers champion[J]. Ai Magazine, 1996, 17(1): 21-21.

[12] CAMPBELL M, HOANE JR A J, HSU F H. Deep blue[J]. Artificial intelligence, 2002, 134(1-2): 57-83.

[13] SILVER D, HUANG A, MADDISON C J, et al. Mastering the game of Go with deep neural networks and tree search[J]. Nature, 2016, 529(7587): 484-489.

[14] PEROLAT J, DE VYLDER B, HENNES D, et al. Mastering the game of stratego with model-free multiagent reinforcement learning[J]. Science, 2022, 378(6623): 990-996.

[15] BOWLING M, BURCH N, JOHANSON M, et al. Heads-up limit hold'em poker is solved[J]. Science, 2015, 347(6218): 145-149.

[16] MORAVIK M, SCHMID M, BURCH N, et al. Deepstack: Expert-level artificial intelligence in heads-up no-limit poker[J]. Science, 2017, 356(6337): 508-513.

[17] BROWN N, SANDHOLM T. Superhuman AI for heads-up no-limit poker: Libratus beats top professionals[J]. Science, 2018, 359(6374): 418-424.

[18] BROWN N, SANDHOLM T. Superhuman AI for multiplayer poker[J]. Science, 2019, 365(6456): 885-890.

[19] LI J, KOYAMADA S, YE Q, et al. Suphx: Mastering mahjong with deep reinforcement learning[J]. ArXiv preprint arXiv:2003.13590, 2020.

[20] FU H, LIU W, WU S, et al. Actor-Critic Policy Optimization in a Large-Scale Imperfect-Information Game[C]//International Conference on Learning Representations. [S.l. : s.n.], 2021.

[21] ZHA D, XIE J, MA W, et al. Douzero: Mastering doudizhu with self-play deep reinforcement learning[C]//International Conference on Machine Learning. [S.l. : s.n.], 2021: 12333-12344.

[22] GUAN Y, LIU M, HONG W, et al. PerfectDou: Dominating DouDizhu with Perfect Information Distillation[J]. ArXiv preprint arXiv:2203.16406, 2022.

[23] MNIH V, KAVUKCUOGLU K, SILVER D, et al. Playing atari with deep reinforcement learning[J]. ArXiv preprint arXiv:1312.5602, 2013.

[24] VINYALS O, BABUSCHKIN I, CHUNG J, et al. Alphastar: Mastering the real-time strategy game starcraft ii[J]. DeepMind blog, 2019, 2.

[25] BERNER C, BROCKMAN G, CHAN B, et al. Dota 2 with large scale deep reinforcement learning[J]. ArXiv preprint arXiv:1912.06680, 2019.

[26] YE D, CHEN G, ZHANG W, et al. Towards playing full moba games with deep reinforcement learning[J]. Advances in Neural Information Processing Systems, 2020, 33: 621-632.

[27] SCHWALBE U, WALKER P. Zermelo and the early history of game theory[J]. Games and economic behavior, 2001, 34(1): 123-137.

[28] OSBORNE M J, RUBINSTEIN A. A course in game theory[M]. Cambridge: MIT press, 1994.

[29] SUTTON R S, BARTO A G. Reinforcement learning: An introduction[M]. Cambridge: MIT press, 2018.

[30] WATSON J. Strategy: an introduction to game theory[M]. [S.l.]: WW Norton New York, 2002.

[31] ZHOU H, ZHANG H, ZHOU Y, et al. Botzone: an online multi-agent competitive platform for ai education[C]//Proceedings of the 23rd Annual ACM Conference on Innovation and Technology in Computer Science Education. [S.l. : S.n.], 2018: 33-38.

[32] BURO M. The evolution of strong othello programs[J]. Entertainment Computing: Technologies and Application, 2003: 81-88.

[33] LI K, XU H, ZHANG M, et al. Openholdem: An open toolkit for large-scale imperfect-information game research[J]. ArXiv preprint arXiv:2012.06168, 2020.

[34] COLLEDANCHISE M, ÖGREN P. Behavior trees in robotics and AI: An introduction[M]. NewYork: CRC Press, 2018.

[35] HART P E, NILSSON N J, RAPHAEL B. A formal basis for the heuristic determination of minimum cost paths[J]. IEEE transactions on Systems Science and Cybernetics, 1968, 4(2): 100-107.

[36] STOCKMAN G C. A minimax algorithm better than alpha-beta?[J]. Artificial Intelligence, 1979, 12(2): 179-196.

[37] KOCSIS L, SZEPESVÁRI C. Bandit based monte-carlo planning[C]//European conference on machine learning. [S.l. : S.n.], 2006: 282-293.

[38] GELLY S, SILVER D. Combining online and offline knowledge in UCT[C]//Proceedings of the 24th international conference on Machine learning. [S.l. : S.n.], 2007: 273-280.

[39] GELLY S, SILVER D. Monte-Carlo tree search and rapid action value estimation in computer Go[J]. Artificial Intelligence, 2011, 175(11): 1856-1875.

[40] CHASLOT G M B, WINANDS M H, HERIK H. Parallel monte-carlo tree search[C]//International Conference on Computers and Games. [S.l. : S.n.], 2008: 60-71.

[41] GINSBERG M L. GIB: Imperfect information in a computationally challenging game[J]. Journal of Artificial Intelligence Research, 2001, 14: 303-358.

[42] BJARNASON R, FERN A, TADEPALLI P. Lower bounding Klondike solitaire with Monte-Carlo planning[C]//Nineteenth International Conference on Automated Planning and Scheduling. [S.l. : S.n.], 2009.

[43] FRANK I, BASIN D. Search in games with incomplete information: A case study using bridge card play[J]. Artificial Intelligence, 1998, 100(1-2): 87-123.

[44] COWLING P I, POWLEY E J, WHITEHOUSE D. Information set monte carlo tree search[J]. IEEE Transactions on Computational Intelligence and AI in Games, 2012, 4(2): 120-143.

[45] WHITEHOUSE D, POWLEY E J, COWLING P I. Determinization and information set Monte Carlo tree search for the card game Dou Di Zhu[C]//2011 IEEE Conference on Computational Intelligence and Games (CIG' 11). [S.l. : S.n.], 2011: 87-94.

[46] ZINKEVICH M, JOHANSON M, BOWLING M, et al. Regret minimization in games with incomplete information[J]. Advances in neural information process-ing systems, 2007, 20: 1729-1736.

[47] BURCH N. Time and space: Why imperfect information games are hard[J]., 2018.

[48] EIBEN A E, SMITH J E, et al. Introduction to evolutionary computing[M]. [S.l.]: Springer, 2003.

[49] RECHENBERG I. Evolutionsstrategien[G]//Simulationsmethoden in der Medizin und Biologie. Berlin: Springer, 1978: 83-114.

[50] DAWKINS R, KREBS J R. Arms races between and within species[J]. Proceedings of the Royal Society of London. Series B. Biological Sciences, 1979, 205(1161): 489-511.

[51] FORREST E, ANGELINE P, POLLACK J. Competitive Environments Evolve Better Solutions for Complex Tasks[J]., 1997.

[52] REYNOLDS C W. Competition, coevolution and the game of tag[C]//Proceedings of the Fourth International Workshop on the Synthesis and Simulation of Living Systems. [S.l. : s.n.], 1994: 59-69.

[53] SIMS K. Evolving 3D morphology and behavior by competition[J]. Artificial life, 1994, 1(4): 353-372.

[54] SMITH G, AVERY P, HOUMANFAR R, et al. Using co-evolved rts opponents to teach spatial tactics[C]//Proceedings of the 2010 IEEE Conference on Computational Intelligence and Games. [S.l. : S.n.], 2010: 146-153.

[55] FERNÁNDEZ-ARES A, GARCIA-SÁNCHEZ P, MORA A M, et al. There can be only one: Evolving RTS bots via joust selection[C]//European Conference on the Applications of Evolutionary Computation. [S.l. : S.n.], 2016: 541-557.

[56] GARCIA-SÁNCHEZ P, TONDA A, FERNÁNDEZ-LEIVA A J, et al. Optimizing hearthstone agents using an evolutionary algorithm[J]. Knowledge-Based Systems, 2020, 188: 105032.

[57] HORNIK K, STINCHCOMBE M, WHITE H. Multilayer feedforward networks are universal approximators[J]. Neural networks, 1989, 2(5): 359-366.

[58] HINTON G, VINYALS O, DEAN J, et al. Distilling the knowledge in a neural net-work[J]. ArXiv preprint arXiv:1503.02531, 2015, 2(7).

[59] WILLIAMS R J. Simple statistical gradient-following algorithms for connectionist reinforcement learning[J]. Machine learning, 1992, 8(3): 229-256.

[60] KONDA V, TSITSIKLIS J. Actor-critic algorithms[J]. Advances in neural information processing systems, 1999, 12.

[61] LILLICRAP T P, HUNT J J, PRITZEL A, et al. Continuous control with deep reinforcement learning[J]. ArXiv preprint arXiv:1509.02971, 2015.

[62] MNIH V, BADIA A P, MIRZA M, et al. Asynchronous methods for deep reinforcement learning[C]//International conference on machine learning. [S.l. : S.n.], 2016: 1928-1937.

[63] ESPEHOLT L, SOYER H, MUNOS R, et al. Impala: Scalable distributed deep-rl with importance weighted actor-learner architectures[C]//International Confer-ence on Machine Learning. [S.l. : S.n.], 2018: 1407-1416.

[64] SCHULMAN J, LEVINE S, ABBEEL P, et al. Trust region policy optimiza-tion[C]//International conference on machine learning. [S.l. : S.n.], 2015: 1889-1897.

[65] SCHULMAN J, WOLSKI F, DHARIWAL P, et al. Proximal policy optimization algorithms[J]. ArXiv preprint arXiv:1707.06347, 2017.

[66] HART S, MAS-COLELL A. A simple adaptive procedure leading to correlated equi-librium[J]. Econometrica, 2000, 68(5): 1127-1150.

[67] TAMMELIN O. Solving large imperfect information games using CFR+[J]. ArXiv preprint arXiv:1407.5042, 2014.

[68] BROWN N, SANDHOLM T. Solving imperfect-information games via discounted regret minimization[C]//Proceedings of the AAAI Conference on Artificial Intel-ligence: vol. 33: 01. [S.l. : S.n.], 2019: 1829-1836.

[69] LANCTOT M, WAUGH K, ZINKEVICH M, et al. Monte Carlo Sampling for Regret Minimization in Extensive Games.[C]//NIPS. [S.l. : S.n.], 2009: 1078-1086.

[70] SCHMID M, BURCH N, LANCTOT M, et al. Variance reduction in monte carlo counterfactual regret minimization (VR-MCCFR) for extensive form games us-ing baselines[C]//Proceedings of the AAAI Conference on Artificial Intelligence: vol. 33: 01. [S.l. : S.n.], 2019: 2157-2164.

[71] WAUGH K, SCHNIZLEIN D, BOWLING M H, et al. Abstraction pathologies in extensive games.[C]//AAMAS (2). [S.l. : S.n.], 2009: 781-788.

[72] WAUGH K, MORRILL D, BAGNELL J A, et al. Solving games with functional regret estimation[C]//Twenty-ninth AAAI conference on artificial intelligence. [S.l. : S.n.], 2015.

[73] BROWN N, LERER A, GROSS S, et al. Deep counterfactual regret minimiza-tion[C]//International conference on machine learning. [S.l. : S.n.], 2019: 793-802.

[74] LI H, HU K, GE Z, et al. Double neural counterfactual regret minimization[J]. ArXiv preprint arXiv:1812.10607, 2018.

[75] STEINBERGER E. Single deep counterfactual regret minimization[J]. ArXiv preprint arXiv:1901.07621, 2019.

[76] STEINBERGER E, LERER A, BROWN N. DREAM: Deep regret minimization with advantage baselines and model-free learning[J]. ArXiv preprint arXiv:2006.10410, 2020.

[77] BROWN G W. Iterative solution of games by fictitious play[J]. Activity analysis of production and allocation, 1951, 13(1): 374-376.

[78] HEINRICH J, LANCTOT M, SILVER D. Fictitious self-play in extensive-form games[C]//International conference on machine learning. [S.l. : S.n.], 2015: 805-813.

[79] HEINRICH J, SILVER D. Deep reinforcement learning from self-play in imperfect-information games[J]. ArXiv preprint arXiv:1603.01121, 2016.

[80] MCMAHAN H B, GORDON G J, BLUM A. Planning in the Presence of Cost Functions Controlled by an Adversary[C]//ICML' 03: Proceedings of the Twenti-eth International Conference on International Conference on Machine Learning. Washington, DC, USA: AAAI Press, 2003: 536-543.

[81] LANCTOT M, ZAMBALDI V, GRUSLYS A, et al. A Unified Game-Theoretic Approach to Multiagent Reinforcement Learning[C]//Advances in Neural Information Processing Systems. [S.l.]: Curran Associates, Inc., 2017: 4193-4206.

[82] BANSAL T, PACHOCKI J, SIDOR S, et al. Emergent complexity via multi-agent competition[J]. ArXiv preprint arXiv:1710.03748, 2017.

[83] JADERBERG M, DALIBARD V, OSINDERO S, et al. Population based training of neural networks[J]. ArXiv preprint arXiv:1711.09846, 2017.

[84] ZHAO E, YAN R, LI J, et al. AlphaHoldem: High-Performance Artificial Intelligence for Heads-Up No-Limit Texas Hold' em from End-to-End Reinforcement Learning[J]. 2022.

[85] CZARNECKI W M, GIDEL G, TRACEY B, et al. Real world games look like spinning tops[J]. Advances in Neural Information Processing Systems, 2020, 33: 17443-17454.

[86] SUNEHAG P, LEVER G, GRUSLYS A, et al. Value-decomposition networks for cooperative multi-agent learning[J]. ArXiv preprint arXiv:1706.05296, 2017.

[87] RASHID T, SAMVELYAN M, SCHROEDER C, et al. Qmix: Monotonic value function factorisation for deep multi-agent reinforcement learning[C]//International Conference on Machine Learning. [S.l. : S.n.], 2018: 4295-4304.

[88] LOWE R, WU Y, TAMAR A, et al. Multi-agent actor-critic for mixed cooperative-competitive environments[C]//Proceedings of the 31st International Conference on Neural Information Processing Systems. [S.l. : S.n.], 2017: 6382-6393.

[89] FOERSTER J, FARQUHAR G, AFOURAS T, et al. Counterfactual multi-agent policy gradients[C]//Proceedings of the AAAI conference on artificial intelligence: vol. 32: 1. [S.l. : S.n.], 2018.

[90] SILVER D, SCHRITTWIESER J, SIMONYAN K, et al. Mastering the game of go without human knowledge[J]. Nature, 2017, 550(7676): 354-359.

[91] SILVER D, HUBERT T, SCHRITTWIESER J, et al. A general reinforcement learning algorithm that masters chess, shogi, and Go through self-play[J]. Science, 2018, 362(6419): 1140-1144.

[92] HE K, ZHANG X, REN S, et al. Deep residual learning for image recognition[C]//Proceedings of the IEEE conference on computer vision and pattern recognition.[S.l. : S.n.], 2016: 770-778.

[93] JOHANSON M. Measuring the size of large no-limit poker games[J]. ArXiv preprint arXiv:1302.7008, 2013.

[94] LU Y, LI W, LI W. Official International Mahjong: A New Playground for AI Research[J/OL]. Algorithms, 2023, 16(5). https://www.mdpi.com/1999-4893/16/5/235. DOI: 10.3390/a16050235.

[95] XIE S, GIRSHICK R, DOLLÁR P, et al. Aggregated residual transformations for deep neural networks[C]//Proceedings of the IEEE conference on computer vision and pattern recognition. [S.l. : S.n.], 2017: 1492-1500.

[96] ZHA D, LAI K H, CAO Y, et al. Rlcard: A toolkit for reinforcement learning in card games[J]. ArXiv preprint arXiv:1910.04376, 2019.

[97] SUTTON R S. Learning to predict by the methods of temporal differences[J]. Machine learning, 1988, 3(1): 9-44.

[98] SCHRITTWIESER J, ANTONOGLOU I, HUBERT T, et al. Mastering atari, go, chess and shogi by planning with a learned model[J]. Nature, 2020, 588(7839): 604-609.

[99] SUTTON R. The bitter lesson[J]. Incomplete Ideas (blog), 2019, 13: 12.

[100] LYU X, BAISERO A, XIAO Y, et al. A Deeper Understanding of State-Based Critics in Multi-Agent Reinforcement Learning[J]. ArXiv preprint arXiv:2201.01221, 2022.